교실 밖 교과서 여행

교실 밖 교과서 여행

지은이 여미현 · 허준성
펴낸이 임상진
펴낸곳 (주)넥서스

초판 1쇄 인쇄 2023년 3월 30일
초판 1쇄 발행 2023년 4월 10일

출판신고 1992년 4월 3일 제311-2002-2호
주소 10880 경기도 파주시 지목로 5
전화 (02)330-5500 팩스 (02)330-5555

ISBN 979-11-6683-541-4   13980

www.nexusbook.com

교과 공부와 재미를 함께 잡는 생생 체험학습!

교실 밖 교과서 여행

여미현 • 허준성 지음

넥서스BOOKS

여행, 오감으로 쌓는 나만의 견고한 지식

바티칸 박물관을 방문했을 때였습니다. 책에서나 보던 그림, 조각, 갖가지 예술품이 눈앞에 있다는 게 얼마나 신기하던지요. 꽤 오래된 경험이지만 아직도 그곳의 냄새와 온도가 생생히 기억납니다. 평소 예술에 관심이 많지도 않던 제가 '미켈란젤로'나 '레오나르도 다빈치'가 친근하게 느껴지고 그들의 작품이 보이면 반가운 마음이 들어 더 자세히 들여다보게 된 건 그날 이후였습니다. 관심 없던 연예인도 직접 보게 된 이후로는 관심이 생기듯, 직접 경험의 힘은 대단합니다. 관심을 불러일으키고 더 나아가 알고 싶은 욕구를 자극하니까요. 그렇게 마음과 머릿속에 담긴 기억은 견고하게 오랜 시간 머무르며 유용한 지식이 됩니다.

《교실 밖 교과서 여행》은 그저 교과서 속 그림과 글로 그칠 수 있는 지식이 직접 경험을 통해 생생하게 살아 숨 쉬게 하는 방법을 안내합니다. 지역별로 체험 장소를 소개하고, 의미 있는 체험이 될 수 있도록 여행 일정을 친절하게 제시합니다. 동행하는 부모가 아이만의 도슨트(Docent)가 될 수 있는 흥미로운 이야깃거리와 다양한 체험도 담겨 있어 아이의 상상력과 오감을 자극할 것입니다. 아무리 멋진 사진도 직접 눈으로 담는 풍경보다는 못해 눈만 한 카메라가 없다고 하나 봅니다.《교실 밖 교과서 여행》을 통해 끝을 모르는 맑고 깊은 눈 속에 세상을 다양한 모양으로 담아주세요. 실컷 냄새도 맡게 해주고, 듣게 해주고, 만지게도 해주세요.

오감으로 얻은 경험은 차곡차곡 쌓여 생생하고 견고한 지식으로 오래도록 자리할 것입니다.

_《이제 막 교사가 되었습니다》 작가 · 중등교사 윤효성

상상이 현실이 되는 교실 밖으로!

교과서의 텍스트와 이미지는 상상을 불러일으킵니다. 그러나 멈춘 사진 속 장소에 직접 가지 않으면 상상은 상상에 그치기 십상이죠. 눈으로 보고 마음으로 느끼고 손발이 닿아야 비로소 상상은 현실이 됩니다. 현실이 미래가 되려면 생각해야 하고, 생각은 교실 안에서만 자라지 않습니다.

《교실 밖 교과서 여행》은 우리나라 각 지역의 자연·역사·문학의 공간, 새로 만들어진 체험의 공간을 알뜰살뜰 소개하는 책입니다. 작가가 소개한 여행지와 일정에 맞춰 움직이다 보면 해당 지역의 공간과 시간이 아이의 눈과 마음에 자연스레 스밀 것입니다. 아이와 함께하며 부모도 배울 수 있습니다. 지난 시간 속에 역사의 장소는 아이 교육에 맞게 더욱 정돈되어 왔고, 체험의 장소는 최신의 모습으로 진화했기 때문입니다.

작가와 출판사는 함께 이 책의 독자가 되어 바람을 갈랐습니다. 이제 독자는 그 바람의 향기를 맡으며, 틈날 때마다 우리나라 곳곳을 찾아다니며 각 지역의 다른 자연과 문화를 느낄 수 있을 것입니다. 그 사이 아이의 창의력은 점점 부풀어 오르겠죠! 교과서 밖으로 나가기 전에 가려는 곳이 어느 과목 교과서와 연결되는지 알고 가면 더 좋을 것입니다. 《교실 밖 교과서 여행》은 친절하게도 어느 교과와 연계되는지 모든 장소에 밝혀두고 있습니다.

교과서 밖으로의 여행은 교과 학습과 즐거운 경험을 잇는 고리가 될 것입니다.

_ 천재교과서 사회팀 팀장 김우진

여행은 학교를 벗어난 학습장

"기껏 여기까지 왔는데 이것만 본다고?"
"똑바로 서봐. 사진 찍어야지!"

　여행지에서 하나라도 더 알려주고 싶은 부모의 마음과 더 놀고 싶은 아이의 마음은 충돌하곤 합니다.《교실 밖 교과서 여행》은 그런 아이와 부모의 입장을 생각하며 여행작가로서, 교과서를 만들던 사람으로서 썼습니다. 교과 내용을 빠짐없이 수록하기보다는 어떤 여행지가 어떤 교과와 연계되는지에 중점을 둔 책입니다. 배울 것도 받아들일 것도 많은 아이가 효율적으로 정보와 재미를 경험할 수 있도록 만들었습니다. 체험학습 여행지를 재미있게 둘러보고 한두 가지 교과 지식을 머릿속에 담아 온다면, 아이의 학교생활은 달라질 겁니다. 부모와 함께 떠난 여행으로 부드럽게 각인된 경험과 지식이 기억에 남을 테니까요. 이 책이 아이와 함께 여행하는 부모에게 가이드가 되어줄 것입니다. 부모도 애써 공부하지 않으면 아이에게 전할 게 딱히 생각나지 않을 테니까요. 거대한 공룡 조형물 앞에서 아이의 사진을 찍어주며 공룡이 번성한 때가 중생대라는 사실을 덧붙여 주세요. 고인돌 주변을 빙빙 둘러보며 청동기시대 무덤이라는 것을 알려주세요.

　여행은 학교를 벗어난 아이에게 더 큰 학습장이 될 것입니다.

여미현

체험학습 여행은
교실 밖 인상적인 경험의 장

　시험 전날 번갯불에 콩 볶아 먹듯 급하게 외운 학습 정보는 시험이 끝나면 곧 잊히죠. 그러지 않으려면 반복 학습으로 단기 기억을 장기 기억화 해야 합니다. 반복 학습 외에 쉽게 장기 기억화 하는 방법은 '인상적인 경험'을 하는 것입니다. 직접 만지고 느끼면 오래도록 머리에 남아 두고두고 꺼내 볼 수 있습니다.

　각 시대의 역사 사실을 기억하는 한국사 공부는 쉽지 않죠. 그런데 아이들과 체험학습 여행을 하며 책에서 보던 것과는 다르다는 걸 느꼈습니다. 서산 마애 삼존불상의 어른 키밖에 안 되는 소박한 모습에 놀랐고, 금빛 번쩍번쩍한 백제 금동대향로를 마주했을 때는 왜 백제 문화의 정수라고 하는지 이해되었습니다.

　체험학습 여행은 새로운 장소, 호기심을 자극하는 환경, 눈에 익숙하지 않아 유심히 보게 되는 낯선 풍경의 연속입니다. 따라서 교과서의 사진이나 글과는 차원이 다른 '인상적인 경험'을 줍니다. 교실 밖 세상에는 아이에게 든든한 버팀목이 되어줄 다양한 지식이 있습니다. 《교실 밖 교과서 여행》을 펴고 어딜 갈지 장소를 정하고 체험 일정을 짜는 것만으로도 아이는 상상의 나래를 펴며 세상을 받아들일 준비를 할 겁니다.

　체험학습 여행은 아이에게 새롭고 인상적인 경험을 제공할 것입니다.

허준성

이 책의 구성

연계 과목

각 여행지의 특성과 교과목 성격을 연계하여 교과 체험학습을 경험하기 쉽도록 표시하였습니다.

지도

간략한 개념 지도를 통해 각 여행지 간 동선을 그려볼 수 있도록 안내합니다.

아이와 체험학습, 이렇게 하면 어렵지 않아요

각 여행지 간 이동 거리와 추천 경로, 교과서 핵심 개념과 추천 주변 여행지를 간략하게 안내합니다.

체험학습 여행지 답사

각 지역에서 아이와 부모가 함께 체험학습 하기에 좋을 여행지 정보를 담고 있습니다.

엄마 아빠! 미리 알아두세요

아이와 함께 체험학습 하는 부모가 미리 알아두면 좋을 지역 및 여행지 정보를 안내합니다.

아이에게 꼭 들려주세요!

아이가 추가로 알아두면 좋을 여행지 및 여행지 관련 학습 정보를 안내합니다.

추가 체험학습 답사

각 지역에서 기본 여행지 외에 추가로 체험학습
하기에 좋을 여행지 정보를 담고 있습니다.

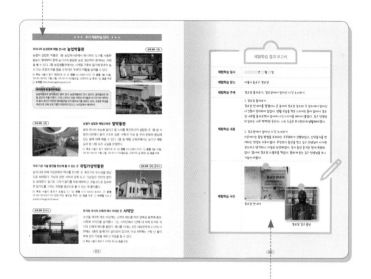

체험학습 결과 보고서

각 지역 및 여행지 체험학습을 마치고 학교에
제출할 보고서 작성을 예로 제시합니다.

일러두기

- 이 책의 내용은 초등 교과와 연계됩니다.

- 따라서 모든 여행지에는 연계 초등 교과명을 표시했습니다.

- '한국사'는 초등 교과에 포함되지 않지만, 초등 교육과의 관련성을 염두에 두어 '한국사능력검정시험'에서 교과명을 차용하여 표시했습니다.

- 이 책에서 다루는 8개 시·도의 행정 단위가 다름에 따라 일부 여행지에는 다른 구분 체계를 적용하였습니다.

체험학습　학교 교실을 벗어난 장소에서 학습과 관련하여 직접 체험 활동을 하는 것을 체험학습이라고 합니다. 초등학생 아이는 혼자서 체험학습을 하기 어렵기 때문에 부모가 함께하는 경우가 많습니다. 체험학습 보고서는 아이가 직접 체험한 내용을 사실에 기반하여 작성하는 것입니다.

체험학습 계획 보고서 작성 및 제출
체험학습 전에 학교에 체험학습을 사유로 해당 주에 출석하지 않는다는 내용으로 작성합니다. 체험학습 장소와 시간, 일정 등을 간략하게 적어서, 일반적으로 체험학습일 1주일 전에 학교에 제출합니다.

체험학습 지역 및 장소 선정
체험학습 여행지 선택 시 아이와 부모가 논의하여 정합니다. 아이가 스스로 관심과 흥미를 둘 만한 주제와 장소로, 부모가 아이의 교육과 경험에 도움이 될 곳을 고려하여 함께 고릅니다. 교과 내용과 연관이 깊고, 시기적으로 적합한 장소를 선택하면 보다 효과적이고 알찬 체험활동을 할 수 있습니다(단, 학습에만 치우치면 아이의 흥미를 떨어뜨리고 체험학습 여행을 숙제로 여길 수 있다는 데 주의해야 합니다!).

체험학습 내용과 일정 계획
아이가 지치거나 흥미를 잃을 수 있는 무리한 동선 및 일정을 계획하지 않도록 주의해야 합니다. 체험학습 여행은 아이가 갇힌 교실에서 벗어나 열린 공간에서 부모와 즐겁게 시간을 보내고 더불어 학습 효과도 높이기 위한 것니까요.

체험학습 사전 준비
체험학습 장소에서 살펴보아야 할 요소를 각 장소의 누리집(홈페이지)이나 교과서 또는 관련 책 등에서 미리 찾아봅니다. 박물관이나 과학관 중에는 온라인 활동지를 제공하는 곳도 있습니다. 활동지를 프린트하거나 태블릿 또는 휴대폰 등에 담아서 체험 장소로 가면 유용합니다. 어린이박물관은 누리집에서 사전 관람 등록을 해야 하는 곳이 많으니 방문 시간과 휴관일도 잘 챙겨두세요.

체험학습 및 현장 기록
체험학습 현장에서 수첩이나 디지털 기기에 간략히 체험 내용을 메모합니다. 양해를 구하고 해설사의 설명을 녹음합니다. 현장 사진을 찍고, 입장권이나 안내문 등 관련 자료를 챙겨 오면, 보고서를 쓸 때 많은 도움이 됩니다. 가능하면 체험 당일 기억이 생생할 때 바로 기록하면 더욱 좋습니다.

체험학습 결과 보고서 작성 및 제출
체험학습 결과 보고서에는 아이가 직접 체험한 내용에는 객관적인 사실과 주관적인 감상을 적고, 현장에서 촬영한 사진이나 안내문 등을 활용하여 작성합니다. 단순한 나열식으로 적기보다는 인상적인 체험 위주로 작성하면 좋습니다. 지나치게 논리적인 보고서처럼 작성할 필요는 없습니다. 초등 저학년은 일기 형식으로, 초등 고학년 이상은 육하원칙에 맞춰 쓰면 자연스럽게 글쓰기 학습이 되며, 단기 기억에 기록된 지식이 장기 기억화 되는 터닝 포인트가 됩니다.

학교에 따라 체험학습 결과 보고서의 양식은 다를 수 있습니다.
이 책에서 제시하는 것은 예시 양식이므로, 학교 양식에 예시를 참고하여 작성해보세요.
체험학습 내용에는 객관적 사실뿐만 아니라 체험을 통해 느끼고 깨달은 점, 새롭게 알게 된 점 등을 포함하여
작성하면 됩니다. '보고서'라는 틀에 너무 갇히지 말고, 다양한 형식(편지, 일기, 신문 등)으로 작성해보세요.

체험학습 장소	체험학습 장소를 되도록 구체적으로 적습니다.
체험학습 주제	체험학습을 통해 하고 싶었거나 목표하던 활동을 실제로 체험했는지를 구체적으로 적습니다.
체험학습 내용	다양한 체험 활동을 한 후에 체험학습 장소에서 느끼고 깨닫고 알게 된 점을 구체적으로 적습니다.
체험학습 사진	체험 장소에서 찍은 사진을 첨부하여 간략히 설명합니다.

목차

①

한반도 중앙에 자리한 대한민국의 수도

서울시

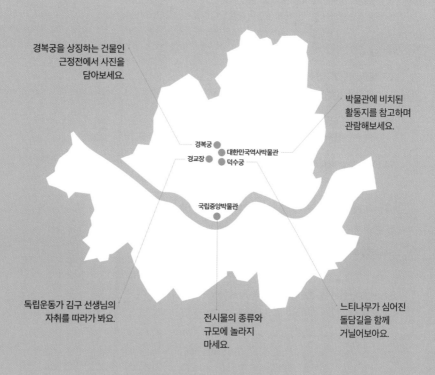

경복궁을 상징하는 건물인
근정전에서 사진을
담아보세요.

박물관에 비치된
활동지를 참고하며
관람해보세요.

경복궁
대한민국역사박물관
경교장
덕수궁

국립중앙박물관

독립운동가 김구 선생님의
자취를 따라가 봐요.

전시물의 종류와
규모에 놀라지
마세요.

느티나무가 심어진
돌담길을 함께
거닐어보아요.

체험학습을 위한 여행 Tip

✦ 조선시대 왕이 거처하던 궁궐은 서울에만 있습니다. 궁궐 체험을 꼭 하세요.

✦ 볼거리가 풍부한 박물관이 많습니다. 특히 이름에 '국립'과 '중앙'이 있는 박물관을 놓치지 마세요.

✦ 서너 군데의 체험 장소는 걸어서 이동해도 될 만큼 서로 가까이 있습니다.

✦ 청와대 방문은 예약이 필수입니다. 주말에는 특히 혼잡하니, 길을 잃지 않도록 주의하세요.

체험학습을 위한 여행 주요 코스

국립민속박물관	경복궁	국립고궁박물관
국립중앙박물관	국립한글박물관	용산가족공원

종로구

경복궁
국립민속박물관
국립고궁박물관
대한민국역사박물관
경복궁 광화문
신문박물관
덕수궁
정동길
중구

조선의 으뜸 궁궐
경복궁·덕수궁
연계 과목 한국사, 사회

다른 지역에서는 볼 수 없고, 서울에서만 볼 수 있는 명소를 추천한다면 조선의 왕이 거처하던 궁궐이다. 특히 경복궁은 왕이 거처하는 궁궐 가운데 으뜸이 되는 곳이다. 조선의 5대 궁궐 중 경복궁과 덕수궁은 고종과 관련이 깊은 장소이니, 두 곳을 연계하여 체험하는 것도 효과적일 것이다. 국립고궁박물관과 국립민속박물관은 경복궁과 바로 연결되어 있고, 추천 여행지를 모두 이동하는 데 오랜 시간이 걸리지 않으나, 모두 세심히 둘러보려면 하루로는 부족하다. 그만큼 조선의 궁궐은 볼거리와 즐길 거리가 풍부하다. 경복궁의 구조와 모습을 구석구석 살펴보고 덕수궁의 모습과 비교해 보면서, 마치 조선의 왕이 된 것처럼 궁궐 곳곳을 즐겨 보자.

아이와 체험학습, 이렇게 하면 어렵지 않아요!

체험학습 순서와 이동 시간
경복궁 (도보 5분)→ 국립민속박물관 (도보 7분)→ 국립고궁박물관 (도보 10분)→ 덕수궁

교과서 핵심 개념
우리나라의 궁궐 문화, 궁궐의 구조, 궁궐의 역사적 의미, 디지털 기기와 프로그램 체험

주변 여행지
대한민국역사박물관, 신문박물관, 정동길

**엄마 아빠!
미리 알아두세요**

경복궁과 덕수궁을 찾을 때는 조선시대에 재위한 3명의 왕을 기억해둘 필요가 있다. 경복궁을 창건한 태조, 임진왜란을 겪은 선조, 경복궁 중건에 힘쓴 고종이 그들이다. 자녀가 초등 저학년이라면 궁궐의 구조만 설명하고, 고학년이면 궁궐의 역사까지 설명해주는 게 좋다. 경복궁 해설은 1시간 정도로, 예약하지 않아도 연중 상시 시간에 맞춰 들을 수 있다.

경복궁 근정전

경복궁 향원정

연계 과목 한국사

조선왕조의 법궁 **경복궁**

1395년에 창건된 조선왕조의 법궁. 법궁은 왕이 거처하는 궁궐 가운데 으뜸이 되는 궁궐로, '큰 복을 누리고 번영할 것'이라는 의미를 담아 정도전이 이름 지었다. 완공 당시 500여 동의 건물이 들어선 웅장한 모습이었으나 임진왜란에 불타 없어져 270여 년간 방치되었고, 일제강점기에 다시 훼손되어 주요 전각 몇 채를 제외하고 90% 이상의 전각이 없어졌다.

⌂ 서울시 종로구 사직로 161 ☏ 02-3700-3900 ⏱ 09:00~18:30/ 화요일 휴궁 ₩ 어른 3천 원, 청소년 1,500원, 한복 착용자 무료, 통합관람권 1만 원(유효기간 3개월, 4대궁(경복궁, 창덕궁(후원 포함), 창경궁, 덕수궁과 종묘 관람 가능) ⓘ http://www.royalpalace.go.kr

아이에게 꼭 들려주세요!
경복궁의 건물 구조와 경복궁 내의 건물 이름을 알아두도록 하자. 연못에 세워진 경회루, 왕비가 거처하던 교태전, 국가적 행사가 이루어진 근정전, 자경전 십장생 굴뚝 등 경복궁에는 둘러볼 곳이 많다. 그러나 복원율이 높아 유네스코 세계유산으로 등록되기는 어려운 상황이다.

연계 과목 한국사

한민족의 생활사 전시관 **국립민속박물관**

경복궁 동쪽에 우뚝 선 외관이 독특하다. 건물 중앙은 불국사의 청운교와 백운교를, 탑 형태의 건물은 법주사의 팔상전을, 동쪽 3층 건물은 금산사의 미륵전을, 서쪽 2층 건물은 화엄사의 각황전을 각각 재현했다. 상설전시관 1~3에서 선사시대부터 현대까지 한민족 생활사를 두루 볼 수 있다.

⌂ 서울시 종로구 삼청로 37 ☏ 02-3704-3114 ⏱ 09:00~18:00/ 월요일 휴관(월별 운영 확인 필요) ₩ 무료 ⓘ http://www.nfm.go.kr

국립민속박물관 정면

국립민속박물관 야외

국립민속박물관 전시실

조선 왕실 문화 전시관 **국립고궁박물관**

연계 과목 한국사

국립고궁박물관 정면

국립고궁박물관 스탬프 찍는 곳

조선 왕실 역사·문화의 흐름을 알 수 있는 곳. 1층 전시실에서 대한제국을 테마로 명성황후 금보, 고종황제 어새, 경운궁 현판, 순종황제 어차 등을 관람할 수 있고, 2층 전시실에서 조선의 국왕, 조선의 궁궐, 왕실의 생활을 테마로 태조 금보, 조선왕조실록 오대산사고본 등을 볼 수 있다. 지하 1층에서 궁중서화, 왕실의례, 과학문화를 테마로 영조 백자 태항아리, 종묘 제기, 가마, 복원된 자격루를 대할 수 있다. 박물관 각 층 복도에 스탬프를 찍는 곳이 있어서, 스탬프북을 완성하며 중요 문화재를 반복 학습할 수 있다. 1층에 있는 디지털문화유산나눔방에는 가상현실과 증강현실 체험존, 전통 회화 방식인 낙화 체험, 문화유산 여행길, VR 체험존 등이 마련되어있어 아이들이 놀며 학습하기 좋다.

⌂ 서울시 종로구 효자로 12 ☏ 02-3701-7500 ⏱ 10:00~18:00/ 연중무휴 ⓦ 무료 ⓘ http://www.gogung.go.kr

사연 많은 대한제국의 황궁 **덕수궁**

연계 과목 한국사

덕수궁 중화전

덕수궁 석조전

덕수궁에 월산대군(성종의 형)이 살았는데, 임진왜란 때 궁궐이 모두 불타자 행궁으로 이용되다가 선조가 피난을 다녀온 후에 월산대군의 후손들이 살던 집을 임시 거처로 삼으며 처음 궁궐로 사용되었다. 광해군은 덕수궁에 경운궁이라는 이름 짓고 7년 동안 머물렀으나, 창덕궁으로 옮겨간 이후로는 별궁으로 남았다. 1897년 고종황제가 경운궁을 왕궁으로 사용할 당시에는 현재 넓이의 3배에 달했으나 일제강점기 때 선원전과 중명전 일대를 매각하고, 덕수궁 내의 전각을 철거하였으며, 고종 승하 이후 덕수궁 전역이 빠르게 해체 및 축소되었다. 궁궐의 규모는 작지만, 석조전, 중명전 등 서양식 근대 건축물과 조화를 이룬 모습이 인상적이다. 중화전은 고종이 사용하던 정전, 함녕전은 고종의 침전이다. 석조전은 고종이 외국 사절을 만나는 용도로 지은 건물이다.

⌂ 서울시 중구 세종대로 99 ☏ 02-771-9951 ⏱ 09:00~21:00/ 월요일 휴관/ 석조전 1, 2층 전시실 예약 운영 ⓦ 일반 1천 원, 통합관람권 1만 원(유효기간 3개월/ 4대궁인 경복궁, 창덕궁(후원 포함), 창경궁, 덕수궁과 종묘 관람 가능) ⓘ https://www.deoksugung.go.kr

우리나라 근현대사의 종합 전시관 **대한민국역사박물관**

연계 과목 한국사

19세기 말부터 현재에 이르기까지 대한민국의 역사를 기록하고 후세에 잘 전달하기 위한 염원을 담아 만든 역사문화공간. 1층에 어린이박물관이 있어 다양한 체험을 통해 우리나라 근현대사를 체험할 수 있다. 3층에서는 베스트셀러와 광고를 통해 한국 근현대사의 주요 주제를 전시하고, 4층에서는 16개 코너에서 삶의 희로애락을 체험해 볼 수 있다. 5층에서는 1894년부터 현재까지 우리나라 근현대사를 종합적으로 경험해 볼 수 있다. 대한민국 100년을 돌아보는 근현대사를 종합적으로 살펴볼 수 있는 공간이다. '반가워, 대한민국!'이라는 전시 안내 활동지가 마련되어 있으니, 전시를 관람할 때 같이 활용해 보는 것도 좋다. 박물관에서 만나는 등록문화재, 대한민국 정부 수립, 국경일과 기념일, 남북 관계의 역사, 대한민국의 경제 발전 등 관련 리플릿도 잘 챙기자.

대한민국역사박물관 전시실

대한민국역사박물관 체험실

🏠 서울시 종로구 세종대로 198 📞 02-3703-9200 ⏰ 10:00~18:00(수요일, 토요일~21:00) Ⓦ 무료 ⓘ http://www.much.go.kr

---

한국 신문 140년 역사를 담은 곳 **신문박물관**

연계 과목 한국사, 사회

신문의 역사와 제작 과정을 살펴볼 수 있는 곳. 5층에 주요 전시 공간이 있고, 6층은 체험 위주의 공간이다. 온라인 매체가 언론의 중요 기능을 담당하기 전까지 종이 신문은 일반인에게 가장 중요한 정보 공급원이었는데, 과거부터 현재까지 신문의 변화 과정을 한눈에 살펴볼 수 있다. 과거 신문 제작에 사용된 납 활자, 윤전기 등을 관람할 수 있고, 6층 신문 제작 체험 코너에서는 직접 신문을 만들어 볼 수도 있다. 이곳에서는 나만의 디지털 신문을 제작하는 과정을 체험할 수 있다.

신문박물관 입구

🏠 서울시 종로구 세종대로 152 📞 02-2020-1880 ⏰ 10:00~18:00/ 월요일 휴관 Ⓦ 어른 4천 원, 초·중·고·대학생 3천 원 ⓘ http://www.presseum.or.kr

---

연계 과목 한국사, 사회

정동길

근대 문화유산과 낭만이 함께하는 길 **정동길**

덕수궁 돌담에서 경향신문사까지 이어진 길. 이성계의 계비 신덕왕후 정릉이 있던 정릉동을 정동으로 부르며 지금의 이름을 얻었다. 19세기 후반 정동을 중심으로 미국, 영국, 독일, 러시아 등 서구 제국의 공사관이 있었고, 정동교회, 이화여고, 배재학당 등에서 선교사들이 활동했다.

🏠 서울시 중구 서소문로 일대 📞 120

아이에게 꼭 들려주세요!
덕수궁 돌담길 안쪽 보행로와 옛 러시아 공사관을 연결하는 좁은 길은 아관파천 당시 고종이 걸어간 길을 복원한 '고종의 길'이다. 2018년 10월부터 역사 길로 조성되었다. 120m로 길지 않지만, 고종이 신변의 위협을 느껴 러시아 공사관으로 피난하던 슬픔과 아픈 역사가 묻어 있는 길이다.

체험학습 결과 보고서

체험학습 일시	○○○○년 ○월 ○일
체험학습 장소	서울시 종로구 국립고궁박물관
체험학습 주제	디지털 기기 체험과 스탬프 찍기로 우리나라 문화재를 알아보기
체험학습 내용	1. 스탬프 찍기 고궁박물관 스탬프 찍기를 하며 우리나라에 아름답고 중요한 문화재가 많다는 사실을 알게 됐다. 대한민국 여권은 내 것과는 좀 다르게 생겼지만, 1904년에 만든 여권이라고 하니 놀라웠다. 한국에서의 생활을 찍은 상투의 나라, 순종황제 어차 등 박물관에는 둘러보고 기록해야 할 문화유산이 많았다. 2. 낙화 기법 체험하기 궁궐에 가면 임금님이 앉은 의자 뒤로 일월오봉도가 있는데, 디지털문화유산나눔방에서 이 그림을 디지털 기술을 사용해 그려보고 프린트로 출력할 수 있어서 기분이 좋았다. 컬러가 아닌 흑백으로 출력되어서 더 옛날 느낌이 났다.
체험학습 사진	 디지털 낙화 기법 체험 국립고궁박물관 순종황제 어차

경희궁 홍화문 전경

02

경복궁 서쪽에 자리한 조선 후기 궁궐

경희궁

연계 과목 한국사, 사회

조선시대 5대 궁궐 중 하나인 경희궁은 조선 후기 인조부터 철종에 이르기까지 10대 왕이 거처한 곳이다. 따라서 조선시대 한양 도성의 서쪽 지역에 대한 문화가 궁금할 때는 경희궁 주변 지역을 둘러보면 된다. 경희궁의 구조와 전경은 서울역사박물관에서 학습할 수 있고, 조선시대 한양 도성의 서쪽 대문인 돈의문의 역사는 돈의문박물관마을 주변에서 체험할 수 있다. 삼성병원 내에 있는 경교장까지 이르면, 조선 후기부터 일제강점기를 거쳐 대한민국 임시정부가 걸어온 길을 두루 살펴볼 수 있다. 각 추천 지역 사이는 걸어서 이동할 수 있을 만큼 가까이 있으므로, 날씨가 좋은 날을 선택해서 가족 나들이를 겸해 나서보기를 권한다. 특히 서울역사박물관과 돈의문박물관마을에는 볼거리가 꽤 많다.

아이와 체험학습, 이렇게 하면 어렵지 않아요!

체험학습 순서와 이동시간
경희궁 (도보 6분)→ 서울역사박물관 (도보 10분)→ 돈의문박물관마을 (도보 4분)→ 경교장

교과서 핵심 개념
우리나라의 궁궐 문화와 역사적 의미, 조선시대 서촌 문화 체험

주변 여행지
농업박물관, 쌀박물관, 국립기상박물관, 사직단

엄마 아빠! 미리 알아두세요

조선시대 수도인 한양을 지키던 대문은 동서남북 방향에 따라 이름이 달랐다. 자녀에게 동대문은 흥인지문, 서대문은 돈의문, 남대문은 숭례문, 북대문은 숙정문임을 그리고 이 주변이 옛 한양 도성의 서쪽 문화를 체험할 수 있는 답사지인 것도 말해주자.

경희궁 내부

경희궁 내부

연계 과목 한국사

도성의 서쪽 궁궐 **경희궁**

조선 후기의 이궁. 광해군 집권 시기인 1617년부터 짓기 시작하여 1623년에 완성하였다. 궁이 처음 지어질 당시에는 경덕궁이라고 했으나 1760년 영조 집권기에 경희궁으로 바뀌었다. 도성의 서쪽에 있어서 서궐이라고 불리기도 했다. 인조 이후 철종까지 임금이 머문 곳이다. 특히 영조는 재위 기간 절반을 이곳에서 보냈다. 일제에 의해 전각 대부분이 소실된 후 1980년대 복원되어, 경희궁 내 건물은 거의 복원된 건물이라고 보면 된다. 홍화문은 경희궁의 정문, 숭정전은 경희궁의 정전, 자정전은 임금이 평상시에 머물며 일하던 곳이다.

⌂ 서울시 종로구 새문안로 45 ☏ 02-724-0274 ⊙ 09:00~18:00/ 월요일 휴궁 ⓦ 무료

> **아이에게 꼭 들려주세요!**
> 우리나라는 왕권 사회였다. 현재 일부 남은 궁궐도 있고, 복원 중인 궁궐도 있다. 조선의 궁궐은 임금이 거처하며 업무를 보던 법궁과 법궁을 떠나 잠시 머무르던 이궁으로 나뉜다. 이궁에 머무는 경우는 화재나 전염병, 기타 나라 사정에 따라 다르다. 경희궁은 원래 건물이 거의 없어져 다시 세웠다. 100여 동의 건물이 있었는데, 일제강점기 때 전각 대부분이 헐렸고, 그 자리에 총독부 중학교가 세워졌다.

연계 과목 한국사, 사회

서울의 역사·문화 전시관 **서울역사박물관**

조선시대부터 현재까지 서울의 역사와 문화를 살펴볼 수 있는 공간. 입구에 1930년경 일본에서 수입되어 1968년까지 서울 시내를 운행한 전차 381호가 있다. 전시실 1에 1392~1863년까지 조선시대 서울 사람의 모습이 소개된다. 전시실 2에는 1863~1910년까지 개항 이후 대한제국기 서울의 일상이, 전시실 3에 1910~1945년까지 일제강점기의 서울 사람의 고단한 삶이, 전시실 4에는 1945~2002년까지 한국전쟁의 폐허 속에서도 오늘날 거대 도시로 성장한 서울의 변화가 전시되어있다. 서울 역사와 관련된 기획전이 수시로 열리고, 누리집 예약 시 어린이를 위한 해설을 이용할 수 있다.

⌂ 서울시 종로구 새문안로 55 ☏ 02-724-0274 ⊙ 3월~10월 09:00~20:00(평일)/ 09:00~19:00(월요일, 토요일, 일요일)/ 공휴일 휴관 ⓦ 무료 ⓘ http://www.museum.seoul.kr

서울역사박물관

서울역사박물관 외부에 전시된 전차

서울 100년의 역사·문화 체험 공간 **돈의문박물관마을**

연계 과목 한국사, 사회

서울 100년의 역사를 즐기고 체험할 수 있는 역사문화공간. 돈의문은 조선시대 한양도성 서쪽에 세운 문으로, 1413년 경복궁의 기운을 해친다는 이유로 폐쇄됐다가 1442년 정동 사거리에 재조성됐다. 일제강점기 때 도로 확장을 이유로 서울성곽과 돈의문이 무참히 헐린 이후 이 일대에 시민 생활공간이 들어섰다. 2017년 9월, 돈의문 일대 마을 풍경을 재현해 돈의문 박물관 마을이 개장했고, 1920년대 지어진 40여 채의 건물은 근현대 시대를 체험하는 체험관으로 이용된다. 돈의문 역사관은 돈의문 일대 역사와 박물관마을로 재탄생하기 위한 조성 과정을 전시한 곳으로, 서울역사박물관의 분관이다.

⌂ 서울시 종로구 송월길 14-3 ☏ 02-739-6994 ⊙ 10:00~19:00/ 월요일 휴관 ⓦ 무료 ⓘ http://dmvillage.info

---

김구 서거의 역사적 현장 **경교장**

연계 과목 한국사

1945년 대한민국 임시정부 요인들이 환국했을 때 임시정부의 활동 공간으로 사용되었고, 김구 선생과 임정 요인들의 숙소로 사용되었으며, 김구가 서거한 역사적 현장. 김구 서거 이후 1967년부터 병원시설로 이용되다가 1990년대부터 문화재 지정을 위한 검토가 시작되었고, 2010년 복원이 이루어졌다. 과거 사진 자료를 바탕으로, 가구 배치 등의 세밀한 부분까지 고려하여 재현하였다. 제1전시실에서는 경교장의 역사를, 제2전시실에서는 대한민국 임시정부가 걸어온 길을, 제3전시실에서는 백범 김구와 임시정부 요인들의 활동 내력을 전시하였다. 입구에 '어린이 역사학도를 위한 경교장 안내서'가 비치되어있다.

⌂ 서울시 중구 새문안로 29(강북삼성병원 내) ☏ 02-735-2038
⊙ 09:00~18:00(17:30 입장 마감)/ 월요일 휴관 ⓦ 무료

우리나라 농경문화 체험·전시관 **농업박물관**

농협이 설립한 박물관. 1층 농업역사관에서 원시적인 도구를 사용한 밭농사 형태부터 철제 농기구의 발달로 농업 생산력이 증대되는 과정을 볼 수 있다. 2층 농업생활관에서는 사계절 기후와 절기에 맞추어 농사 짓는 과정과 마을 협동 조직이던 '두레'의 역할을 살펴볼 수 있다.

🏠 서울시 중구 새문안로 16 📞 02-2080-5727 🕐 09:30~18:00(3월~10월)/ 09:30~17:30(11월~2월)/ 월요일, 근로자의 날 휴관 Ⓦ 무료 ⓘ http://www. agrimuseum.or.kr

> **아이에게 꼭 들려주세요!**
>
> 농업박물관과 쌀박물관은 붙어 있다. 농업박물관은 전시 공간이, 쌀박물관은 체험 공간이 주를 이룬다. 그러니 유아나 초등 저학년 아이들은 아기자기한 캐릭터와 놀이 공간이 마련된 쌀박물관을 먼저 둘러보기를 권한다. 유아, 초중등 학생을 대상으로 교육 프로그램이 마련되어 있으니, 누리집에서 예약하자.

농업박물관 전시실

농업박물관 정문

쌀박물관 전시실

농협이 설립한 체험교육장 **쌀박물관**

쌀의 역사와 효능을 알리고 쌀 소비를 촉진하고자 설립된 곳. 1층 쌀 사랑전시관에서 쌀의 구조와 성분, 수확과 가공 등 우리 문화의 중심에 있는 쌀에 대해 배울 수 있다. 2층 쌀 체험 교육관에서는 농기구 체험실과 밥 사랑 요리 교실을 운영한다.

🏠 서울시 중구 새문안로 16 📞 02-2080-5725 🕐 09:30~18:00(3월~10월)/ 09:30~17:30(11월~2월)/ 월요일, 근로자의 날 휴관 Ⓦ 무료

국내 기상 기술 발전을 한눈에 볼 수 있는 곳 **국립기상박물관**

삼국시대 이래 기상관측의 역사를 전시한 곳. 측우기의 우수성을 영상으로 보여준다. 기상과 관련한 서적과 관측 도구, 기상업무 전반의 발전도 보여준다. 일기도 그리기 용지를 무료 배부하고, 큐알코드로 접속하면 일기도를 그리는 과정을 영상으로 볼 수 있는 게 흥미롭다.

🏠 서울시 종로구 송월길 52 📞 070-8493-8494 🕐 10:00~18:00(17:00 입장 마감)/ 월요일 휴관 Ⓦ 무료 ⓘ http://science.kma.go.kr/museum

국립기상박물관 외관

사직단 내부

토지와 곡식의 신에게 제사 지내던 곳 **사직단**

조선을 개국한 태조 이성계는 고려의 제도를 따라 경복궁 동쪽에 종묘, 서쪽에 사직단을 설치했다. 그는 사직단에서 1년에 네 차례 토지와 곡식의 신에게 제사를 올렸다. 제사를 지내는 곳은 네모반듯하고 단의 사면에는 3층의 돌계단이 설치되어 있으며, 단상 4면에는 구멍 난 돌이 박혀 있어 기둥을 세우고 차일을 칠 수 있다.

🏠 서울시 종로구 사직로 89 Ⓦ 무료

체험학습 결과 보고서

체험학습 일시	○○○○년 ○월 ○일
체험학습 장소	서울시 종로구 경교장
체험학습 주제	경교장 둘러보기, 경교장에서 일어난 사건 조사하기
체험학습 내용	1. 경교장 둘러보기 경교장 안내서를 펼쳤더니 큰 종이에 경교장 장소와 각 장소에서 일어난 사건들이 정리되어 있었다. 생활 모습을 찍은 스티커도 들어 있어서 경교장 내부를 둘러보면서 종이에 사진 스티커를 떼어서 붙였다. 김구 선생님의 일과는 너무 빡빡한 듯하다. 나도 조금은 부지런하게 생활해야겠다. 2. 경교장에서 일어난 사건 조사하기 이곳에서는 통일 방법을 토의하는 국무회의가 진행되었고, 신탁통치를 반대하는 연설도 이루어졌다. 무엇보다 총탄을 맞고 김구 선생님이 서거한 장소라고 생각하니 저절로 숙연해졌다. 당시 총탄 흔적은 현재 복원되었다. 엽서에 경교장 스탬프를 찍었다. 환하게 웃는 김구 선생님을 보니 가슴이 아팠다.
체험학습 사진	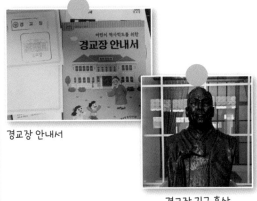 경교장 안내서 경교장 김구 흉상

03

자연 지형을 잘 살린 아기자기한 궁궐
창덕궁·창경궁
연계 과목 한국사, 국어, 사회

경복궁, 덕수궁, 경희궁에 이어 창덕궁과 창경궁에 이르면 조선의 5대 궁궐을 모두 둘러본 셈이다. 창덕궁과 창경궁은 가까이 붙어 있어 한 번에 둘러보는 게 시간 면에서 효율적이다. 창덕궁과 창경궁에는 다른 궁궐에 비해 아기자기한 정자가 많고 자연 지형을 잘 살린 정원이 군데군데 자리한다. 왕이 거처한 궁궐이지만 격식이 느껴지기보다는 자연과 조화를 이뤄 아름답다는 인상을 준다. 두 궁궐을 둘러본 후에 종묘와 환구단까지 답사하면 조선시대의 왕실 문화에 이어 제례 문화까지 살펴보는 것이다. 궁궐은 봄에 꽃이 만발할 때, 여름에 비가 내릴 때, 가을에 단풍이 한창일 때, 겨울에 눈이 소복이 쌓일 때 각기 다른 풍경을 드러내므로, 계절마다 방문하여 다채로운 궁궐의 색을 경험해보자.

아이와 체험학습, 이렇게 하면 어렵지 않아요!

체험학습 순서와 이동시간
창덕궁 (도보 8분)→ 창경궁 (자동차 4분)→ 종묘 (자동차 4분)→ 환구단

교과서 핵심 개념
우리나라의 궁궐 문화, 궁궐의 역사적 의미, 근대 문화유산, 삼국시대부터의 제례 의식

주변 여행지
연산군묘, 김수영문학관, 국립 419 민주묘지, 우리은행 은행사박물관

엄마 아빠! 미리 알아두세요

궁궐을 둘러볼 때는 아이에게 왕이 거처했거나 집무했던 장소로만 궁을 설명하기보다는 역사적 의미가 깊은 왕의 이름을 같이 연결하여 설명해주는 게 더 효과적인 학습으로 이끌 수 있다. 조선시대 22대 왕인 정조와 23대 왕인 순조는 창경궁과 24대 왕인 헌종은 창덕궁과 연결 지어 이야기를 이끌어보자. 더욱 풍성한 체험학습을 만들어줄 수 있을 것이다.

창덕궁 선정전 일월오봉도

인정전일원

연계 과목 한국사

경복궁의 동쪽에 자리한 이궁 **창덕궁**

경복궁의 이궁으로 지은 궁궐. 창경궁과 함께 경복궁의 동쪽에 위치하여 동궐이라고 불렸다. 임진왜란 때 창덕궁은 모두 불타 광해군 때 다시 지었는데, 고종 때 경복궁을 중건하기까지 정궁 역할을 한 곳이다. 창덕궁의 정전인 인정전에서 왕의 즉위식이나 외국 사신 접견 등 공식 행사를 치렀다.

⌂ 서울시 종로구 율곡로 99 ☏ 02-3668-2300 ⊙ 09:00~18:00(2월~5월, 9월~10월)/ 09:00~18:30(6월~8월)/ 09:00~17:30(11월~1월)/ 월요일 휴궁 ₩ 어른(만 25세~만 64세) 3천 원(전각 관람), 어른(만 19세 이상) 5천 원(후원 관람), 통합관람권 1만 원(유효기간 3개월, 4대 궁인 경복궁, 창덕궁(후원 포함), 창경궁, 덕수궁과 종묘 관람 가능) ⓘ http://www.cdg.go.kr

아이에게 꼭 들려주세요!

창덕궁은 자연과 조화를 이루어서 지어졌기 때문에 경복궁의 주요 건물처럼 좌우대칭으로 반듯하게 자리하지 않는다. 내부를 둘러볼 때는 주요 전각의 위치 안내도를 미리 살펴보고, 후원 관람 시 해설사와 함께 이동하기 때문에 해설 시간을 확인하고 예약하면 좋다.

연계 과목 한국사

조선시대 왕실 가족의 생활 공간 **창경궁**

왕실 구성원의 생활 공간을 넓힐 목적으로 지어진 궁궐. 따라서 다른 궁궐과 비교했을 때 전각의 수가 많지 않고 규모도 아담한 편이다. 조선시대 다른 궁궐과 주요 전각들이 남향으로 지어진 것과 달리 정문인 홍화문과 정전인 명정전이 동쪽을 바라보는 게 특색이다.

⌂ 서울시 종로구 창경궁로 185 ☏ 02-762-4868 ⊙ 09:00~21:00(20:00 입장 마감)/ 월요일 휴궁/ 09:00~20:00(11월~2월 평일)/ 09:00~18:00(11월~2월 토요일, 일요일, 공휴일) ₩ 어른(만 25세~64세) 1천 원, 통합관람권 1만 원(유효기간 3개월, 4대궁인 경복궁, 창덕궁(후원 포함), 창경궁, 덕수궁과 종묘 관람 가능) ⓘ http://cgg.cha.go.kr

창경궁 홍화문

창경궁 명정전

왕과 왕비, 황제와 황후에게 제사 지내는 사당 **종묘**

연계 과목 한국사

종묘 재궁일원

종묘 내부

경복궁을 기준으로 할 때 왼쪽은 종묘, 오른쪽은 사직단이 위치하는데, 종묘사직이란 말은 여기에서 나왔다. 종묘는 조선왕조와 대한제국의 역대 왕과 왕비 그리고 황제와 황후의 신주를 모시고 제사를 지내는 국가 최고의 사당이다. 제사를 모시는 공간(정전, 영녕전, 공신당, 칠사당)과 제사를 준비하는 공간(향대청, 재궁, 전사청)으로 구분되어 있다. 종묘로 향하는 박석길은 세 갈래로, 가운데는 신이 지나는 길이고 우측은 임금이 걷는 길, 좌측은 세자가 걷는 길이다. 종묘는 건축적 가치와 의례 공간이라는 역사적 가치를 인정받아 1995년에 유네스코 세계유산으로 등재되었다.

🏠 서울시 종로구 종로 157 📞 02-765-0195 🕐 09:00~18:00(2월~5월, 9월~10월)/ 09:00~18:30(6월~8월)/ 09:00~17:30(11월~1월)/ 화요일 휴관 ⓦ 어른(만 25세~64세) 1천 원, 통합관람권 1만 원(유효기간 3개월, 4대궁인 경복궁, 창덕궁(후원 포함), 창경궁, 덕수궁과 종묘 관람 가능) ⓘ http://jm.cha.go.kr

아이에게 꼭 들려주세요!

'종묘'라는 이름에 '묘' 자가 들어 있어 무덤일 거 같지만, 종묘는 조선시대에 제사를 지내던 사당이다. 조선시대의 임금 중 연산군과 광해군의 신주는 모셔져 있지 않은데, 연산군과 광해군은 폐위된 왕이기 때문이다. 정전의 길이가 꽤 긴데, 총 35칸으로 된 일자형 구조로, 우리나라 단일 건물로는 가장 긴 101m에 달한다.

천자가 하늘에 제사를 올리는 둥근 단 **환구단**

연계 과목 한국사, 사회

환구단 팔각정

천자가 하늘에 제사를 올리는 둥근 단으로, 원구단 또는 환단이라고도 불린 곳. 예로부터 농경 문화가 발달한 지역에서는 하늘에 감사의 제를 드리는 풍습이 있었는데, 이러한 제천의례는 유교 문화를 기틀로 잡은 조선시대에도 계승되었다. 서울 곳곳에는 고종 황제가 조선을 다시 세우고 중국과 맞서기 위해 노력한 흔적이 보이는데, 고종이 대한제국의 황제로 즉위하면서 이곳에서 천지에 제를 드리면서 완전한 제천의식을 행하게 되었다. 1913년 조선철도호텔이 건립되기 전에 헐렸고 2009년 서울광장에 복원되었다. 현재는 화강암 기단 위에 세워진 3층 팔각정의 황궁우가 남아 있다.

🏠 서울시 중구 소공로 106 📞 무료

유배되었던 왕의 무덤 연산군묘

연계 과목 한국사

묘역에는 연산군과 거창군부인 신 씨의 묘를 포함하여 태종의 후궁 의
정궁주 조 씨, 연산군의 딸 휘순공주와 사위 구문경의 묘가 조성되어
있다. 원래 세종의 아들 임영대군의 땅이었는데, 임영대군의 외손녀인
거창군부인 신 씨가 강화도에 있던 연산군의 묘를 옮겨달라고 중종에
게 요청하여 원래 있던 의정궁주묘의 위쪽에 연산군묘를 만들었다.

🏠 서울시 도봉구 방학로 17길 📞 02-3494-0370 🕐 09:00~18:00(2월
~5월, 9월~10월)/ 09:00~18:30(6월~8월)/ 09:00~17:30(11월~1월)/ 월요
일 휴관 ⓦ 무료 ⓘ http://royaltombs.cha.go.kr/tombs/selectTombInfoList.
do?tombseq=133&mn=RT_01_06_02

연계 과목 국어

김수영 시인을 기리는 문화 공간 김수영문학관

김수영문학관 입구

도봉구 일대는 시인이 문학 활동을 하던 곳으로, 시인을 기리고자 도봉
구에 2013년 개관됐다. 시인 삶의 궤적을 연대순으로 만나볼 수 있고,
시작 코너와 영상 코너가 마련되어 있다. 시인의 일상 모습과 지인들과
주고받은 서신, 그의 서재, 즐겨 쓰던 독서대 등이 전시되어 있다.

🏠 서울시 도봉구 해등로 32길 80 📞 02-3494-1127 🕐 09:00~18:00/ 월요일, 1
월1일, 설, 추석 연휴 휴관 ⓦ 무료 ⓘ http://kimsuyoung.dobong.go.kr

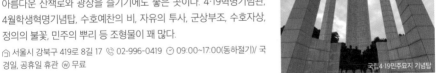

아이에게 꼭 들려주세요!

김수영의 작품 중 <풀>, <눈>, <구름의 파수병>, <파밭 가에서> 등의 시는 시험에 자주 출제되고 있다. 아이가 시인의 주요 작품을 익혀
두도록 읽어주자.

3·15에 맞선 민주 영웅의 묘역 국립4·19민주묘지

연계 과목 한국사, 사회

1960년 3·15 부정선거를 일으킨 권력에 맞서던 민주 영웅들의 묘역.
아름다운 산책로와 광장을 즐기기에도 좋은 곳이다. 4·19혁명기념관,
4월학생혁명기념탑, 수호예찬의 비, 자유의 투사, 군상부조, 수호자상,
정의의 불꽃, 민주의 뿌리 등 조형물이 꽤 많다.

🏠 서울시 강북구 419로 8길 17 📞 02-996-0419 🕐 09:00~17:00(동하절기)/ 국
경일, 공휴일 휴관 ⓦ 무료

국립4·19민주묘지 기념탑

연계 과목 사회

국내 최초 은행의 역사 전시관 우리은행 은행사박물관

우리은행 은행사박물관 전시실

우리나라 근현대 금융의 역사를 보여주고, 경제 성장과 함께 발전한 은
행의 업적을 재조명하기 위해 개관된 곳. 박물관은 우리은행 본점 지하
에 있다. 상평통보, 주판, 수표 발생기 등 지금은 사라진 통화 관련 전시
물을 볼 수 있다. 저금통 갤러리에는 세계 여러 나라의 개성과 문화가
담긴 저금통이 전시되어 있다.

🏠 서울시 중구 소공로 51(우리은행 본점 지하 1층) 📞 02-2002-5090, 5093 🕐
10:00~18:00(17:30 입장 마감)/ 일요일, 공휴일, 근로자의 날 휴관 ⓦ 무료

체험학습 결과 보고서

체험학습 일시	○○○○년 ○월 ○일
체험학습 장소	서울시 중구 우리은행 은행사박물관
체험학습 주제	화폐의 사용 이유 알아보기, 일제강점기의 은행 거리 살펴보기
체험학습 내용	1. 화폐가 사용되기 시작한 이유 알아보기 화폐가 없던 시절에는 물물교환으로 원하는 물건을 가질 수 없었다고 한다. 하지만 물물교환하는 것 중 무게가 무겁거나, 생선처럼 상하기도 쉬운 것도 있어서 물물교환은 불편한 점이 많던 거래 방식이다. 더 편리하게 거래할 수 있도록 화폐를 만들어 사용하기 시작했다고 한다. 2. 일제강점기의 은행 거리 살펴보기 일제강점기 때 서울 명동은 일본 영사관 등이 들어서면서 경제의 중심지였다고 한다. 은행은 처음 설립 당시 우리나라 경제를 착취하기 위해 만들어진 것이다. 동양척식주식회사가 대표적이다. 현재 은행은 경제·사회생활을 하는 데 없어서는 안 되는 존재가 되었다. 일제강점기 때 지어진 건축물은 당시 유행하던 서양식 건축 양식을 하고 있다.
체험학습 사진	우리은행 은행사박물관 입구 우리은행 은행사박물관 전시실

청와대

청와대사랑채

종로구

식민지역사박물관

백범김구기념관

종구

전쟁기념관

국립중앙박물관 전경

용산구

국립중앙박물관

국립한글박물관

용산가족공원

04

우리나라의 역사와 문화를 아우르는 곳

국립중앙박물관

연계 과목 한국사, 사회

국립중앙박물관을 중심으로 용산가족공원, 국립한글박물관, 전쟁기념관을 퐁당퐁당 관람할 수 있다. 국립중앙박물관에서 상설 전시와 기획 전시를 살펴보고, 야외 공원에서 쉬어도 좋고, 이어서 국립한글박물관을 둘러보고 용산가족공원에서 멈춰도 좋다. 애써 시간을 냈다면 다시 힘을 내서 전쟁기념관까지 둘러보자. 역사와 문화, 전쟁과 평화, 휴식과 힐링을 함께할 수 있고, 우리나라의 굵직한 문화재를 오롯이 감상할 수 있을 것이다. 박물관과 기념관에는 숨겨진 이야기가 무궁무진하게 많고, 각종 기록과 유물의 의미가 깊기 때문에 반복하여 체험해보기 좋은 곳이다. 용산가족공원은 두 박물관과 가까이 있으니 먼저 둘러봐도 괜찮다.

아이와 체험학습, 이렇게 하면 어렵지 않아요!

체험학습 순서와 이동 시간
국립중앙박물관 (도보 8분)→ 국립한글박물관 (자동차 8분)→ 전쟁기념관 (자동차 9분)→ 용산가족공원

교과서 핵심 개념
선사시대부터 대한제국까지 역사와 문화, 한국전쟁, 전쟁의 역사, 전쟁의 교훈, 호국 열사, 한글의 우수성, 한글 창제 과정

주변 여행지
청와대, 청와대사랑채, 백범김구기념관, 식민지역사박물관

엄마 아빠! 미리 알아두세요

국립중앙박물관과 전쟁기념관에서는 예약제로 어린이박물관을 운영하고 있다. 이곳에서는 유아(6~7세)와 초등생(1~3학년)을 대상으로 다양한 프로그램을 운영 중이다. 디지털 실감 영상관 등을 포함해 무료로 즐길 수 있는 체험이 많으므로 누리집에서 해당 내용을 잘 확인하여 예약하자.

국립중앙박물관 전시실

국립중앙박물관 어린이박물관

연계 과목 사회, 한국사

한국의 대표 국립박물관 **국립중앙박물관**

시대와 주제별로 6개의 상설전시관을 운영한다. 시기별로 다양한 내용을 전시하는 특별전시관, 내외국인을 위한 전시해설 프로그램, 오감으로 즐기고 배우는 어린이박물관, 다채로운 교육 프로그램, 첨단기술을 활용한 실감 콘텐츠까지 즐길 수 있다.

⌂ 서울시 용산구 서빙고로 137 ☎ 02-2077-9000 ⏰ 10:00~18:00/ 10:00~21:00(수요일, 토요일)/ 07:00~22:00(옥외 전시장)/ 1월 1일, 설, 추석, 국립중앙박물관장 지정일 휴관 ⓦ 무료(특별전시 유료) ⓘ http://www.museum.go.kr

아이에게 꼭 들려주세요!

우리나라 대표 박물관답게 상당히 넓고, 규모가 큰 만큼 관람할 전시물도 많다. 1층 구석기실의 주먹도끼, 신석기실의 빗살무늬토기, 청동기실의 농경문 청동기, 신라실의 금관과 금허리띠, 역사의 길의 경천사 십층석탑, 불교 회화실의 괘불, 불교조각실의 감산사 불상, 금속 공예실의 물가풍경무늬 정병, 청자실의 청자 칠보무늬 향로, '사유의 방'에 있는 반가사유상 등을 세심하게 둘러보자.

연계 과목 사회, 한국사

한글을 조사·연구하는 전시관 **국립한글박물관**

한글의 문자적·문화적 가치를 창출하고 이를 알리기 위한 전시관. 국내외 흩어져있던 한글 자료를 조사, 수집, 연구하고 한글의 우수함을 전시를 통해 보여준다. 2층 상설전시실에 훈민정음 머리말의 문장에 따라 7개의 공간으로 구성되어있다. 3층 기획전시실에 한글의 역사를 담은 유물과 함께 한글문화를 재해석한 작가의 작품이 있다. 한글놀이터는 어린이가 놀면서 한글을 이해하고 다양한 생각을 표현할 수 있는 체험 전시 공간으로, 온라인 예약해야 이용할 수 있다. 1층 한글도서관에서 한글과 한글문화 관련 전문 자료를 열람할 수 있다. 그 외 다양한 교육 프로그램과 문화행사가 개최된다.

⌂ 서울시 용산구 서빙고로 139 ☎ 02-2124-6200 ⏰ 10:00~18:00/ 10:00~21:00(토요일)/ 1월 1일, 설, 추석 휴관/ 한글도서관 토요일, 일요일, 공휴일(한글날 제외) 휴관 ⓦ 무료 ⓘ http://www.hangeul.go.kr

국립한글박물관 외관

국립한글박물관 한글놀이터

전쟁의 교훈을 전하는 곳 전쟁기념관

연계 과목 사회, 한국사

전쟁기념관 외관

전쟁기념관 외부

호국 정신 배양 및 호국 자료의 수집·보존을 위한 공간. 실내 전시실과 어린이박물관, 옥외전시장이 있다. 1층 전쟁역사실에 선사시대부터 대한제국기까지 대외 항쟁사와 군사 유물이, 2층 호국추모실과 625전쟁실에 전쟁 배경과 경과 및 정전협정 체결의 전 과정이 전시되어있다. 4D 실감영상실에서 흥남철수와 14후퇴 당시 피난 과정이 4D영상과 진동, 눈보라 효과로 재현된다. 3층 유엔실, 기증실, 해외파병실, 국군발전실에 부산 유엔기념공원이 재현되어 있고, 대한민국 국군 해외 파병 및 그 역사와 무기 발달사도 전시한다.

⌂ 서울시 용산구 이태원로 29   📞 02-709-3114   🕐 09:30~18:00/ 월요일 휴관   ⓦ 무료   ⓘ http://www.warmemo.or.kr(전시실과 영상실) www.warmemo.or.kr/kids(어린이박물관)

조경과 휴양 시설을 겸비한 시민공원 용산가족공원

연계 과목 사회

용산가족공원 전경

용산가족공원 조각상

주한미군사령부의 골프장이던 곳을 개방적이고 단란한 분위기의 공원으로 조성한 곳. 4.6km에 이르는 산책로와 조깅코스, 1만 5천 그루에 달하는 다양한 나무, 자연학습장, 태극기공원, 연못, 잔디광장 등이 조성되어, 개방적이고 단란한 분위기의 공원이 되었다. 공원 내 7개의 국가(한국, 프랑스, 스위스, 독일, 영국, 미국, 캐나다)를 대표하는 작가들의 조각 작품이 눈길을 끈다.

⌂ 서울시 용산구 이태원로 60   📞 02-792-5661   🕐 연중무휴

대통령 집무실 및 관저로 사용되던 관광명소 청와대

연계 과목 사회, 한국사

지금의 청와대 자리는 고려시대 남경(남쪽의 서울)으로 삼던 곳이고, 조선시대 때는 경복궁 후원 터였으며, 일제강점기 때는 경복궁의 건물을 거의 철거하고 조선총독부(경무대)가 세워진 곳이다. 청와대 본관에서 대통령 집무와 외빈 접견이 이루어졌고, 영빈관에서는 국빈 방문 시 공연과 만찬이 진행되었다.

청와대 외관 전경

⌂ 서울시 종로구 청와대로 1 ⏱ 09:00~18:00(3월~11월)/ 09:00~17:30(12월~2월)/ 화요일 휴관 ⓦ 무료(영빈문, 정문, 춘추문으로 입장)/ 순환 버스 경복궁 동편 주차장과 청와대(연무관) 사이 운행(08:30~17:30, 40분 간격) ⓘ https://reserve.opencheongwadae.kr(관람 신청 예약 필수)

연계 과목 사회, 한국사

역대 대통령 관련 종합관광홍보관 청와대사랑채

청와대사랑채 전시실

대통령 비서실장 공관으로 사용되던 건물을 대한민국 역대 대통령의 발자취와 한국의 전통문화 홍보관으로 만든 곳. 사랑채 1층은 한국 관광전시관이다. 한국관광공사에서 선정한 사진들이 벽면에서 천장까지 이어져 아트월을 이루고 있다.

⌂ 서울시 종로구 효자로 13길 45 ☎ 02-723-0300 ⏱ 09:00~18:00/ 화요일 휴관 ⓦ 무료 ⓘ http://cwdsarangchae.kr

---

김구의 사상을 전하는 기념관 백범김구기념관

연계 과목 사회, 한국사

<백범일지>를 통해 대한민국임시정부의 역사와 한국 근현대사를 이해할 수 있다. 중앙홀에 백범좌상이 있고, 선생의 유년기, 동학 의병운동, 교육운동, 신민회 활동, 구국운동의 활동상이 전시되어 있다. 대한민국임시정부 시절, 한국광복군 시절, 1949년 6월 26일 경교장에서 육군 소위 안두희의 흉탄에 맞아 서거 당시, 백범일지 발간 과정과 역사도 전시되어 있다.

백범김구기념관 입구

⌂ 서울시 용산구 임정로 26 ☎ 02-799-3400 ⏱ 10:00~18:00(3월~10월)/ 10:00~17:00(11월~2월)/ 월요일 휴관 ⓦ 무료 ⓘ http://www.kimkoomuseum.org

---

연계 과목 사회, 한국사

항일투쟁의 역사를 기록한 공간 식민지역사박물관

식민지역사박물관 전시실

최초의 일제강점기 전문 역사박물관. 일제의 침략 전쟁이 일어난 당시 조선 상황, 친일과 항일 과정, 과거를 이겨내기 위해 해야 할 일 등이 기록되어 있다. 특히 '1평으로 체험하는 식민지: 학교와 감옥'으로 일제강점기 섬뜩하던 상황을 짐작할 수 있다. 청산되지 못한 과거사와 친일파 문제는 공감과 연대로 끝까지 파헤쳐야 한다는 점을 강조하고 있다.

⌂ 서울시 용산구 청파로 47다길 27 ☎ 02-2139-0427 ⏱ 10:30~18:00/ 월요일, 1월 1일, 추석 연휴 휴관 ⓦ 박물관 사정 따라 변동 ⓘ http://www.histroymuseum.or.kr(10인 이상 단체 예약 시 해설 제공)

체험학습 결과 보고서

체험학습 일시	○○○○년 ○월 ○일
체험학습 장소	서울시 용산구 전쟁기념관
체험학습 주제	일제강점기 상황에 대해 살펴보기, 한국전쟁에 대해 알아보기
체험학습 내용	1. 일제강점기 상황에 대해 살펴보기 일본은 우리나라와 평화롭게 지내지 못하고, 힘을 앞세워 우리나라를 침략해서 빼앗으려고 했다. 일제강점기 때 우리나라 사람이 먹을 쌀을 빼앗아 갔고, 전쟁에 쓸 무기를 만들기 위해 솥단지까지 빼앗아 갔다. 학생들은 군대로 끌려가서 모진 고문을 당하고, 힘든 노동을 해야 했다. 2. 한국전쟁에 대해 알아보기 6·25전쟁(한국전쟁)은 1950년 6월 25일 새벽 4시에 일어났다. 북한군이 남한을 공격하고, 한강 다리는 무너졌다. 미국을 포함하여 유엔군이 남한을 도우러 왔고, 누구도 이기지 못한 채 전쟁은 멈췄다. 이후 우리나라 땅은 둘로 나뉘었다. 우리나라는 여전히 휴전 중이다.
체험학습 사진	 전쟁기념관 전시실 전쟁기념관 어린이박물관

국립항공박물관 전경

05

대한민국 항공 산업의 위상을 보여주는 곳

국립항공박물관

연계 과목 과학, 한국사

국립항공박물관 주변은 하늘 위를 날아다니는 비행기를 코
앞에서 볼 수 있고, 땅 위에서 자라는 식물 냄새를 가까이서
맡아볼 수 있는 체험학습 코스이다. 도시에서는 쉽게 접할
수 없는 약초와 약재까지 찾아볼 수 있어 흥미로운 탐험과
같은 체험학습이 가능하다. 역동적이고 활동적인 힘을 지
닌 아이도, 사색적이고 조용한 감성을 지닌 아이도 두루두
루 만족할 만한 곳이 많다. 항공박물관, 식물원, 미술관, 박
물관 등에는 계절과 나이에 따라 다채로운 프로그램과 교
육 강좌가 준비되어 있다. 다만, 서울 식물원의 야외에서 운
영하는 일부 프로그램은 특정 시기에만 운영되고, 겨울에
는 다른 계절과 비교하여 상대적으로 운영하는 프로그램
수에 변동이 잦은 편이다.

**엄마 아빠!
미리 알아두세요**

식물원에는 쌍떡잎식물과 외떡잎식물의 구조, 물관과 체관, 양분의 이동 등 과학 관련 자료를 알아두고 간
다면 체험학습 효과를 높일 수 있을 것이다. 미술관에 갈 때는 <독서여가>, <총석정> 등의 작품 정도는 익
혀두고 체험학습을 시작해보자. 겸재 정선의 작품은 작품 자체보다 다른 과목(국어, 과학 등)과 연계하여
시험에 자주 출제되는 편이다.

국립항공박물관 체험실

연계 과목 과학

전 세계 항공 역사를 담은 곳 **국립항공박물관**

항공에 관한 것을 경험할 수 있는 전시관. 항공기 제트 엔진 터빈 블레이드를 형상화한 외관이 인상적이다. 전 세계 항공 역사와 실물 항공기를 대할 수 있다. 항공 운 송산업, 항공기 개발 관련 과학 지식 등을 학습할 수 있 고, 항공 기술 발전에 따른 미래 생활도 엿볼 수 있다. 항공 체험관의 체험 프로그램에 나이와 신장 제한이 있 을 수 있으니 예매 시 확인하자.

🏠 서울시 강서구 하늘길 177 📞 02-6940-3198 🕐 10:00~18:00/ 월요일, 1월 1일, 설, 추석 휴관 ⓦ 무료(체험 교육 비 별도) ⓘ http://www.aviation.or.kr(체험 프로그램 온라인 예약 및 현장 발권 가능)

아이에게 꼭 들려주세요!

아이들은 체험 공간에 들어서면 정신을 잃고 놀이에 빠져드 는 경향이 있으니 체험에 앞서 주의사항을 꼭 듣게 하고, 체 험 시 안전사고가 발생하지 않도록 주의해야 한다. 아이들 성 향에 따라 체험 프로그램을 선택 및 조율하는 것도 필요하다. 역동적이고 활동적인 아이라면 국립항공박물관부터, 차분하 고 정적인 아이라면 서울식물원부터 체험하자.

연계 과목 과학

식물원과 공원의 유기적 결합 **서울식물원**

서울 도심 속에 자리한 식물원과 공원이 유기적으로 결 합된 곳. 주제원, 열린숲, 호수원, 습지원을 테마로 구성 되어 있고, 바람의 정원, 오늘의 정원, 추억의 정원, 사색 의 정원, 초대의 정원, 정원사 정원, 치유의 정원, 숲정원 등 아기자기한 정원이 곳곳에 자리한다. 오목한 접시 모 양의 온실에 열대(4개국 식물 전시)와 지중해(8개국 식물 전시)에 위치한 12개 도시 식물 1,000여 종이 전시되어 있다. 8m 높이의 스카이워크에서 내려다보는 온실 모 습이 인상적이고, 키 큰 열대식물의 잎과 열매를 가까이 에서 관찰할 수 있다. 그 외 씨앗도서관과 식물전문도서 관이 운영 중이다. 어린이정원학교에서는 식물과 가드 닝 교육 프로그램이, 텃밭에서는 체험교육이 진행된다.

🏠 서울시 강서구 마곡동로 161 📞 02-2104-9716 🕐 09:30~18:00(16:00 매표 마감)/ 주제원 월요일 휴관 ⓦ 어른 5 천 원, 청소년 3천 원, 어린이 2천 원 ⓘ http://botanicpark.seoul. go.kr

서울식물원 온실

서울식물원 주제원

정선의 업적을 기리는 곳 겸재정선미술관

연계 과목 한국사, 예술

겸재정선미술관 외관

겸재정선미술관 체험실

겸재 정선이 태어난 곳은 서울 청운동이지만, 그는 1740년~1745년까지 양천에서 현령으로 재직하며 <경교명승첩>, <양천팔경첩> 등 기념비적인 작품을 많이 남겼다. 그가 양천현령 부임 당시 환갑을 넘겼지만, 이 시기에 그의 화풍은 무르익어 부드럽고 서정적인 강변의 경치를 많이 그렸다. 겸재정선미술관은 그의 미술 업적을 기리고 진경 문화를 계승·발전시키고자 개관됐다.

⌂ 서울시 강서구 양천로 47길 36 ☎ 02-2659-2206 ⏰ 10:00~18:00(3월~10월)/ 10:00~17:00(11월~2월), 토요일, 일요일, 공휴일)/ 월요일, 1월 1일, 설, 추석 휴관 ₩ 어른 1천 원, 청소년 5백 원/ 통합관람권 어른 1,300원, 청소년 7백 원(허준박물관과 겸재정선미술관 관람 가능, 유효기간 일주일) ① http://gjjs.or.kr

아이에게 꼭 들려주세요!

겸재 정선의 작품은 그림과 지문이 같이 시험에 출제되는 편이다. 비문학 독서 지문으로 <독서여가>가 출제된 적 있고, 그림에 나타난 암석의 종류와 특징을 묻는 문제로 <총석정> 그림이 활용된 적이 있다.

한국 최초 한의학 전문 박물관 허준박물관

연계 과목 한국사, 사회

허준박물관 외관

허준이 출생하고 <동의보감>을 집필했으며, 삶을 마무리 한 곳으로 알려진 가양동에 있는 박물관. 전염병 관련 의서인 보물 <신찬벽온방>을 소장한다. 2층에 <동의보감> 조형물과 체험교육실, 3층에 허준기념실, 동의보감식, 약초약재실, 의약기실, 어린이체험실, 기획전시실, 내의원과 한의원실을 재현한 모형이 있다. 옥상정원에서 박물관 앞으로 조성된 허준테마거리가 보이고, 약초원에서는 동의보감 속 다양한 약초를 재배한다. <동의보감> 집필 과정과 허준의 다양한 저서를 통해 한의학을 향한 그의 집요하고 끈질긴 노력을 엿볼 수 있다.

⌂ 서울시 강서구 허준로 87 ☎ 02-3661-8686 ⏰ 10:00~18:00(3월~10월)/ 10:00~17:00(11월~2월), 토요일, 일요일, 공휴일)/ 월요일, 1월 1일, 설, 추석 휴관 ₩ 일반 1천 원, 초·중·고등학생 5백 원/ 통합관람권 어른 1,300원, 청소년 7백 원(허준박물관과 겸재정선미술관 관람 가능, 유효기간 일주일) ① https://www.heojun.seoul.kr

가양역에서 허준박물관까지 이어지는 거리 허준테마거리

연계 과목 사회, 한국사

우리나라 한의학의 발전을 드높인 구암 허준과 유네스코 세계기록유산으로 등재된 <동의보감>을 주제로 조성된 가양역에서 허준박물관까지 이어지는 약 300m 거리. 허준의 일대기와 <동의보감> 내용을 간략히 소개한 조형물이 있다. 인근에 허준동상, 허가바위 등 그와 관련된 장소가 많다.

⌂ 서울시 강서구 허준로 87(허준박물관) ☎ 02-3661-8686

허준테마거리

연계 과목 한국사, 사회

조선 태종 때 유학 토대의 교육기관 양천향교

양천향교

연중 제일 큰 행사인 석전제(공자추모제)를 올리는 것을 전통으로 하는 향교 건물. 지역 주민을 대상으로 한문, 서예, 사군자 관련 교육 프로그램을 운영 중이다. 겸재정선미술관과 연계한 프로그램도 다양하게 준비되어 있다.

⌂ 서울시 강서구 양천로 47나길 53 ☎ 02-2658-9988 ⏰ 10:00~16:00/ 연중무휴/ 사무국 토요일, 공휴일 휴관 ⓦ 무료 ① http://www.hyanggyo.net

---

군수 물자 저장고 및 군부대 본부이던 곳 궁산땅굴역사전시관

연계 과목 사회, 한국사

태평양전쟁 말기에 만들어진 곳. 전시관이 조성되어 있지만 낙석의 위험 때문에 땅굴 안쪽으로는 진입할 수 없다. 과거 군수물자를 저장하거나 김포 비행장을 감시하는 역할을 했다. 겸재정선미술관 후문을 나오면 전시관 입구가 보인다.

⌂ 서울시 강서구 양천로 49길 106 ⏰ 10:00~16:00/ 월요일 휴관, 전시관 사정 따라 휴관일 지정 ⓦ 무료

궁산땅굴역사전시관

연계 과목 한국사, 사회

행주대첩 승리의 장소 행주산성

행주산성 행주대첩비

행주산성 권율 동상

삼국시대 때 처음 지어져서 조선시대에 개축이 이루어졌고, 임진왜란 때 권율 장군이 왜군과 맞서 승리를 이룬 행주대첩으로 유명한 곳. 1592년 12월 수원 독산성에서 적을 물리친 권율 장군은 서울을 되찾기 위해 덕양산에 진을 치고 왜군 3만여 병력을 처절한 접전 끝에 무찔렀다. 산성 곳곳에는 권율 장군의 승전 기념 유적이 많이 보인다. 권율 장군의 영정을 모신 충장사가 있고, 행주대첩비와 대첩비가 있는 비각, 덕양정, 진강정, 충의정, 충훈정 등이 자리한다.

⌂ 경기도 고양시 덕양구 행주산성로 일대 ☎ 031-8075-4642 ⏰ 10:00~18:00(3월~10월)/ 10:00~17:00(11월~2월)/ 월요일 휴관 ⓦ 무료

체험학습 결과 보고서

체험학습 일시	○○○○년 ○월 ○일
체험학습 장소	서울시 강서구 국립항공박물관, 궁산땅굴역사전시관
체험학습 주제	스탬프 투어하기, 컬러링 북에 색칠하기
체험학습 내용	1. 스탬프 투어 스탬프 투어지인 서울식물원, 겸재정선미술관, 허준박물관, 양천향교, 궁산땅굴역사전시관을 둘러보고 체험했다. 미술관의 전시와 역할을 생각해보았고, 박물관에서 하는 일도 알게 됐다. 우리 동네에 이처럼 다양한 역사적 장소와 문화 공간이 있다는 것을 알고 놀랐다. 2. 컬러링 북에 색칠하기 스탬프 투어지는 아니지만, 국립항공박물관의 모습을 가까이에서 보면서 색칠할 수 있어서 좋았다. 사진 옆에 간단한 설명도 있어서 미술관과 박물관에서 진행하는 프로그램들도 알게 되었다. 스탬프 투어와 컬러링 북에 있는 장소 중 이번에 가지 못한 곳은 다음에 꼭 가보기로 했다.
체험학습 사진	 국립항공박물관 전시실 국립항공박물관 체험실

서대문자연사박물관 전경

종로구

황학정
황학정국궁전시관

국립대한민국임시정부기념관
서대문자연사박물관
서대문형무소역사관

서대문구

이진아기념도서관
안산자락길

경찰박물관

중구

06

서대문 소재 자연사 전시관

서대문자연사박물관

연계 과목 과학, 한국사

서대문자연사박물관에 들어서면 거대한 공룡이 뿜어내는 열기와 알에서 깨어난 아기 공룡의 숨결로 입구부터 뜨끈한 느낌이 든다. 공공기관이 기획부터 설계까지 직접 도맡아 설립한 곳으로, 여타 지역의 전시관보다 전시물의 구성과 내용이 더욱 알찬 편이다. 가까이에 있는 서대문형무소역사관과 국립대한민국임시정부기념관까지 둘러보려면 하루 일정으로는 빡빡하다. 맑고 화창한 날에는 야외 코스를 위주로 일정을 짜보고, 구름이 끼거나 비가 내리는 날에는 실내 코스를 위주로 이동해보자. '서대문'이라는 지명 때문에 박물관과 역사관이 가까이 붙어있으리라 생각할 수 있는데, 꽤 멀리 떨어져 있다. 박물관을 하루 코스로, 역사관과 기념관을 묶어서 하루 코스로 잡아도 괜찮다.

아이와 체험학습, 이렇게 하면 어렵지 않아요!

체험학습 순서와 이동 시간
서대문자연사박물관 (자동차 20분)→ 서대문형무소역사관 (도보 6분)→ 국립대한민국임시정부기념관 (자동차 5분) → 경찰박물관

교과서 핵심 개념
자연을 구성하는 생물, 생물의 멸종과 탄생, 일제강점기, 독립운동, 우리나라의 독립운동가, 경찰의 역할

주변 여행지
안산자락길, 이진아기념도서관, 황학정, 황학정국궁전시관

엄마 아빠! 미리 알아두세요

서대문형무소역사관은 영상으로 미리 살펴보고 가는 게 좋다. 지하 고문실 벽관 체험이나 사형장 등 아이들에게 정신적인 충격을 줄 수 있는 게 곳곳에 있기 때문이다. 김구, 유관순, 안창호 등 독립운동가의 생애와 독립운동 과정을 학습하고 가면 아이의 체험학습 효과를 높일 수 있을 것이다.

서대문자연사박물관 로비

생명의 역사
The History of Life / 生命の歴史 / 生命的歴史

서대문자연사박물관 전시실

연계 과목 과학

체계적인 자연사 체험장 서대문자연사박물관

중앙 로비와 전시실의 공룡 모형의 위용을 확인할 수 있다. 자연의 역사를 시대 순서에 따라 전시해놓았으니, 3층→2층→1층 순서로 관람하면 좋다. 3층은 지구환경관, 2층은 생명진화관, 1층은 인간과 자연관이다. 자연사 배움 교실, 박물관 탐구 여행, 자연사 체험 등의 교육 프로그램과 북파크를 이용하려면 누리집에서 예약하자.

⌂ 서울시 서대문구 연희로 32길 51 ☏ 02-330-8899 ⊙ 09:00~16:00(화~금)/ 09:00~17:00(토요일, 일요일)/ 월요일 휴관 ⓦ 어른 6천 원, 청소년 3천 원, 어린이 2천 원 ⓘ http://namu.sdm.go.kr

아이에게 꼭 들려주세요!

생명체가 번성한 지질 시대에 관해 묻는 문제는 초·중·고등학교 과학 시험에 자주 출제되는 편이다. 선캄브리아 시대, 고생대, 중생대, 신생대에 번성한 동물군과 식물군을 비교하여 알아두면 시험에 잘 대비할 수 있다. 생산자, 소비자, 분해자 등 먹이사슬과 관련 그림 자료도 함께 학습하자. 뮤지엄숍에서 저학년용과 고학년용으로 구분하여 판매하는 관람학습지(활동지)도 활용해보자.

독립운동가들이 투옥되었던 장소 서대문형무소역사관

연계 과목 한국사

1908년 일제강점기 때 경성 감옥으로 개소하여 1945년 해방까지 항일 독립운동가들이 투옥된 감옥 시설이던 전시관. 1987년까지 서울구치소로 이용되어 많은 민주화 인사가 수감되었다. 넓은 공원에는 전시관, 중앙사, 태극기가 걸려 있는 12옥사, 11옥사, 공작사, 한센병사, 사형장, 격벽장, 여옥사, 취사장 등의 건물이 자리한다. 전시관은 1923년 건축된 보안과청사 건물 원형을 활용했다. 1층은 형무소역사실과 영상실, 2층은 민족저항실, 지하는 조사실과 취조실로 구성하여 관련 내용을 전시하고 있다. 수감자들이 실제 투옥되었던 옥사 건물은 1922년에 건축된 건물로, 중앙사에서는 방사형으로 연결된 옥사 전체를 감시할 수 있다. 31운동 직후 유관순 열사가 투옥되어 이곳 지하 옥사에서 숨을 거두었다.

⌂ 서울시 서대문구 통일로 251 ☏ 02-360-8590 ⊙ 09:00~18:00(3월~10월)/ 09:00~17:00(11월~2월)/ 월요일, 1월 1일, 설, 추석 휴관 ⓦ 어른 3천 원, 청소년 1,500원, 어린이 1천 원 ⓘ http://sphh.sscmc.or.kr

서대문형무소역사관 외관

서대문형무소 전시실

대한민국 민주공화국의 시작을 보여주는 곳 국립대한민국임시정부기념관

국립대한민국임시정부기념관 전시실

대한민국임시정부기념관 전시실

대한민국 건립과 민주공화국의 시작을 보여주는 전시관. 자주독립 국가를 수립하기 위해 희생한 선열의 정신을 계승하기 위한 공간이다. 1층은 기획전시실이고, 외부 상징 광장에 <역사의 파도>라는 작품이 있다. 2층 상설전시관에 대한민국 수립과 27년간 정부로서의 활동 과정을, 3층 상설전시관에 임시정부 당시 활동한 사람들과 임시정부를 도운 국내외 사람들의 이야기를 전시하고 있다. 4층은 상설전시관에 대한민국 임시정부에서 정부로 거듭나게 된 과정을 보여주고 있다. 전시실 전망대에서 서대문형무소역사관이 한눈에 보인다.

서울시 서대문구 통일로 279-24 ✆ 02-772-8708 ⏰ 10:00~18:00(17:00 입장 마감)/ 월요일 휴관 ⓦ 무료 ⓘ http://www.nmkpg.go.kr

---

경찰 활동을 체험할 수 있는 곳 경찰박물관

경찰박물관 체험실

경찰박물관 정문

경찰의 역사를 보존하고 경찰의 활동을 체험해볼 수 있는 곳. 엘리베이터를 타고 4층 경찰역사실부터 관람하고 계단을 이용해 3층으로 내려온다. 4층 경찰역사실에서 조선시대부터 현대에 이르기까지 경찰의 역사를 훑어볼 수 있다. 시대에 따른 경찰복의 변천 과정과 잘 알려지지 않은 경찰관 이야기를 접할 수 있다. 3층은 본격적인 체험 공간으로, 현장에서 활동하는 다양한 경찰 모습과 실제 현장에서 사용하는 경찰 장비를 살펴볼 수 있다. 경찰복을 입고 경찰 순찰차나 오토바이에 탑승하려는 아이들이 긴 줄을 서는 곳이기도 하다.

서울시 종로구 송월길 162 ✆ 02-3150-3681 ⏰ 09:30~17:30/ 월요일, 1월 1일, 설, 추석 휴관 ⓦ 무료 ⓘ https://www.policemuseum.go.kr

안산을 둘러싼 순환형 자락길 **안산자락길**

연계 과목 과학

안산자락길

완주하는 데 2시간 정도 걸리는 7km의 순환형 무장애 산책로. 구간별로 아까시숲, 메타세쿼이아숲, 가문비나무숲 등 다양한 숲을 즐길 수 있다. 계절별 풍경이 아름다워 사계절 많은 사람이 찾는다. 서울 지하철 2호선과 3호선 등 진입로도 여러 곳. 동서남북 방향에 따라 한강, 인왕산, 북한산, 청와대 등 다양한 조망을 즐길 수 있다.

⌂ 서울시 서대문구 봉원동 산1

연계 과목 한국사, 사회

이진아기념도서관

책을 좋아한 딸을 기리는 도서관 **이진아기념도서관**

미국 유학 중 뜻밖의 사고로 숨진 이진아 학생의 가족이 책을 좋아한 딸을 기억하기 위해 낸 건립지원금으로 개관한 도서관. 서대문 독립공원 내에 있으며 운영은 서대문구청에서 한다. 딸의 죽음을 개인적인 비극으로만 함몰시키지 않고 사회를 위한 나눔으로 승화한 가족의 아름다운 뜻이 담겨있는 곳이다.

⌂ 서울시 서대문구 독립문공원길 80　☏ 02-360-8600　⏰ 09:00~18:00/ 09:00~20:00(종합자료실)/ 월요일 휴관　ⓘ https://lib.sdm.or.kr/sdmlib/index.do

---

고종황제의 어명에 의해 세워진 정자 **황학정**

연계 과목 한국사

황학정 정자

경희궁 회상전 북쪽 담장 근처 활쏘기 연습장이던 곳. '고종황제가 황색 곤룡포를 입고 활을 쏘는 모습이 학과 같았다.'는 의미를 지닌다. 일제강점기에 경희궁을 헐며 궁 내 건물들이 일반에게 불하될 때 황학정 사우들이 현 위치로 이전했다. 황학정 활터는 일제강점기 전통 무술 금지와 6·25전쟁 때 건물 파손으로 활쏘기가 중단되었다가 국궁전시관 건립 후 활쏘기 명소로 거듭났다. 1974년 국내 유일의 활터 문화재로 지정되었다.

⌂ 서울시 종로구 사직로 9길 15-32　☏ 02-738-5785　ⓘ http://www.hwanghakjeong.org

---

연계 과목 한국사

황학정국궁전시관 전경

우리 활의 우수성을 체험하는 곳 **황학정국궁전시관**

1순에 5발을 쏘는 활쏘기를 상징하여 5개의 전시실과 자료실, 영상실로 구성된 공간. 우리 활을 소개한 전시물이 있고, 황제의 활터로 황학정의 설립 취지와 역사를 전시한다. 활과 화살을 만드는 제작 과정도, 세계 각지 다양한 활도 전시한다. 세계 여러 활을 비교 감상할 수 있다.

⌂ 서울 종로구 사직로9길 15-32　☏ 02-722-1600　⏰ 10:00~17:00/ 월요일, 1월 1일, 설, 추석 휴관　ⓦ 무료(체험비 별도)　ⓘ https://www.jfac.or.kr(활쏘기 체험 종로문화재단 누리집(www.jfac.or.kr)에서 신청 가능)

체험학습 결과 보고서

체험학습 일시	○○○○년 ○월 ○일
체험학습 장소	서울시 서대문구 서대문자연사박물관
체험학습 주제	공룡의 특징 조사하기, 전시관 둘러보고 활동지에 기록하기
체험학습 내용	1. 공룡의 특징 조사하기 중앙 홀에는 공룡과 익룡, 향고래가 전시되어 있어 눈이 휘둥그레졌다. 중생대에 번성했던 거대한 공룡의 이름은 티라노사우루스. 이 공룡은 앞 발가락이 2개뿐이었다. 중생대에는 공룡이 크게 번성했기 때문에 이 시기를 공룡의 시대라고도 한다. 2. 전시관 둘러보고 활동지에 기록하기 빅뱅과 태양계 형성 과정은 내용이 어려웠다. 복도에 전시된 태양계 행성을 둘러보고 아래층으로 내려왔다. 공룡이 살던 시기에 사람은 살지 않았다. 사람은 신생대에 처음 출현했다. 바다에 사는 고래는 물고기가 아니라 젖을 먹이는 포유류이다. 옛날에 고래의 조상이 먹이를 찾아 바다로 되돌아갔기 때문이다.
체험학습 사진	 서대문자연사박물관 전시실 서대문자연사박물관 전시실

서울 암사동 유적

강동구

풍납토성

몽촌역사관
백제집자리전시관
한성백제박물관

한성백제박물관 전경

몽촌토성
올림픽조각공원

석촌동 고분군

방이동 고분군

송파구

07

서울 시립 고대사 전시관

한성백제박물관

연계 과목 한국사, 사회

백제역사 유적지구는 유네스코 세계유산으로 공주와 부여, 익산에 분포한다. 그런데 큰 규모는 아니지만 서울에도 백제시대의 유적과 유물을 관람할 수 있는 곳이 있다. 올림픽 공원과 성내천 주변으로는 백제시대의 고분군, 박물관, 역사관, 전시관이 자리하고 있다. 웅진백제기의 유적에는 공산성과 송산리고분군이 있고, 사비백제기의 유적에는 관북리 유적, 부소산성, 정림사지, 능산리 고분군, 나성이 있다면, 한성백제기의 유적에는 방이동 고분군과 석촌동 고분군이 있다. 모형 전시가 많아 다소 아쉽지만, 올림픽공원에서 가족 나들이를 즐기고 백제 유적과 유물을 함께 둘러보면 알찬 체험학습을 할 수 있을 것이다.

아이와 체험학습,
이렇게 하면 어렵지 않아요!

체험학습 순서와 이동 시간
한성백제박물관 (도보 13분)→ 백제집자리전시관 (도보 9분)→ 몽촌역사관 (도보 20분)→ 올림픽조각공원

교과서 핵심 개념
삼국(고구려, 백제, 신라)의 건국과 전성기, 삼국의 역사와 문화, 도읍지별 백제의 역사(한성백제, 웅진백제, 사비백제)

주변 여행지
몽촌토성, 풍납토성, 방이동 고분군, 석촌동 고분군, 서울 암사동 유적

엄마 아빠!
미리 알아두세요

올림픽공원 내에는 박물관, 전시관, 역사관이 있고, 공원 바깥으로 고분군이 위치한다. 고분군을 먼저 둘러보고 올림픽공원으로 이동해서 전시관에서 설명과 함께 전시된 유물을 둘러보는 게 학습 면에서 적절할 것이다. 공주, 부여, 익산에서 발견된 백제시대의 유적과 유물은 온라인으로 미리 학습하고 출발하자.

연계 과목 한국사

백제의 역사 문화 조명하는 전시관 **한성백제박물관**

한성백제박물관 전시실

서울 지역을 도읍으로 삼았던 백제 역사와 문화를 복원 및 조명하는 전시관. <삼국사기>에 따르면 백제는 하남위례성에서 건국, 475년 고구려의 공격으로 한성이 함락될 때까지 수백 년간 서울 지역을 왕조의 근거지로 삼았다. 한강 유역 마한의 소국 중 백제국의 태동, 백제의 건국과 백제 사람의 삶, 중국과 일본과 교류한 백제의 문화, 삼국의 각축으로, 백제, 고구려, 신라 순으로 한강 유역을 차지한 전쟁 과정과 한성을 잃고 웅진(충남 공주)으로 도읍을 옮긴 백제의 이야기를 대할 수 있다.

⌂ 서울시 송파구 위례성대로 71 ☎ 02-2152-5800 ⏱ 09:00~19:00(3~10월)/ 09:00~18:00(11~2월)/ 월요일 휴관 ⓦ 무료 ⓘ http://baekjemuseum.seoul.go.kr

한성백제박물관 체험실

아이에게 꼭 들려주세요!
백제시대 도읍지의 변천 과정(한성백제기, 웅진백제기, 사비백제기)은 백제의 역사와 문화에도 영향을 준 것으로, 삼국시대 백제의 흥망성쇠를 알 수 있는 지표이다.

연계 과목 한국사

재현된 백제의 집자리 유구 현장 **백제집자리전시관**

몽촌토성 내에서 발견된 백제의 육각형, 사각형 집자리 유구 발굴 현장을 재현한 현장박물관. 발굴 조사 당시 지상 건물터 4곳, 구덩이 집자리 12개, 저장구덩이 30여 개가 확인되었다. 집자리와 구덩이 안에서 굽다리접시, 철제무기, 뼈로 만든 갑옷 등이 출토되었다.전시관에 4개의 집자리를 보존 및 전시하고 있다.

⌂ 서울시 송파구 올림픽로 424 ☎ 02-2152-5900 ⏱ 09:00~18:00/ 월요일, 1월 1일 휴관 ⓦ 무료

백제집자리전시관 전시실

백제집자리전시관 전경

백제집자리전시관 전시실

백제 한성도읍기 왕도인 몽촌토성에 있는 현장형 박물관 **몽촌역사관** 연계 과목 한국사

몽촌역사관 전시실

몽촌역사관 외부

몽촌토성에서 출토된 유물을 전시하는 공간. 몽촌역사관 스탬프 투어와 함께하면 유물도 찾고 그 특징도 파악할 수 있다. 암사동의 신석기시대 마을을 비롯해 청동기시대 집자리, 풍납토성과 몽촌토성, 석촌동과 방이동의 삼국시대 고분군 등 다양한 문화유적과 유물이 전시되어있다. 특히 백제에서만 확인되는 세발토기는 모양과 크기가 다양하고, 신분이 높은 사람들이 생활 용기로 사용하던 것이다. 체험전시장은 백제의 생활문화를 체험할 수 있는 공간과 발굴과 관련된 정보를 습득할 수 있는 공간으로 나뉜다.

⌂ 서울시 송파구 올림픽로 424   ☏ 02-2152-5900   ⏱ 09:00~18:00/ 월요일 휴관   ⓦ 무료   ⓘ http://baekjemuseum.seoul.go.kr/dreamvillage

> **아이에게 꼭 들려주세요!**
> '모두의 몽촌토성' 애플리케이션을 설치 및 활용하여 몽촌토성 안에 있는 주요 시설들을 찾아가 학습할 수 있다. 크게 수호의 언덕, 평화의 가람, 비밀의 길, 대화의 숲의 네 군데의 추천 경로가 있다. 게임을 하면서 백제 문화를 학습할 수 있어 아이들이 좋아한다. 10세 이하 어린이의 체험에는 부모님이 함께하는 걸 추천한다.

올림픽공원 내 테마 공원 **올림픽조각공원** 연계 과목 사회

올림픽조각공원 내 조각상

1988년 열린 올림픽을 기념하여 세계 66개국 155명의 작가가 제작한 조각 작품이 전시되어있다. 주변에는 몽촌토성, 몽촌역사관 등 볼거리가 많고 인근에 유적지도 많아 가족 나들이가 잦은 곳이다. 올림픽공원 주변에 계절별로 아름다운 걷기 길이 조성되어있어 사진을 찍으려는 사람들로 늘 북적인다.

⌂ 서울시 송파구 올림픽로 424   ⏱ 06:00~19:30(하절기)/ 06:00~18:00(동절기)

백제의 토성 **몽촌토성과 풍납토성**

연계 과목 한국사

몽촌토성

몽촌토성은 구불구불한 산등성이를 연결하여 쌓은 성 주위를 해자(물길)가 둘러싼다. 동전무늬도기와 금동제허리띠장식은 몽촌토성이 백제의 최상위의 성이었음을 보여준다. 고구려, 신라 유물도 출토된 것으로 보아 백제의 웅진 천도 뒤에 고구려와 신라가 차례로 사용하던 성임을 알 수 있다. 풍납토성은 2천 년 전 온조왕이 정착한 위례성으로 추정된다. 1925년 대홍수 때 청동자루솥과 귀걸이, 구슬 등이 발견되면서 주목받았다. 연차 조사 과정을 거쳐 궁궐 일부와 관청, 집자리, 도로, 우물, 초석, 토관, 기와 등이 발견되었다.

🏠 서울시 송파구 올림픽로 424 📞 02-2147-2001(몽촌토성) 🏠 서울시 송파구 한가람로 20길 📞 02-2147-2800(풍납토성)

연계 과목 한국사

석촌동 고분군

한성도읍기 매장 문화 보여주는 왕실 묘역 **석촌동 고분군**

백제는 지금의 송파구 일대에 수도를 정하고 한성(위례성)이라 했다. 고분군에는 돌무지무덤(돌을 쌓아 네모난 형태를 만들고 중심에 동그랗게 흙을 쌓은 무덤, 적석총)과 돌을 덮은 흙무지무덤 등 백제 지배층 무덤으로 유추되는 큰 무덤과 움무덤(땅을 파서 만든 무덤, 토광묘)이 있다.

🏠 서울시 송파구 가락로 7길 21

굴식 돌방무덤 8기가 발굴된 무덤군 **방이동 고분군**

연계 과목 한국사

백제의 묘역이라고 알려졌으나, 신라 토기가 출토되어 신라의 무덤이라는 의견도 있다. 주변이 고분공원으로 조성되었다. 대부분 도굴되어 남은 유물이 적지만, 고분 구조와 형태는 그대로 남아 있다.

방이동 고분군

🏠 서울시 송파구 오금로 219 📞 02-2147-2800 🕐 06:00~ 20:00

연계 과목 한국사

서울 암사동 유적

한강 유역 신석기시대 집터 유적 **서울 암사동 유적**

우리나라 신석기시대 유적 중 최대 마을 단위 유적지. 선사시대 주거생활을 확인할 수 있다. 암사동 유적에서 발견된 빗살무늬 토기 등을 전시한다. 신석기 체험실에 어린이를 위한 영상 자료를 활용한 체험 코너가 많다. 야외 체험마을에서 다채로운 교육 프로그램을 운영 중이다.

🏠 서울시 강동구 올림픽로 875 📞 02-3425-6520 🕐 09:30~ 18:00(입장 마감 17:30)/ 월요일, 1월 1일 휴관 Ⓦ 일반 5백 원, 초·중·고등학생 3백 원 ① https://sunsa.gangdong.go.kr/site/main/home

아이에게 꼭 들려주세요!

암사동선사유적박물관에는 초등 저학년용 및 고학년용 학습지(활동지)가 비치되어 있다. 신석기시대 생활과 빗살무늬토기 특징, 선사시대 유물, 구석기시대와 신석기시대 도구 만드는 방법, 암사동 유적의 중요성 등을 잘 정리해놓았으니 전시실을 둘러보기 전에 챙겨두자.

체험학습 결과 보고서

체험학습 일시	○○○○년 ○월 ○일
체험학습 장소	서울시 송파구 올림픽조각공원, 몽촌역사관
체험학습 주제	백제시대 스탬프 투어하기, 투어 프로그램으로 백제에 관해 학습하기
체험학습 내용	1. 백제시대 스탬프 투어하기 서울에 남아 있는 삼국시대 백제의 문화와 유물을 살펴볼 수 있었다. 백제집자리전시관에서 저장구덩이를 살펴보고 캐릭터인 몽이와 촌이 스탬프를 찍었다. 몽촌역사관에서 돌무지무덤, 육각형 집자리, 몽촌토성, 풍납토성, 빗살무늬토기, 칠지도, 찾아라! 백제왕도, 소 수레를 찾아보고 스탬프를 찍었다. 2. 투어 프로그램으로 백제에 관해 학습하기 투어 프로그램은 백제의 한성도읍기 때 몽촌토성에 숨어 들어온 고구려 첩자를 잡는 게임을 하면서 백제의 왕과 문화를 학습하는 것이었다. 게임을 하면서 백제의 역사와 왕(근초고왕, 침류왕, 개로왕, 전지왕), 주요 인물과 유물 등을 배울 수 있어 재미있고 유익했다.
체험학습 사진	 몽촌역사관 전시실 몽촌역사관 체험실

대한민국에서 가장 인구가 많은 도

경기도

박물관 외관은 마치
우주선과 같아요.

수어장대에 앉아
남한산성의 성곽길에서
부는 바람을 느껴보아요.

● 전곡선사박물관

● 황순원문학관

남한산성 ●

수원화성 ●   ● 한국민속촌

소설 <소나기>의
내용이 눈앞에
펼쳐져요.

화성길과 행궁길을
걸으면서 정조의 정신을
떠올려봐요.

흥겨운 공연
프로그램이 자주
열려요.

체험학습을 위한 여행 Tip

✦ 고고학 여행을 즐길 수 있습니다. 고구려·신라·조선시대를 여행하세요..

✦ 흥미로운 지질 지형이 많습니다. 재인폭포와 비둘기낭폭포를 놓치지 마세요..

✦ 정조가 꿈꾼 도시를 여행할 수 있습니다. 역사적 사실을 조금 알아두고 가세요.

✦ 문학과 예술의 도시입니다. 작가들의 작품을 미리 살펴보고 떠나세요.

체험학습을 위한 여행 주요 코스

수원화성	화성행궁	수원화성박물관
실학박물관	정약용유적지	다산생태공원

전곡선사박물관 공룡 뼈 전시실

당포성
송의전
연천
경순왕릉
호로고루
전곡선사박물관
재인폭포
비둘기낭폭포
한탄강지질공원센터
포천

고고학 시간 여행 집합소

연천·포천

연계 과목 한국사, 과학

연천과 포천은 명소 집합소라고 할 수 있는 지역이다. 구석기시대 전곡리유적부터 삼국시대 경순왕릉까지 시간 여행을 할 만한 명소가 많기 때문이다. 더불어 재인폭포, 당포성 등 세계적인 지질 명소에서는 교과서에 수록된 다양한 지질 구조를 눈앞에서 볼 수 있어 흥미롭다. 이처럼 연천과 포천은 동서남북 어느 쪽으로 가더라도 역사 깊은 유적지를 만날 수 있고, 어느 방향에서도 세계적인 지질 지형을 접할 수 있는 곳이다. 그야말로 자연과 더불어 고고학 시간 여행을 할 만한 체험학습지이다. 특히 한탄강지질공원센터는 연천, 포천, 철원 등 한탄강이 흐르는 지역의 지질 역사를 미리 경험하기에 좋은 시작점이기도 하므로, 이곳을 먼저 둘러보고 다른 체험학습 장소로 이동하는 것도 방법이다.

아이와 체험학습,
이렇게 하면 어렵지 않아요!

체험학습 순서와 이동 시간
전곡선사박물관 (자동차 35분)→ 호로고루 (자동차 5분)→ 경순왕릉 (자동차 50분)→ 한탄강지질공원센터

교과서 핵심 개념
삼국(고구려, 백제, 신라)의 건국과 전성기, 삼국의 역사와 문화, 암석의 종류와 특징, 지질 구조(주상절리), 화산활동(용암, 현무암)

주변 여행지
숭의전, 당포성, 비둘기낭 폭포, 재인폭포

**엄마 아빠!
미리 알아두세요**

연천 전곡리 유적지 일대에서는 매년 '연천 전곡리 구석기축제'가 열린다. 세계적인 선사 유적과 박물관 담당자들이 직접 참여한 돌도끼 만들기 등의 이색적인 시연, 다양한 체험 프로그램과 공연이 진행된다. 축제 날짜는 상황에 따라 유동적이므로, 참여를 바란다면 이를 미리 확인하자.

연계 과목 한국사

독특한 외관의 최첨단 유적박물관 **전곡선사박물관**

전곡리유적의 보존과 활용을 위해 만들어진 곳. 상설전
시관에서는 '인류의 위대한 행진'을 주제로 인류의 진화
과정을 관찰할 수 있는 복원 조형물이 시선을 끈다. 전
곡의 주먹도끼를 비롯해 구석기 문화를 이해할 수 있는
다양한 유물이 전시되어 있고, 다채로운 체험 공간이 마
련되어 있다. 연천 전곡리 유적은 1978년 동아시아에
서 처음으로 아슐리안형 주먹도끼가 발견된 곳으로, 세
계 구석기 고고학에 영향을 준 유적지다. 1979년 1차 발
굴조사를 시작한 이후 30여 년에 걸친 발굴 조사 결과
8,500여 점의 구석기시대 유물이 발견되었다.

🏠 경기도 연천군 전곡읍 평화로 443번지 2 📞 031-830-5600
🕐 10:00~18:00/ 월요일, 1월 1일, 설, 추석 휴관 Ⓦ 무료/ (뮤지
엄숍에서 박물관 학습지(저학년용, 고학년용)와 워크북 '인류 진
화의 위대한 행진', '선사시대 동굴벽화 탐험' 판매 ⓘ http://jgpm.
ggcf.kr

아이에게 꼭 들려주세요!

미국의 모비우스 교수는 인도 동북부 지역을 경계로 서쪽에
는 아슐리안 주먹도끼 문화가 발달하고, 동쪽에는 찍개 문화
가 발달했다고 주장했다. 그는 서양인의 인종적 우월성은 구
석기시대부터 이미 결정되었다는 황당한 주장을 펼치기도
했다. 하지만 전곡리유적에서 아슐리안형 주먹도끼가 발견
되면서, 동아시아는 찍개 문화권이라는 모비우스 교수의 학
설을 무너뜨렸다. 연천 전곡리유적은 약 30만 년 전 구석기
인들이 살던 곳으로, 유적공원에 약 2km의 산책로가 있다.

연계 과목 한국사

우리나라의 대표적인 고구려 유적지 **호로고루**

우리나라의 대표적인 고구려 유적지로, 5~7세기경 삼
국시대에 치열한 영토 분쟁 속에서 고구려가 백제와 신
라로부터 나라를 방어하기 위해 축조한 방어 성곽. 한탄
강 유역의 고구려 유적은 대부분 연천군에 분포해있고,
현재까지 확인된 고구려 유적은 고분 2개소와 성곽 12
개소가 있다. 임진강과 한탄강의 주상절리 절벽을 자연
적으로 활용하여 남북 방향으로 조성된 호로고루는 12
개 성곽 중 하나다. 호로고루 일대는 초여름에는 청보리
가 푸른 물결을 이루고, 늦여름부터 초가을 사이에는 해
바라기가 노란 물결을 이뤄 많은 관광객이 찾는다.

🏠 경기도 연천군 장남면 장남로163번길 128 🕐 연중무휴 Ⓦ 무
료

호로고루

호로고루

경기도 자리한 신라의 유일한 왕릉 경순왕릉

연계 과목 한국사

경순왕은 신라 56대 왕이자 신라의 마지막 왕이다. 경순왕 즉위 당시는 후백제, 고려, 신라로 분열된 혼란된 상태였고, 후백제의 잦은 침입과 지방 호족의 할거로 국가 기능이 마비된 상태였다. 이에 경순왕은 무고한 백성의 희생을 막기 위해 고려 왕건에게 평화적으로 나라를 넘겨준 후 왕위에서 물러났다. 그의 아들은 분함을 참지 못해 금강산으로 들어가 마의를 입고 풀뿌리와 나무껍질을 먹으면서 생을 마감했는데, 후대에 마의태자로 불렸다. 경순왕릉은 오랜 기간 사람들의 기억에서 잊혔는데, 1747년(영조 23년) 왕릉 주변의 묘지석이 발견되어 후대 사람들에 의해 조선 후기 양식으로 재정비되어 오늘에 이른다.

🏠 경기도 연천군 연천읍 연천로 220 📞 031-839-2143 🕐 09:00~17:00 💰 무료 ① http://www.yeoncheon.go.kr

---

지질 공원 테마 전시관 한탄강지질공원센터

연계 과목 과학

우리나라 최초로 지질공원을 테마로 한 박물관. 한탄강의 지질과 역사, 한탄강 주변에 살고 있는 사람들의 삶과 문화, 자연과 관련한 이야기로 박물관을 꾸몄다. 상설전시관은 지질관, 지질문화관, 지질공원관으로 구성되어있다. 지질관에서는 한탄강과 화산활동으로 만들어진 현무암, 주상절리, 용암대지, 베개용암의 형성 과정이 전시되어있다. 협곡탈출 4D 라이딩 영상은 약 7분 상영되는데, 안내데스크에서 예약해야 한다. 이외에도 다양한 상설 체험 프로그램(지질케이크 만들기, 현무암 팔찌 만들기, 현무암 화분 만들기)을 운영 중이다.

🏠 경기도 포천시 영북면 비둘기낭길 55 📞 031-538-3030 🕐 09:00~18:00(17:30 입장 마감) / 화요일, 1월 1일, 설, 추석 휴관 💰 무료
① http://geoparkcenter.kr

고려 왕과 공신의 제사를 지내던 종묘 **숭의전**

연계 과목 한국사

조선시대에 고려의 4왕(태조, 현종, 문종, 원종)과 공신 16명의 제사를 지내던 곳. 사당 건립 당시 고려 8왕의 위패를 봉안했으나, 조선의 종묘(5왕 봉안)보다 많은 왕을 제사하는 것은 합당하지 않다고 하여 4왕과 16명의 충신만 봉안하였다. 6·25전쟁 때 소실되었으나 1973년 현재 모습으로 복원됐다. 봄과 가을 두 차례 제례와 고려문화제가 있다.

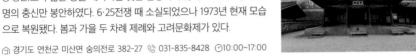

🏠 경기도 연천군 미산면 숭의전로 382-27 📞 031-835-8428 🕙10:00~17:00
Ⓦ 무료 ⓘ http://www.yeoncheon.go.kr

연계 과목 한국사

임진강 주상절리 절벽에 자리한 고구려시대 석축 성 **당포성**

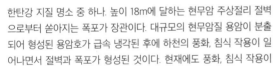

삼각형 모양의 현무암 대지 상부에 위치한 높이 20m의 수직 절벽이 형성된 성. 적의 공격에 대비할 수 있는 천혜의 방어 요새를 갖췄다. 적의 침입이 가능한 동쪽 지역에 인공적인 성벽을 구축하여 방어력을 극대화했다. 고구려의 기와, 토기와 함께 신라, 고려, 조선시대 유물도 출토된 것으로 보아 군사적으로 중요한 위치라는 것을 알 수 있다

🏠 경기도 연천군 미산면 마동로 일대 📞 031-839-2289(연천군 관광과)

연천군의 대표적인 명승지 **재인폭포**

연계 과목 과학

한탄강 지질 명소 중 하나. 높이 18m에 달하는 현무암 주상절리 절벽으로부터 쏟아지는 폭포가 장관이다. 대규모의 현무암질 용암이 분출되어 형성된 용암호가 급속 냉각된 후에 하천의 풍화, 침식 작용이 일어나면서 절벽과 폭포가 형성된 것이다. 현재에도 풍화, 침식 작용이 이루어지고 있으므로 폭포의 위치가 이동하고 있다.

🏠 경기도 연천군 연천읍 현문로 일대 📞 031-839-2289(연천군 관광과)

연계 과목 과학

현무암 지형이 깎이며 만들어진 폭포 **비둘기낭 폭포**

불무산에서 발원한 하천이 약 50만 년 전 형성된 현무암 지형을 점점 깎아내면서 만들어진 폭포. 하식동굴, 주상절리, 판상절리, 협곡, 용암대지 등 한탄강 일대 지질 구조의 형성 과정을 이해하는 데 중요한 역할을 한다. 독특한 폭포 지형인 때문에 각종 드라마와 영화 촬영지로도 유명하다. 비둘기들이 협곡의 하식동굴과 절리 등 크고 작은 수직 절벽에서 서식한다고 하여 이름 붙여졌다는 설과 주변 지형이 비둘기 둥지처럼 움푹 파인 모양이라 이름 지어졌다는 설이 있다.

🏠 경기도 포천시 영북면 비둘기낭길 일대 📞 031-538-2106

체험학습 결과 보고서

체험학습 일시	○○○○년 ○월 ○일
체험학습 장소	경기도 연천군 전곡선사박물관
체험학습 주제	전곡선사박물관에서 '내 주먹도끼를 찾아줘' 체험하기, 구석기축제 체험하기
체험학습 내용	1. 전곡선사박물관 '내 주먹도끼를 찾아줘' 체험하기 구석기축제 기간에 전곡선사박물관에서 '내 주먹도끼를 찾아줘'라는 체험 프로그램을 운영했다. 동굴벽화 체험, 불 만들어보기, 석기를 이용해 식재료 자르기, 지구를 지키기 위한 노력 등 체험 코스를 완주하고 예쁜 자석을 받았다. 주먹도끼 자석을 책상에 붙여 놓고 박물관에서 찍은 전시물 사진을 다시 보니 알찬 시간을 보낸 게 뿌듯했다. 2. 구석기축제 체험하기 '너도나도 전곡리안' 프로그램에 참여해서 원시인 의상을 입고 사진을 찍었다. 구석기 활쏘기 체험과 주먹도끼 만들기 체험도 했다. 구석기 바비큐 체험장에서 나무 꼬치에 끼운 돼지고기를 참나무 숯불에 구워 먹었다. 연기가 심해서 눈이 따가웠지만, 고기 맛은 좋았다.
체험학습 사진	 전곡선사박물관 전시실  전곡선사박물관 체험실

09

정조의 정신이 깃든 도시

수원

연계 과목 한국사, 사회

수원에는 220년도 더 지났지만, 오랜 세월의 흔적이 묻어
나지 않은 모습으로 버티고 있는 수원화성이 있다. 수원화
성에는 정조의 꿈이 서렸다고 할 수 있다. 조선의 제22대
왕인 정조가 꿈꾸던 세상은 재위 기간에 이루어지지 못했
지만, 화성의 위용과 현대 도시의 감성이 어우러지면서 수
원이 무한 매력을 꽃피울 수 있도록 했다. 화성과 행궁 외에
도 정조의 야심과 정신이 곳곳에 닿아 있어 작은 벽화 마을
까지 관광객들이 찾아들고 있다. 수원에는 수원화성박물관
과 수원박물관 외에 수원광교박물관이 자리한다. 체험학습
과 연관성이 깊은 박물관은 수원화성박물관과 수원박물관
이지만, 수원광교박물관도 도시 생성 과정과 스포츠 관련
자료를 살펴보기에 적절한 곳이다.

아이와 체험학습,
이렇게 하면 어렵지 않아요!

체험학습 순서와 이동시간
수원화성 (도보 20분)→ 화성행궁 (도
보 14분)→ 수원화성박물관 (도보 6
분)→ 천주교수원성지

교과서 핵심 개념
정조의 업적, 수원 화성의 축조 과정,
천주교 박해, 정조 시대의 정치 상황
(벽파와 시파 간의 갈등)

주변 여행지
수원박물관, 행궁동벽화마을, 나혜석
거리, 월화원

**엄마 아빠!
미리 알아두세요**

수원에는 천주교수원성지가 있다. 우리나라 천주교 관련 역사적 사실을 알아두면 아이의 한국사 학습을
도울 수 있을 것이다. 조선시대 천주교 박해는 신해박해(1791년 정조 15년 때), 신유박해(1801년 순조 원
년), 기해박해(1839년 헌종 5년), 병오박해(1846년 헌종 12년), 병인박해(1866년 고종 3년) 정도 알아두자.

수원화성 팔달문

수원화성 북동포루대

연계 과목 한국사

성곽 문화의 정점인 유네스코 세계문화유산 **수원화성**

장헌세자(사도세자)를 향한 정조의 효심과 정치적 개혁을 목적으로 축조된 성. 정조의 철학이 깃든 건축물이자, 유네스코 세계문화유산에 등재된 성곽 문화의 정점이다. 실학자인 정약용은 정조의 명을 받아 전통적 기법과 중국에서 들여온 서양 기법을 동원하여 화성을 설계 및 축조했다. 동쪽으로 창룡문, 서쪽으로 화서문, 남쪽으로 팔달문, 북쪽으로 장안문을 통하면 웅장한 정조 시대의 문화를 오롯이 체험할 수 있다. 수원 화성을 둘러볼 때 놓치지 말아야 할 명소는 4대문을 포함하여 수문인 화홍문, 동장대(연무대)와 서장대(화성장대), 공심돈 등이다. 공심돈은 적을 살필 수 있게 만든 건축물로 우리나라에서 유일하게 수원화성에서만 볼 수 있다.

⌂ 경기도 수원시 팔달구 행궁길 185 ☎ 031-290-3600 ⏱ 09:00~18:00(3월~10월)/ 09:00~17:00(11월~2월)/ 연중무휴 ⓦ 무료 ⓘ https://www.swcf.or.kr/?p=58

연계 과목 한국사

정조가 사랑하던 임시 처소 **화성행궁**

정조가 재위 12년간 13차례나 머무를 정도로 애정이 각별하던 곳. 건립 당시 21개 건물 576칸 규모의 정궁 형태로, 우리나라 행궁 중 으뜸이다. 지금의 화성행궁은 일제강점기 때 훼손된 것을 <화성성역의궤>에 따라 복원한 것. 신풍루는 정문에 해당하고, 낙남헌은 원형대로 보존된 건축물이다. 정조가 어머니 혜경궁 홍씨의 회갑연을 연 봉수당, 후원의 정자인 미로한정, 신하들과 업무를 논하던 유여택 등이 있다. 화성행궁 주차장에 수원화성 순환 열차인 화성어차 매표소가 있다. 국궁체험, 무예24기 상설공연 등 전통문화도 체험할 수 있다.

⌂ 경기도 수원시 팔달구 정조로 825 ☎ 031-290-3600 ⏱ 09:00~18:00/ 연중무휴 ⓦ 어른 1,500원, 청소년 1천 원, 어린이 7백 원(화성행궁, 수원박물관, 수원화성박물관 통합 표 구입 시 어른 3,500원, 청소년 2천 원) ⓘ https://www.swcf.or.kr/?p=62

화성행궁 어차

화성행궁

수원화성의 역사와 문화를 다룬 곳 수원화성박물관

연계 과목 한국사

수원화성박물관 전시실

수원화성박물관 전시실

수화성 축성실에는 화성 축성의 과정과 신도시 수원 건설 과정을 전반적으로 전시하고 있고, 화성 문화실에는 1795년 정조의 화성 행차와 정조의 친위부대 장용영에 관한 내용을 전시하고 있다.

⌂ 경기도 수원시 팔달구 창룡대로 21 ☏ 031-228-4242 ⊙ 09:00~18:00(17:00 입장 마감)/ 월요일 휴관 ⓦ 어른 2천 원, 청소년 1천 원(화성행궁, 수원박물관, 수원화성박물관 통합 표 구입 시 어른 3,500원, 청소년 2천 원) ⓘ https://hsmuseum.suwon.go.kr

---

조선시대 천주교인이 순교한 곳 천주교수원성지

연계 과목 한국사, 사회

천주교수원성지

천주교수원성지

수원의 근현대사를 만날 수 있는 곳. 정문 종탑을 마주하면서 안으로 들어서면 붉은색 성당 건물과 1954년 건립된 후 옛 건축 양식 그대로 남겨진 옛 소화국민학교(현 뻘리 화랑, 등록문화재 제697호) 건물이 나란히 있다. 수원천변 수원동신교회와 삼일중학교 내 아담스기념관과 함께 수원 근대 인문 기행 코스로 꼽힌다.

⌂ 경기도 수원시 팔달구 정조로 842 ☏ 031-246-8844 ⓘ http://suwons.net

아이에게 꼭 들려주세요!

우리나라에 천주교가 처음 들어온 시기는 영조 때. 정조 즉위 이후 천주교인은 계속 늘어 1만 명이 넘었다. 천주교(서학)가 점차 뿌리내리는 일에 위기감을 느낀 벽파와 서학을 옹호하는 시파 사이에 끊임없이 분쟁이 생기게 된다. 이 시기 전라도 진산의 천주교인 윤지충은 어머니의 장례를 유교 의식이 아닌 천주교 의식으로 행했는데, 이 사건을 계기로 벽파와 시파는 크게 대립하게 된다. 결국 정조는 1791년 윤지충과 권상연(윤지충의 친척이자 천주교인, 시파)에게 큰 벌을 내리고, 천주교인을 잡아들였다. 이를 신해박해라고 한다.

수원의 역사와 문화를 담은 전시관 **수원박물관**

연계 과목 한국사

수원의 역사 문화와 관련된 유물을 전시한 공간. 수인선 열차의 재현부
터 근현대 수원 골목을 재현한 공간은 추억 여행하기에 딱 알맞다. 한
국서예박물관 전시실에는 한국 서예의 역사와 관련 유물이 전시되어
있다. 어린이체험실은 온라인 예약 후에 이용할 수 있다.

🏠 경기도 수원시 영통구 창룡대로 265 📞 031-835-8428 🕐
09:00~18:00(17:00까지 입장 마감)/ 월요일 휴관 ⓦ 어른 2천 원, 청소년 1천 원
(화성행궁, 수원박물관, 수원화성박물관 통합 표 구입 시 어른 3,500원, 청소년 2천
원) ⓘ https://swmuseum.suwon.go.kr

연계 과목 사회

예술가들이 되살린 유네스코 세계문화유산 **행궁동 벽화마을**

수원화성 일대 12개 동네가 행궁동이다. 220여 년 전 수원 화성 축성
당시 수원의 번화가였지만, 유네스코 세계문화유산으로 지정되면서
개발이 멈추고 쇠퇴하기 시작했다. 마을에 다시 활기가 생긴 것은 행
궁동 주민과 시민 단체, 예술가들이 뜻을 모아 벽화를 그리면서부터다.
지금은 수원 화성만큼이나 관광 명소로 떠올랐다. 북마켓, 아트샵 등이
있는 대안공간 '눈'은 행궁동 벽화 마을의 랜드마크이다. 벽화뿐만 아니
라 벽면과 지붕, 담장에도 다양한 조형물과 그림이 채워져 있다.

🏠 경기도 수원시 팔달구 화서문로72번길 9 📞 031-244-4519

예술가 나혜석을 기리는 보행자 전용 거리 **나혜석거리**

연계 과목 예술

수원 출신으로 한국 최초의 여성 서양화가이며 소설가이자 시인인 나
혜석을 기리기 위해 만든 보행자 전용 거리. 약 300m의 거리에 분수대,
음악이 흐르는 화장실, 나혜석 기념비 등이 있어 볼거리가 풍성하고, 주
변에 식당가도 즐비해서 시민의 문화 공간이자 만남의 장소로 이용되
는 곳이다. 생태교통마을에는 나혜석의 생가터를 알리는 비석과 벽화가
있다. 화가로서 <무희>, <스페인 해수욕장> 등이 대표작이다.

🏠 경기도 수원시 팔달구 권광로188번길

연계 과목 한국사

수원에 자리한 중국 전통 정원 **월화원**

경기도와 중국 광동 지역의 우호 교류를 위해 만든 정원. 중국 명조 말
~청조 초기에 남아 있는 민간의 정원 형식을 기초로 현대 기술과 결합
하여 조성하였다. 광동의 영남 정원과 같이 건물 창문으로 바깥의 풍경
을 감상할 수 있도록 조성했다. 검은 벽돌, 둥근 문, 뾰족하게 솟은 처마
등에서 중국 전통 건축 양식을 느낄 수 있다.

🏠 경기도 수원시 팔달구 동수원로 399 📞 031-228-4183 🕐 09:00~22:00

체험학습 결과 보고서

체험학습 일시	○○○○년 ○월 ○일
체험학습 장소	경기도 수원시 수원화성
체험학습 주제	수원화성 성곽길 걸어보기
체험학습 내용	1. 수원화성 출입문과 수문 수원화성을 출입하는 관문은 4곳 있다. 그중 화서문과 팔달문은 보물로 지정된 곳이다. 로터리에 있는 팔달문은 멀리서도 성문이 잘 보였다. 수원화성의 수문에는 수원천의 북쪽과 남쪽에 2개의 수문이 있다. 2. 장대 장대는 군사 지휘소로, 수원화성에는 서장대와 동장대가 있다. 동장대는 군사들이 훈련하던 곳으로 연무대라고 불렸다고 한다. 3. 공심돈 공심돈은 군사가 안으로 들어가 적을 살필 수 있게 만든 건축물로, 수원화성에서만 볼 수 있는 건축물이라고 한다.
체험학습 사진	 수원화성 장안문 입구 수원화성 성곽

황순원문학관 전시실 입구

10

자연 친화적 문학 도시

양평

연계 과목 한국사, 사회

양평은 경기도에서 가장 면적이 넓은 곳이고, 공장이 없는 자연 친화 도시이며, 인구당 예술인이 가장 많은 곳이다. 또한 많은 이가 학교에서 공부한 적 있을 작가 황순원의 활동을 살펴볼 수 있는 지역이다. 황순원문학관은 디지털 학습과 놀이 문화를 연결한 전시와 프로그램을 운영하여 학교에서 단체 관람으로 많이 찾는 곳이다. 다른 지역에서 보기 힘든 디지털 학습 체험이 가능하다. 독립운동가 여운형의 활동을 살펴볼 수 있는 지역도 양평이다. 양평의 미술관은 전시목적 이외에도 지역 주민이 편하게 찾고 휴식을 즐길 수 있는 문화공간의 자리를 내어준다. 면적이 넓기도 하지만, 곳곳에 즐길 거리와 볼거리가 가득하여 하루 여행으로는 시간이 부족한 지역이다.

> **아이와 체험학습,
> 이렇게 하면 어렵지 않아요!**
>
> **체험학습 순서와 이동 시간**
> 황순원문학관 (도보 4분)→ 황순원문학촌 소나기마을 (자동차 25분)→ 몽양기념관 (자동차 15분)→ 양평곤충박물관
>
> **교과서 핵심 개념**
> 황순원 작가의 소설(소나기, 학, 독 짓는 늙은이, 두꺼비 등) 이해, 우리나라의 항일운동 과정, 곤충의 구조와 특징
>
> **주변 여행지**
> 잔아문학박물관, 두물머리, 양평군립미술관

**엄마 아빠!
미리 알아두세요**
황순원 문학촌 소나기마을은 중학교 국어 교과서에 '창의적 체험학습 활동 장소'로 소개된 곳이므로, 아이들과 산책로를 걸을 때 소설 <소나기>와 작가의 다른 작품들 내용을 하나하나 훑어보도록 하자.

황순원의 삶과 문학 정신을 기리는 곳 **황순원문학관**

중앙 로비에 작가의 일대를 연대별로 기록하였다. 로비의 지붕은 소설 <소나기>에 나오는 수숫단을 형상화한 것이다. 제1전시실은 작가와의 만남 공간으로, 영상과 유품으로 작가의 생애를, 제2전시실에는 첨단시설을 이용하여 작가의 대표작을 전시하고 있다. 실감형 콘텐츠 영상체험관은 디지털 <소나기> 산책 공간으로, 소설의 모티브가 된 요소를 다양한 영상으로 구현하였다. '공부 안 해도 되는 문학 교실'은 전시실과 영상체험관에서 얻은 소설적 영감을 디지털 칠판과 초등학교 교실에 직접 표현해보는 흥미로운 공간이다.

🏠 경기도 양평군 서종면 소나기마을길 24 📞 031-773-2299 🕘 09:30~18:00(3월~10월)/ 09:30~17:00(11월~2월)/ 월요일, 1월 1일, 설, 추석 휴관 💰 성인 2천 원, 청소년 1,500원, 어린이 1천 원 ⓘ http://www.yp21.go.kr/museumhub/sub.do?key=453

> **아이에게 꼭 들려주세요!**
> 황순원 디지털 문학 서랍은 그의 작품에서 소재와 문장을 뽑은 구와 절, 낱말을 이야기 형식에 따라 분류한 것. 글쓰기를 어려워하는 아이들도 디지털 기기로 게임을 하면서 학습하는 데 흥미를 느낀다.

신유항 박사의 채집 곤충 기증으로 만들어진 곳 **양평곤충박물관**

신유항 박사가 10여 년 동안 양평에 거주하면서 채집한 곤충과 소장 곤충을 양평군에 무상으로 기증하여 2011년 개관한 박물관. 1층과 2층은 전시실, 지하로 내려가면 살아있는 곤충(어른벌레, 애벌레 등)을 직접 만져볼 수 있다. 아이를 동반한 부모님은 안내데스크에서 활동지를 받아두자. 곤충 스티커가 포함되어 있어 아이들이 좋아한다.

🏠 경기도 양평군 옥천면 경강로 1496 📞 031-775-8022 🕘 09:30~18:00(3월~10월)/ 09:30~17:00(11월~2월)/ 관람 종료 1시간 전 입장 마감/ 12:00~13:00 휴게시간/ 월요일, 1월 1일, 설, 추석 휴관 💰 어른 3천 원, 초중고생 2천 원 ⓘ www.yp21.go.kr/museumhub

여운형의 생가를 복원한 기념관 **몽양기념관**

몽양기념관 전시실 / 몽양기념관 전시실 / 몽양기념관 생가 / 몽양기념관 공원

독립운동가이자 정치인인 몽양 여운형의 삶과 정신을 기리기 위해 그의 생가를 복원하여 만든 전시관. 기념관 뒤로 자리한 생가('영회암'이라는 이름으로 지은 집)에서 그가 태어나고 애국계몽운동을 실현했다. 한국전쟁 당시 생가는 소실되었는데, 2011년 양평군이 복원해서 지금과 같은 모습을 갖추었다. 기념관 전시실은 크게 5부분으로 구성된다. 평등의 이념을 실천하여 국민의 자각을 주장한 애국계몽운동가 시절의 모습, 일제강점기 때 우리나라의 독립을 위해 활동하던 독립운동가 시절의 모습, 체육을 장려하고 후원을 통해 손기정 선수와 같은 체육인을 양성하던 시절의 모습, 좌우합작위원회를 조직하여 자주독립 국가 수립을 위해 노력하던 시절의 모습, 1947년 서거 당시의 모습 등이 영상과 함께 전시되어있다.

🏠 경기도 양평군 양서면 몽양길 66 📞 031-775-5600 🕐 09:30~18:00(3월~10월)/ 09:30~17:00(11월~2월)/ 월요일, 1월 1일, 설, 추석 휴관 💲 어른 1천 원, 중고생 8백 원, 초등학생 5백 원 ℹ️ https://www.yp21.go.kr/museumhub

아이에게 꼭 들려주세요!

기념관에서 50m 정도 떨어진 곳에 묘골 애오와 공원과 몽양 어록길이 자리한다. '애오와'는 여운형 선생이 쓴 글귀로, '나의 사랑하는 집' 이라는 뜻이다. 어록길에 세워진 비석에는 그가 남긴 말이 적혀 있으니, 천천히 둘러보자.

소설가 김용만이 만든 문학과 테라코타 문화 공간 잔아문학박물관

연계 과목 국어

잔아문학박물관 전시실

잔아문학박물관 전경

소설가 김용만이 개인적으로 만든 박물관으로, 문학과 테라코타가 어우러진 문화공간. 국내 문학 전시관과 해외 문학 전시관으로 나누어 전시하고 있고, 작가가 직접 해외 문학여행을 다녀온 사진과 국내외 작가들의 작품을 전시하고 있다. 한국문학, 세계문학, 아동문학 등 우리나라 근현대 문학은 물론 해외 작가들의 대표 작품까지 두루 살펴볼 수 있는 곳이다. 특히 작가들의 테라코타 흉상과 동화책 속 이야기 장면을 벽화로 꾸민 공간이 흥미를 끈다. 학생을 대상으로 다양한 문학프로그램을 운영 중이다. 해외 문학 작가 스탬프가 마련되어있다.

⌂ 경기도 양평군 서종면 사랑제길 9-9 ☏ 031-771-8577 ⏱ 10:00~18:00(3월~10월)/ 10:00~17:00(11월~2월)/ 월요일, 1월 1일, 설, 추석 휴관 ⓦ 성인 2천 원, 청소년 1,500원, 어린이 1천 원 ⓘ http://www.janamuseum.com

연계 과목 사회

강가 배경의 출사 명소 두물머리

두물머리 전경

북한강과 남한강이 합쳐지는 곳. 밤낮의 기온 차가 큰 날에는 새벽 물안개를 찍기 위해서, 강가를 배경으로 일몰을 찍기 위해서, 겨울 설경 사진을 남기기 위해서 전국에서 관람객이 모여드는 출사 명소기도 하다. 두물머리 곳곳이 포토존인데, 수령이 400년 이상인 커다란 느티나무와 나룻배, 물안개를 배경으로 사진을 많이 남긴다.

⌂ 경기도 양평군 양서면 두물머리길 ☏ 031-775-8700

지역민의 문화예술 저변 확대를 위한 공간 양평군립미술관

연계 과목 예술

전시와 연계한 주말어린이예술학교는 아이들이 스스로 내면의 힘을 키워 성장할 수 있도록 디딤돌 역할을 하는 미술관. 유치부와 초등부로 나눠 교육이 진행되고, 예약하여 유료 체험할 수 있다. 미술과 연계한 인문 프로그램과 양평의 자연과 연계한 교육프로그램은 알차고 의미 깊다. 전시 주제에 따라 활동지가 제공되니, 안내데스크에 문의해보자.

양평군립미술관

⌂ 경기도 양평군 양평읍 문화복지길 2 ☏ 031-775-8515 ⏱ 10:00~18:00(17:00 입장 마감)/ 월요일 휴관 ⓦ 일반 1천 원, 청소년 7백 원, 어린이 5백 원 ⓘ www.ymuseum.org

체험학습 결과 보고서

체험학습 일시	○○○○년 ○월 ○일
체험학습 장소	경기도 양평군 양평곤충박물관
체험학습 주제	다양한 곤충 표본과 애벌레 살펴보기, 나만의 곤충 스티커 만들기
체험학습 내용	1.나비와 나방 구분하기 나비: 몸통이 길고 가늘다. 더듬이는 곤봉 모양이다. 날개를 접고 앉는다. 나방: 몸통이 굵다. 더듬이는 빗살 모양이다. 날개를 펴고 앉는다. 활동지에 나비와 나방의 스티커를 붙여 비교해 보니 구분할 수 있었다. 집에 와서 좀 더 조사했더니 나비는 낮에 주로 활동하고, 나방은 밤에 활동하는 편이라고 한다. 2.나만의 곤충 스티커 만들기 여러 가지 곤충 모습이 새겨진 스탬프 중 마음에 드는 스탬프를 골라 찍을 수 있었다. 나는 사슴벌레 중 몸집이 가장 큰 넓적사슴벌레 스탬프를 찍었다. 날카로운 집게를 이용해 서로 싸우는 모습을 다큐멘터리에서 본 기억이 났다. 잉크가 번져서 생각만큼 예쁘게 나오지 않아서 속상했다.
체험학습 사진	 양평곤충박물관 입구 양평곤충박물관 전시실

피아노폭포

화도읍

수종사

조안면

정약용 묘소에서 바라본 유적지

정약용유적지

실학박물관

다산생태공원

남한산성 행궁

남한산성

조선 후기 얼이 서린 도시

남양주·광주

연계 과목 한국사, 사회

남양주와 광주는 서로 인접한 도시로, 두 도시는 조선시대
후기에 시대적 변화와 개혁의 중심에 남한산성과 다산 정
약용이 있기 때문에 하나의 여행 코스로 묶기에 좋다. 교육
적으로는 의미가 깊은 두 지역을 함께 여행하는 것이 좋지
만, 두 지역 사이를 한강이 흐르고 있어 이동 거리는 꽤 먼
편이다. 병자호란과 삼전도의 굴욕을 겪은 인조의 삶은 많
은 영화와 드라마를 제작하는 데 중요 테마로 사용되었다.
다산생태공원과 정약용 유적지, 실학박물관을 둘러보는 것
만으로도 하루가 꼬박 걸리는 일정이지만, 조금 일찍 서둘
러 두 도시를 여행하고 역사와 문화 유전자를 몸속에 꾹꾹
새겨 보자.

아이와 체험학습,
이렇게 하면 어렵지 않아요!

체험학습 순서와 이동 시간
실학박물관 (도보 6분)→ 정약용유적
지 (자동차 45분) → 남한산성 (도보 9
분)→ 남한산성 행궁

교과서 핵심 개념
정약용의 저서, 조선 후기 실학사상,
실사구시, 천주교 박해, 정조의 개혁
정치, 병자호란, 강화조약

주변 여행지
다산생태공원, 피아노폭포, 수종사

**엄마 아빠!
미리 알아두세요**

조선 후기 정조 치세에서 빼놓을 수 없는 인물이 정약용이다. 정약용의 저서는 고등학교 국어 시험 비문학
문제의 지문으로 자주 등장하는데, 책 내용을 구체적으로 외우는 것보다 그의 실학사상과 연관 지어 이해
하여 푸는 문제에 지문으로 출제된다. 정약용을 비롯한 실학자들 대표 저서를 알아두면 도움이 될 것이다.

체험학습 여행지 답사

연계 과목 한국사, 사회

실학박물관 전시실

실학박물관 로비

국내 유일 실학 테마 전시관 **실학박물관**

정약용의 사상에 영향을 준 실학과 관련한 자료를 전시한 곳. 특히 제2전시실에 실학의 발전 과정이 전시되어 있다. 실학은 새로운 시대에 적응하기 위해 나타난 개혁적이고 실천적인 조선 후기 학풍으로, 기존 학풍에서 벗어나 현실 문제에 대한 해결방안을 학문적으로 제시했다. 실학자들은 실용적 지식에 관심이 많았고, 생활에서 실사구시를 추구했다.

🏠 경기도 남양주시 조안면 다산로 747번길 16 📞 031-579-6000 🕐 10:00~18:00/ 월요일, 1월 1일, 설, 추석 휴관 ⓦ 무료 ⓘ https://silhak.ggcf.kr

> **아이에게 꼭 들려주세요!**
> 한국사 시험에는 조선 후기 대표 실학자의 이름과 저서를 묻는 내용이 자주 출제되는데, 실학박물관의 제2전시실에는 이익의 <성호사설>, 박지원의 <열하일기>, 김정희의 <금석과안록>, 정약용의 <목민심서> 등이 전시되어 있다. 조선 후기 실학자들의 전시물을 둘러보는 일이 아이들에게는 다소 지루하게 여겨질 수 있지만, 훑어보는 것이라도 학습에 도움이 될 것이니 아이의 지루함을 잘 다독여보자. 정약용의 저서 중 <경세유표>(행정 기구 개편과 제도 개편을 제시), <흠흠신서>(관리를 교육하기 위한 형법서) 등은 집에 돌아와서 관람을 상기하며 알려줘도 좋다. 이익은 정약용의 스승으로, 경기도 안산에 '성호박물관'이 있다.

연계 과목 한국사

정약용이 태어나 생을 마친 마재마을 **정약용유적지**

남양주의 마재마을은 정약용이 태어나고 생을 마감한 곳이다. 전남 강진에 정약용의 기념관과 다산초당이 있는데, 그의 흔적이 남아 있는 이유는 이곳에서 오랜 유배 생활을 했기 때문이다. 정약용유적지는 생가인 '여유당', 정약용의 묘와 사당, 기념관, 문화관, 기념탑 등으로 조성되어있다. 기념관에는 업적과 자취가 전시되어있고, 문화관에는 현대적 시각으로 정약용의 생애를 재조명했다. 정약용의 묘는 평지보다 높은 동산에 자리해서, 돌계단을 이용해 오른다. 이곳에서 매년 정약용 문화제가 진행된다.

🏠 경기도 남양주시 조안면 다산로 747번길 11 📞 031-590-2837 🕐 09:00~18:00(17:30 입장 마감)/ 월요일, 1월 1일, 설, 추석 휴관 ⓦ 무료 ⓘ http://thinkj.or.kr(정약용 문화제)

정약용 묘소

> **아이에게 꼭 들려주세요!**
> 유적지 입구에 '문화의 거리'가 조성되어 있다. 수원화성 축조에 사용된 거중기 앞에서 사진도 담고, 거중기의 구조와 역사를 살펴보자. 정약용의 저서 중 <목민심서>, <경세유표>의 주요 내용은 동판에 새겨져 있다. 관련 내용을 사진으로 남겨 두면 체험학습 결과 보고서를 쓸 때 유용하다.

해발 480m 자연 지형을 따른 성곽 **남한산성**

연계 과목 한국사

남한산성 성곽

남한산성 수어장대

12.4km에 달하는 산성. 남한산성의 본성은 1624년(인조 2년) 통일신라시대 성곽의 돌을 기초로 쌓기 시작했고, 외성은 병자호란 이후 쌓았다. 따라서 본성과 외성의 축조 시기와 방식이 달라서 삼국시대부터 조선시대까지 각 시기에 따른 성곽 축조 기법을 살펴볼 수 있다. 남한산성 내에 많은 문화재가 보존되어 있다. 그중 수어장대는 1624년에 장수가 지휘와 적의 침입을 관측하기 위한 군사적 목적으로 지어졌고, 같은 시기에 지어진 5개의 장대 중 유일하게 현재까지 남아있는 것이다.

🏠 경기도 광주시 남한산성면 남한산성로 731 📞 031-743-6610 🕐 연중무휴 ⓦ 무료

병자호란 때 인조의 임시 거처 **남한산성 행궁**

연계 과목 한국사

남한산성 행궁 내행전 일대

남한산성행궁 전시실

행궁은 임금이 궁궐을 떠나 도성 밖으로 행차하는 경우 임시로 거처하는 곳이다. 남한산성 행궁은 1626년 인조 4년에 전쟁이나 내란이 발생하여 궁궐을 대신할 피난처로 사용하기 위해 건립되었다. 1636년 인조 14년에 병자호란이 발생했을 때, 인조는 남한산성으로 피난하여 47일간 싸웠으나 끝내 삼전도에서 항복했다. 숙종, 영조, 정조, 철종, 고종이 자주 머물러 사용했다고 한다. 남한산성 행궁은 우리나라 행궁 중 종묘와 사직을 두고 있는 유일한 행궁으로, 서울 외곽의 남쪽 방어를 책임지는 군사적 요충지로 중요한 역할을 담당했다. 한남루(행궁 정문), 외행전(하궐), 내행전(상궐, 임금의 침전), 일장각(관아건물), 재덕당, 좌승당, 이위정, 좌전(북쪽 담장 밖에 위치), 우실(사직을 모시는 곳), 종각, 인화관(객사) 등의 건물이 자리한다.

🏠 경기도 광주시 남한산성면 남한산성로 731 📞 031-743-6610
🕐 10:00~18:00(4월~10월)/ 10:00~17:00(11월~3월)/ 월요일 휴관 ⓦ 어른 2천 원, 청소년 1천 원

친환경 물 환경 생태공원 **다산생태공원**

연계 과목 과학

다산생태공원

공원 한쪽에 다산의 생애를 따라가는 마재마을 답사길이 있고, 한강이 흐르는 주변으로는 다양한 식물이 자라며, 곳곳에는 능내역(폐역), 해시계 조형물, 여유당집 조형물, 소내나루 전망대 등 볼거리도 다양하니, 역사와 생태와 문화가 어우러진 곳이라고 할 수 있다. 마재마을 모바일 스탬프 투어도 진행되니, 각 장소의 역사적 의미를 생각하며 둘러보자.

⌂ 경기도 남양주시 조안면 다산로 767

연계 과목 사회

피아노폭포

인공절벽을 이용해 만든 인공폭포 **피아노폭포**

화도읍 금남리에 있는 화도하수처리장 주변에 인공절벽을 이용해 만든 인공폭포. 수직 높이는 61m, 경사면의 길이는 91.7m로 하수처리장에서 나오는 방류수를 펌프로 끌어올려 폭포수로 흘러내리게 하는 방식을 사용한다. 폭포 앞쪽으로 그랜드 피아노형 화장실을 설치하여 아이들의 체험 현장, 가족 나들이 장소로 알맞도록 만들었다. 높은음자리를 형상화한 야외 의자 모습이 귀엽고, 화장실 계단을 오를 때마다 흐르는 음악이 귀를 즐겁게 한다.

⌂ 경기도 남양주시 화도읍 폭포로 562 ⓒ 09:00~18:00/ 월요일 휴관 ⓦ 무료

대한민국 명승 제109호인 조선 전기의 사찰 **수종사**

연계 과목 한국사

수종사

조선시대 세조가 하룻밤을 쉬는데, 한밤중 굴 안에서 물 떨어지는 게 종소리처럼 울려서 찾아가 보니 18나한상이 자리하고 있던 곳. 조선 후기 초의선사가 정약용과 교류하면서 차와 관련한 여러 저서를 남겼다. 세조 때 지어진 이후로 크게 넓히지 않고 현재까지 유지하고 있으며, 이곳에서 바라보는 자연경관이 훌륭해서 많은 사람이 찾고 있다.

⌂ 경기도 남양주시 조안면 북한강로 433번길 186 ☎ 031-576-8411 ⓒ 무료

수종사

수종사

체험학습 결과 보고서

체험학습 일시	○○○○년 ○월 ○일
체험학습 장소	경기도 남양주시 실학박물관
체험학습 주제	조선 후기 실학자들 업적 조사하기, 조선시대 과학 기구 살펴보기
체험학습 내용	1. 미래 실학자 인증서 받기 박물관을 둘러보고 로비에 있는 컴퓨터에서 실학과 관련된 문제를 풀었다. 10문제를 모두 풀면 실학자 인증서를 프린트할 수 있었다. 중간중간 틀린 문제도 있었지만, 다시 풀 기회가 있어서 패스할 수 있었다. 2. 다산정원 과학 탐험하기 다산정원 과학동산에는 혼천의, 해시계, 거중기 등 과학 기구가 설치되어 있었다. 입장할 때 받은 활동지를 가지고 가서 하나씩 살펴보았다. 내가 생각한 것보다 조선시대 과학 기술이 우수했다. 수원화성을 쌓을 때 거중기가 이용되었다는 걸 알게 됐다.
체험학습 사진	 실학박물관 입구 실학박물관 전시실

경기도미술관 야외 정원

부곡동

성호박물관

김홍도미술관

안산식물원

초지동

고잔동

성포동

김홍도축제

안산 화랑유원지

경기도미술관

안산산업역사박물관

흥겨운 문화예술의 도시

안산·화성

연계 과목 한국사, 사회

안산은 육지와 섬 여행을 같이 즐길 수 있는 흥미로운 도시다. 이 책에서 제시하는 여러 체험학습 코스는 육지에 모두 모여있다. 작지만 알차고, 소박하지만 정감 있고, 수묵화처럼 담백한 분위기를 자아내는 곳이다. 안산 여행은 일반적으로 도심에서 단원 김홍도를 중심으로 한다. 안산은 김홍도가 어린 시절 그림을 공부하던 곳이자, 실학사상의 대부이던 성호 이익의 고향이기도 하다. 따라서 자연과 문화예술의 향기가 가득하고, 따뜻하고 흥겨운 축제를 즐기기에 안성맞춤인 곳이다. 시간이 여유로워 대부도까지 연결해서 여행한다면 낭만적인 섬 여행까지 더할 수 있을 것이다. 대부도에서는 대부바다향기테마파크, 안산어촌민속박물관, 구봉도낙조전망대 등을 둘러보자.

**아이와 체험학습,
이렇게 하면 어렵지 않아요!**

체험학습 순서와 이동 시간
김홍도미술관 (자동차 7분)→ 성호박물관 (도보 3분)→ 안산식물원 (자동차 20분)→ 김홍도축제

교과서 핵심 개념
김홍도 작품, 조선 후기 실학사상, 이익과 정약용, 실사구시, 전통 놀이

주변 여행지
안산 화랑유원지, 경기도미술관, 김홍도둘레길, 안산산업역사박물관

**엄마 아빠!
미리 알아두세요**

안산의 성호박물관과 남양주의 실학박물관은 조선 후기 실학자이면서 스승과 제자 관계였던 이익과 정약용의 기록이 각각 남겨진 곳이다. 실학박물관에는 성호 이익의 저서와 인물 정보가 전시되어있지만, 성호박물관에는 이익의 제자였던 정약용과 관련하여 짧게 기록되어있다. 성호박물관은 성호학파를 만들어 후학을 양성했던 이익의 활동을 전시하는 데 중점을 둔 곳이기 때문이다.

체험학습 여행지 답사

김홍도미술관

연계 과목 예술

지역 미술 활성화를 꾀하는 곳 김홍도미술관

조선 후기의 대표적인 화원인 김홍도는 경기도 안산에
있는 스승 강세황의 집에서 7~8세부터 20세까지 그림
을 배웠다는 기록이 있다. 김홍도의 진품은 국립중앙박
물관과 간송박물관에 보관 중이고, 김홍도미술관 영인
본관에서는 다양한 기획 전시와 교육 프로그램을 운영
한다.

⌂ 경기도 안산시 상록구 충장로 422 ☏ 031-481-0505 ⊙
10:00~18:00/ 월요일, 1월 1일, 설, 추석 휴관 ⓦ 무료 ⓘ
https://www.ansanart.com/main/danwon/index.do

아이에게 꼭 들려주세요!

김홍도는 조선 후기 영조와 정조 시대에 활발히 활동했고, 특
히 산수화와 풍속화에 뛰어났다. 그의 대표 작품(<무동>, <
서당>, <타작> 등)을 제시하고 그가 활동한 시기의 문화와
정치 상황을 묻는 문제와 비슷한 시기에 활동한 신윤복의 작
품(<단오풍정>, <유곽쟁웅> 등)과 비교하는 문제가 한국사
시험에 출제되기도 한다. 김홍도의 활동 시기와 대표 작품을
알아두면 한국사 학습에 도움이 될 것이다.

김홍도미술관

연계 과목 한국사, 사회

이익의 업적을 계승·발전시키는 전시관 성호박물관

이익의 학문 및 실학사상을 소개하고, 그의 친필과 저서
등 그의 학문과 사상 관련 유물과 선생의 일대기가 전
시된 곳. 체험전시실에서는 활동지(초등 1~3학년용/ 초등
4~6학년용)를 활용하여 이익 선생의 실학사상을 학습할
수 있다. 이익의 일대기를 상영하는 영상관도 있다. 그
의 대표 저서 <성호사설>은 학문과 사물의 이치를 모
아 엮은 백과사전과 같은 책이다.

⌂ 경기도 안산시 상록구 성호로 131 ☏ 02-2152-5900 ⊙
09:00~18:00(17:30 입장 마감)/ 월요일, 1월 1일, 설, 추석 연휴
휴관 ⓦ 무료 ⓘ https://www2.ansan.go.kr/seongho

성호박물관

아이에게 꼭 들려주세요!

이익은 집안이 정치적 분쟁에 휩싸여 가세가 기울자 고향인
안산에서 평생을 학문에 정진한 실학자이다. 직접 농사를 지
은 데서 얻은 경험으로 농경 활동의 중요성을 깨달아 토지와
경제 제도의 개혁을 주장했다. 반계 유형원의 학문을 계승했
고, 그의 호를 딴 성호학파를 만들어 안정복, 윤동규 등 많은
제자를 양성했다. 이익의 경세치용 사상은 정약용과 그 형제
들에게도 계승·발전되었다.

피라미드 유리 온실이 눈길 끄는 식물원 **안산식물원**

연계 과목 과학

1999년 열대전시관을 시작으로 2003년 남부전시관과 중부전시관을 추가로 운영하는 식물원. 2022년에는 온실 1 개 동을 증축해 힐링정원과 허브식물원을 조성하였다. 제1전시관은 열대전시관으로 야자나무를 포함해 4류 220종 2,300본의 식물이, 제2전시관은 중부전시관으로 붓꽃 외 10류 176종 12,000본의 식물이, 제3전시관은 남부전시관 으로 습지식물 외 5류 178종 16,000본의 식물이 분포한다. 작은 분수대를 배경으로 포토존이 마련되어있고, 2층에 는 관람 데크가 설치되어있어 식물원을 한눈에 조망할 수 있다.

⌂ 경기도 안산시 상록구 성호로 113 ☎ 031-481-3168 ⌚ 10:00~18:00(하절기)/ 10:00~17:00(동절기)/ 설, 추석 휴관 ⓦ 무료

김홍도 작품을 재해석한 체험·관광 행사 **김홍도축제**

연계 과목 한국사, 사회

매년 10월에 안산 화랑유원지 일대에서 열리는 축제. 축 제에 참여하면 단원 김홍도의 일대기와 작품세계를 자 연스럽게 알게 된다. 김홍도마을은 서당, 대장간, 곡물점 등 조선시대 풍속촌을 재현한 곳이고, 전통놀이터는 어 연, 볏짚공예 등 옛 놀이공간을 재현해두었다. 주요 프 로그램은 축제 개최 시기에 따라 다르지만, 김홍도마을 과 전통놀이터는 대부분 포함된다.

⌂ 경기도 안산시 단원구 화랑로 259

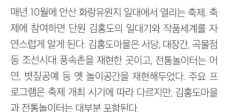

안산 도심에 자연적인 아름다움을 간직한 곳 **안산 화랑유원지**

족구장, 농구장, 암벽등반장 등 체육 시설이 마련되어 있고, 화랑호수, 산책로, 경기도미술관, 단원각 등이 자리한다. 화랑호수에는 부레옥잠, 연꽃 등이 서식하며, 겨울에는 알락오리, 쇠오리 등 철새가 떼 지어 찾아와 자연학습장 역할도 한다. 단원각에서는 새해맞이 타종 행사가 열리고, 매년 10월에 김홍도축제가 열린다.

안산 화랑유원지

🏠 경기도 안산시 단원구 화랑로 259 📞 031-487-7780

경기도미술관

경기도민의 문화예술 향유 공간 **경기도미술관**

회화, 조각, 사진, 설치, 미디어 등 장르를 아우르는 600여 점의 작품을 소장하고 있는 전시관. 현대미술을 다양한 시각으로 해석하는 특별 전시를 개최하기도 한다. 미술관 소장품을 활용하여 타 기관과 협업 전시를 기획하고, 공공미술 프로젝트를 통해 지역 사회와 협력하고 있다. 경기도미술관 아카데미, G뮤지움 스쿨, 내가 만드는 전시 등 교육 프로그램을 운영 중이다.

🏠 경기도 안산시 단원구 동산로 268 📞 031-481-7000 ⏰ 10:00~18:00(1월~6월, 9월~12월)/ 10:00~19:00(7월, 8월)/ 월요일, 1월 1일, 설, 추석 휴관 ⓦ 무료 ⓘ https://gmoma.ggcf.kr

성호공원에서 노적봉폭포까지 연결되는 산책로 **김홍도둘레길**

성호박물관, 단원조각공원, 성호대운동장, 김홍도의 작품을 전시한 문, 메타세쿼이아 길, 노적봉공원까지 둘러볼 수 있는 둘레길. 김홍도의 작품과 조각 작품을 감상하고 메타세쿼이아, 장미, 철쭉 등 다양한 식물을 보면서 문화 체험과 힐링을 동시에 경험할 수 있다. 천천히 걸어도 1시간이 채 되지 않는 짧지만 알찬 걷기 길이다.

김홍도둘레길

🏠 경기도 안산시 상록구 성호로 285

안산산업역사박물관 전시실

안산 산업사를 살펴볼 수 있는 전시관 **안산산업역사박물관**

1층은 기획전시실이고, 2층에 상설전시실과 VR체험실이 자리한다. 상설전시실에서는 안산의 산업과 산업단지의 역사, 자동차, 기계, 인쇄, 섬유염색가공산업 관련 제품, 기계 등을 전시하고 있다. 3층은 교육실이고, 야외에 전시된 버스와 궤도차가 사람들의 눈길을 끈다. 어린이용 콘솔게임과 VR 체험, 4D 영상 관람은 온라인 예약이 필수다.

🏠 경기도 안산시 단원구 화랑로 259 📞 031-369-1694 ⏰ 09:00~18:00/ 월요일, 1월 1일, 설, 추석 연휴 휴관 ⓦ 무료 ⓘ https://ansan.go.kr/aim

체험학습 결과 보고서

체험학습 일시	○○○○년 ○월 ○일
체험학습 장소	경기도 안산시 안산 화랑유원지
체험학습 주제	김홍도축제에서 김홍도 마을과 전통놀이 체험하기
체험학습 내용	1. 김홍도 마을 체험하기 대장간, 무동(전통악기), 서당, 약방 등 김홍도 작품을 마을로 재현해서 전시하고 있었다. 대장간 체험이 가장 재미있었는데, 망치로 쇠를 두드려서 물건을 만드는 과정이 신기했다. 2. 전통놀이 체험하기 활쏘기, 어연, 볏짚공예, 벼 타작, 염전, 떡메치기 체험을 했다. 염전 체험은 사람이 많아서 줄을 길게 서야 했는데, 소금이 만들어지는 과정을 알 수 있었다. 새끼 꼬기는 생각만큼 잘되지 않아서 체험을 진행하시는 분께 도움을 받았다. 너무 힘을 줘서 손바닥이 아팠다. 벼를 타작해야 쌀을 얻을 수 있다는 사실을 알았다.
체험학습 사진	 김홍도축제 모습  김홍도축제 모습

충렬서원 · — 삼성화재교통박물관
한국민속촌 · 이천시
백남준 아트센터 · 덕평공룡수목원
경기도박물관
용인시
이천농업테마공원
민주화운동기념공원

이천농업테마공원 내외 체험용 경작지

전통 문화 체험 도시
용인·이천 연계 과목 한국사, 사회

용인과 이천은 인접하고 있어 엮어서 여행하기 좋은 지역
이다. 용인에는 옛 조상들의 전통문화를 경험해볼 수 있는
한국민속촌이 있다. 마을 입구에서 출발하여 한 바퀴 돌면
남쪽 제주도에서 북쪽 함경도까지 우리나라 전 지역 생활
모습을 두루 대할 수 있다. 초등학교 체험학습 장소로 빠지
지 않고 등장하는 곳이기도 하다. 농사에 기반한 우리나라
의 농경문화를 체험하고 싶다면 이천농업테마공원이 제격
이다. 이천에서는 여러 다양한 축제가 개최되는데, 이천쌀
문화축제 기간에 가면 농사와 관련한 색다른 체험과 놀이
를 즐길 수 있다. 한국민속촌에서 우리나라의 농경 문화를
학습했다면, 이천농업테마공원에서는 모를 심고 벼를 재배
하는 과정을 직접 체험하기를 권한다. 체험공간이 꽤 넓은
편이다.

아이와 체험학습,
이렇게 하면 어렵지 않아요!

체험학습 순서와 이동 시간
한국민속촌 (자동차 40분)→ 충렬서원
(자동차 15분)→ 삼성화재교통박물관
(자동차 50분)→ 이천농업테마공원

교과서 핵심 개념
우리 조상의 생활 문화 체험(전통가옥,
양반과 평민의 계층 문화, 삶의 지혜
등), 조선의 건국과 정치 발전, 정몽주
시조(단심가)

주변 여행지
경기도박물관, 백남준 아트센터, 민주
화운동기념공원, 덕평공룡수목원(다
이노빌리)

**엄마 아빠!
미리 알아두세요**

이천 축제에 맞춰 찾아가기가 어렵거나 용인에서만 여행할 예정이라면, 여러 체험을 즐길 수 있어 역동적
인 체험지인 용인시 박물관을 추천한다. 박물관 3층에 어린이노리마루가 마련되어 있어서 용인 지역과 관
계 깊은 역사 체험(할미 산성 등)과 영상 체험을 두루 누릴 수 있기 때문이다. 관람료는 무료다.

한국 전통문화 테마파크 **한국민속촌**

조선시대 가옥과 전통 공방, 민속 문화를 살펴볼 수 있는 곳. 아이들이 제일 좋아하는 장소는 놀이 기구가 즐비한 놀이마을이다. 한국민속촌의 대부분을 차지하는 민속마을에서는 남부지방 농가, 북부지방 대가, 중부지방 산촌민가 등을 구경할 수 있고, 전통민속관과 선비집도 둘러볼 수 있다. 그 외 옹기·승마·대장간·유기 공방 체험 등 여러 공방에서 다양한 체험 프로그램을 운영 중이다.

한국민속촌

⌂ 경기도 용인시 기흥구 민속촌로 90 ☎ 031-288-0000 ⊙ 10:00~18:00(계절 및 날씨별 변동) ⓦ 성인 32,000원, 아동 26,000원, 야간 이용권 성인·청소년 25,000원, 아동 22,000원 (체험비 별도) ⓘ http://www.koreanfolk.co.kr

아이에게 꼭 들려주세요!

장터에서 체험할 수 있는 떡메치기는 평일에는 1회(12:00), 주말에는 2회(12:00, 16:20)만 운영된다. 내부 사정이나 기상 조건에 따라 변경되기도 한다. 입장료가 비싼 편이고 주차비(3천 원)도 있으니, 생일자 할인, 경기도민 할인, 카드 할인 등 조건에 맞는 혜택을 챙기도록 하자.

정몽주를 모신 서원 **충렬서원(정몽주 묘소)**

포은 정몽주는 고려 말기 문신 겸 학자로, 시조 <단심가>와 문집 <포은집>을 남겼다. 그는 교육, 외교, 군사 등 모든 분야에서 깊은 학식을 지니고 고려 말의 혼란한 상황을 바로잡으려 노력했으나, 신흥세력의 손에 최후를 맞이했다. 충렬서원은 정몽주를 모시는 서원이다. 처음에는 죽전동에 있었는데, 임진왜란 때 불타 없어지자 묘소 아래에 중건하였고, 1871년 흥선대원군의 서원 철폐령으로 훼철되었다가, 1911년 용인지역 유림의 노력으로 현재 자리에 복원하였다.

⌂ 경기도 용인시 처인구 모현면 충렬로 9-19 ☎ 031-2152-5900 ⊙ 09:00~18:00/ 월요일 휴관 ⓦ 무료

충렬서원

아이에게 꼭 들려주세요!

개성 풍덕에 있던 정몽주의 묘소는 1406년(태종 6년) 현재 위치인 모현면 능원리 문수산 기슭으로 옮겨왔다. 개성 풍덕에 가묘로 있던 걸 고향인 경북 영천으로 옮기려고 했다. 천묘 당시 바람이 강하게 불어 명정(장사를 지낼 때 죽은 사람의 이름과 관직을 적은 기)이 지금의 묘소 자리에 떨어졌다고 한다. 사람들은 이곳을 명당이라 여기고, 그의 묘소를 안장했다.

아이들의 교통안전 체험 전시관 삼성화재교통박물관

연계 과목 사회

삼성화재교통박물관 전시실

삼성화재교통박물관 정문

자동차의 역사와 문화를 알리고, 아이들에게 교통안전 학습을 하고자 삼성화재에서 만든 박물관. 로비에 들어서자마자 현란하고 다양한 자동차 모습이 보인다. 1층에 자동차의 역사와 국내외 자동차가 코리아존, 스포츠존, 프리미엄존, 모터사이클존, 복원존이 전시되어있다. 2층에는 클래식 차와 영상실과 소품존이 자리한다. 교통나라 실내교육장에서는 어린이교통안전교육과 체험프로그램을 운영하고, 실외교육장에서는 모의도로에서 교통안전교육을 실시한다. 안내데스크에 전시 감상을 위한 가이드북(어린이용, 청소년용)이 비치되어있다.

⌂ 경기도 용인시 처인구 포곡읍 에버랜드로 376번길 171 ☎ 031-320-9900 ⊙ 09:00~17:00(화~금, 16:00 입장 마감)/ 09:00~18:00(토, 일요일, 입장 마감 17:00)/ 월요일, 1월 1일, 설, 추석 연휴 휴관 ₩ 대인 6천 원, 소인 5천 원(당일 용인 여행지(관광지, 미술관, 박물관 등) 입장권 제시 시 2천 원) ⓘ http://stm.or.kr

쌀에 관한 교육 체험 즐기는 복합 문화 공간 이천농업테마공원

연계 과목 사회

이천농업테마공원

쌀을 주제로 다양한 교육과 체험을 즐길 수 있는 복합 문화 공간. 다랭이논, 체험용 경작지, 경관작물경작지, 풍년축제마당 등 살아 있는 농경문화와 체험을 즐길 수 있다. 벽천폭포, 자연정화연못, 조롱박터널, 전통연못, 물레방아연못, 약용식물원 등 생태공원의 역할도 담당하고 있다. 유아숲과 동물사육장은 어린이 체험 공간으로 활용된다. 대부분의 체험 프로그램은 4세 이상부터 가능한데, 동물 먹이주기, 물고기 잡기, 쌀비누 만들기 등 3세 이상 가능한 프로그램도 있다. 공원의 오르막길 끝에 있는 쌀문화전시관에서 한국농업의 변천사와 이천의 쌀 문화를 학습할 수 있고, 우리 논의 사계, 벼 이야기, 쌀로 만든 식품 등이 사진 자료와 함께 전시되어있다. 이천에서는 매년 10월에 쌀을 주제로 '이천 쌀 문화 축제'가 개최된다.

⌂ 경기도 이천시 모가면 공원로 48 ☎ 031-632-6607 ⊙ 09:30~18:30(4월~10월)/ 09:30~17:00(11월~3월) ₩ 무료(체험비 및 숙박비 별도) ⓘ http://2000farmpark.or.kr

경기도 문화유산을 연구·보존하는 전시관 **경기도박물관**

연계 과목 한국사

선사시대부터 현대까지 경기도 역사를 다룬 곳. 다양한 유물을 활용한 기획전시와 특별전시를 마련하고 있다. 뮤지엄 아카데미, 어린이 발굴 체험 교실(선사인의 발명품), 문화재 그림 그리기 대회 등 다양한 문화 교육 프로그램을 운영 중이다. 안내데스크에 활동지(여기가 경기)가 있다.

경기도박물관 전시실

⌂ 경기도 용인시 기흥구 상갈로 6 ☏ 031-288-5300 ⏱ 10:00~18:00(1월~6월, 9월~12월)/ 09:00~19:00(7월, 8월)/ 월요일, 1월 1일, 설, 추석 휴관 ⓦ 무료 ⓘ http://musenet.ggcf.kr

---

연계 과목 예술

예술가 백남준의 창의적 열정이 담긴 곳 **백남준아트센터**

백남준아트센터

백남준은 1932년 서울 종로에서 태어나 1950년 한국을 떠나 일본, 독일, 미국을 기반으로 활동한 미디어아트 개척자이다. 경기도 용인시에 '백남준이 오래 사는 집'인 백남준 아트센터가 자리한다. 이곳에 작가의 비디오 설치와 드로잉을 비롯해 관련 작품 250여 점, 비디오 아카이브 자료 2,770여 점이 소장되어 있다.

⌂ 경기도 용인시 기흥구 백남준로 10 ☏ 031-201-8500 ⏱ 10:00~18:00(17:00 입장 마감)/ 월요일, 1월 1일, 설, 추석 휴관 ⓦ 무료 ⓘ http://njp.ggcf.kr

---

민주열사 추모 공간 **민주화운동기념공원**

연계 과목 사회

민주화 운동의 정신과 민주주의의 가치를 전하며 민주 열사들의 삶을 이해하고 소통할 수 있는 공간. 대한민국 민주화 운동 통사표를 전시하고 있다. 야외 전시실에는 역사의 문, 민주의 문, 깃발 광장, 메모리얼 큐브, 고난의 길, 유영봉안소, 민주 광장 등이 조성되어 있다.

민주화운동기념공원

⌂ 경기도 이천시 모가면 공원로 30 ☏ 031-633-8465 ⏱ 09:30~18:00(3월~10월)/ 09:30~17:00(11월~2월)/ 폐관 30분 전 입장 마감/ 월요일, 1월 1일, 설, 추석 연휴 휴관 ⓦ 무료 ⓘ http://www.eminju.kr

---

연계 과목 과학

공룡과 곤충 모형이 자리한 곳 **덕평공룡수목원(다이노빌리)**

덕평공룡수목원

도담연못 주변으로 설치된 거대한 공룡 조형물과 산책로를 따라 공룡 소리를 만날 수 있는 곳. 공룡 전시관과 곤충 전시관을 먼저 둘러보고 수목원으로 조성된 산책로를 따라 걷다가 동물 빌리지에서 먹이 주기 체험까지 한다면, 이곳을 온전히 즐긴 셈이다. 전시관 주변으로 작은 규모의 키즈 놀이터와 열대 식물원, 다육 정원도 아담하게 자리한다.

⌂ 경기도 이천시 마장면 작촌로 282 ☏ 031-633-5029 ⏱ 09:00~17:50(16:30 까지 입장 마감)/ 수목원 사정 따라 휴원일 변동 ⓦ 성인 9천 원(평일), 1만 원(주말, 공휴일), 어린이, 중고생 6천 원(평일), 7천 원(주말, 공휴일) ⓘ https://www.dinovill.com

체험학습 결과 보고서

체험학습 일시	○○○○년 ○월 ○일
체험학습 장소	경기도 이천시 이천농업테마공원
체험학습 주제	이천 쌀 문화축제 문화마당에서 공연 즐기기, 전시관에서 가마솥 밥 먹고 타작하기
체험학습 내용	1. 문화마당에서 공연 즐기기 전통 마당극인 <심청전> 공연을 봤다. 심청이는 아버지의 눈을 뜨게 하려고 공양미 삼백 석에 제물로 바쳐졌다. 심청전은 해피엔딩으로 끝나지만, 내가 심청이라면 다른 방법을 찾아보았을 것이다. 2. 가마솥 밥 먹고 타작하기 가마솥 마당에 가서 2천 원을 내면 금방 지은 가마솥 밥을 먹을 수 있었다. 날씨가 약간 추웠는데, 쌀밥을 먹고 나니 훈훈하고 든든했다. 농경마당에 가서 허수아비와 함께 인증샷을 찍었다. 줄을 서서 탈곡 체험을 했다. 벼에서 알알이 박혀 있던 쌀알이 빠져나오는 과정이 신기했다.
체험학습 사진	 이천농업테마공원 전시실 이천농업테마공원 전시실

한반도 중서부에 위치한 광역시

인천시

광성보 전투를 재현한
전시물 앞에서 사진을
담아보세요.

넓은 공간에 굳건히
자리한 거대한 돌덩이.
멀리서도 보여요.

강화부근리지석묘

강화역사박물관

전국 유일의 녹청자
박물관이 자리하고
있어요.

녹청자박물관

인천개항박물관

한국근대문학관

근대 문학의 자취와
19세기 건축물의 흔적을
찾아보세요.

중구 지역의 박물관
관람은 이곳부터
시작하세요.

체험학습을 위한 여행 Tip

✦ 강화는 우리나라 대표 역사 답사지입니다. 꼼꼼히 둘러보세요.

✦ 역사와 자연, 역사와 문화를 동시에 관람할 수 있는 전시관이 많습니다.

✦ 오밀조밀 박물관이 모여 있습니다. 스탬프 투어는 필수입니다.

✦ 차이나타운 주변은 주말에 특히 혼잡합니다. 길을 잃지 않도록 주의하세요.

체험학습을 위한 여행 주요 코스

강화역사박물관	강화부근리지석묘	강화자연사박물관
인천개항박물관	인천개항장 근대건축전시관	한국근대문학관

연미정에서 바라본 풍경

강화군

화문석문화관
강화부근리지석묘
강화자연사박물관
강화역사박물관
연미정
고려궁지
강화문학관
갑곶돈대

14

문화의 통로 역할 하던 경기만의 중심지

강화

연계 과목 한국사, 과학

강화는 경기만의 중심에 있어 경제 상황과 사회 분위기가
안정적일 때는 주변 국가와 소통하면서 문화의 통로 역할
을 했지만, 국내외 정세가 불안정할 때는 외세의 침략을 받
아 전쟁의 소용돌이 속에 파묻히기도 하던 지역이다. 그러
니 강화에는 외규장각 도서와 각종 문화재를 약탈당한 우
리나라의 굴곡지고 어두운 역사의 장면과 병인양요와 신
미양요의 침입에 대항한 전쟁의 상처가 남아 있는 한편 선
사시대부터 개항기까지 이어진 문화까지 깊숙이 스며들어
책에 제시된 체험학습 장소는 역사와 문화를 두루 체험할
수 있는 코스로 선정하였다. 강화 전쟁과 관련한 역사 중심
체험지는 갑곶돈대를 포함해 여러 곳이 있으므로 이곳은
따로 모아서 찾아보도록 하자.

아이와 체험학습,
이렇게 하면 어렵지 않아요!

체험학습 순서와 이동 시간
강화역사박물관 (도보 10분)→ 강화부
근리지석묘 (도보 10분)→ 강화자연사
박물관 (자동차 15분)→ 강화문학관

교과서 핵심 개념
청동기시대의 문화, 고려시대 정치와
경제(벽란도), 고려의 무신정권, 몽골
과의 강화조약, 삼별초, 조선시대의 정
묘호란(후금), 병자호란(청나라), 병인
양요(프랑스), 신미양요(미국), 외세와
의 강화도 조약

주변 여행지
고려궁지, 갑곶돈대, 연미정, 화문석문
화관

**엄마 아빠!
미리 알아두세요**

강화에서는 진·보·돈대를 만들어 적의 공격과 전쟁에 대비했다. 진은 전쟁 시 방어와 공격을 동시에 할 수
있는 요새와 같은 곳이고, 보는 작은 성이며, 돈대는 대개 돌출한 지형에 방어를 위해 성벽을 쌓은 군사 시
설이다. '진'은 '보'보다 규모가 크고, 진과 보 아래에 '돈대'를 두어 관리했다.

강화역사박물관 전시실

연계 과목 한국사

고인돌 공원에 자리한 전시관 **강화역사박물관**

선사시대부터 근대까지 강화의 역사와 문화를 한눈에 살펴볼 수 있는 곳. 주먹도끼, 돌화살촉 등 구석기시대부터 청동기시대까지 다양한 유물과 삼국시대와 통일신라시대 출토된 유물을 볼 수 있다. 청자화분, 청동다리 등 고려시대 강화 출토 유물과 조선시대와 근대에 강화 사람들 삶의 모습도, 신미양요(1871) 때의 광성보 전투를 재현한 전시물도 볼 수 있다.

⌂ 인천시 강화군 하점면 강화대로 994-19 📞 032-934-7887
🕐 09:00~18:00/ 월요일, 1월 1일, 설. 추석 휴관 ⓦ 어른 3천 원, 어린이, 청소년 2천 원, 유아 무료(자연사박물관 포함) ⓘ http://www.ganghwa.go.kr/open content/museum history

연계 과목 한국사

평원에 자리한 거대한 고인돌 **강화부근리지석묘**

너른 평원에 자리한 거대한 바위의 존재가 궁금증을 자아내는 곳. 길이 6.5m의 거대한 돌(화강암 덮개돌)을 두 개의 기둥(굄돌)에 올리려면 성인 남자 500명 이상이 필요하다고 한다. 2000년 유네스코 세계문화유산으로 지정된 청동기시대 무덤인 고인돌로, 선사시대 유물을 검색할 때 꼭 포함되는 곳이다. 고려산 기슭을 따라 수많은 고인돌이 분포하는데, 그중 부근리 지석묘가 가장 크다. 고인돌 크기로 미루어 볼 때 무덤의 주인은 당시 막강한 권력을 지닌 사람으로 추측된다.

⌂ 인천시 강화군 하점면 강화대로 994-12

강화부근리지석묘

강화부근리지석묘

아이에게 꼭 들려주세요!

기둥을 세우고 지붕을 얹은 듯한 부근리 지석묘는 고인돌의 형태 중 북방식 무덤으로, 북방식 고인돌은 돌방이 지상에 노출되는 특징이 있다. 한강 이남에 주로 분포하는 남방식 무덤은 북방식 무덤보다 기둥이 짧고 윗돌이 노출되어 있으며 시신을 지하에 안치하는 형태로 되어있다.

희귀한 화석·광물·동물·식물 표본 전시 공간 **강화자연사박물관**

연계 과목 과학

강화자연사박물관 전시실

강화자연사박물관

다양하고 희귀한 화석, 광물, 동물과 식물의 표본 등이 전시된 박물관. 강화역사박물관과 연계하여 관람할 수 있어 두 배의 효과를 누릴 수 있다. 태양계 탄생 이후부터 지구에 서식한 생물을 알아보는 데 중점을 둔 공간이다. 특히 2009년 1월 강화군 서도면 볼음도에서 좌초된 향유고래의 사체를 강화군에서 확보하여 골격 표본으로 만든 전시물이 눈길을 끈다. 1층 전시실은 태양계의 탄생부터 인류의 진화까지의 과정을 전시하고, 2층 전시실은 생태계와 먹이 그물, 동식물의 위장과 모방, 강화갯벌에 찾아오는 철새와 철새의 이동 등을 표본과 함께 전시하고 있다.

⌂ 인천시 강화군 하점면 강화대로 994-33 ☏ 032-930-7090 ⏰ 09:00~18:00(17:30 매표 마감)/ 월요일, 1월 1일, 설, 추석 휴관 ⓦ 어른 3천 원, 어린이·청소년 2천 원, 유아 무료(강화역사박물관 포함) ⓘ http://www.ganghwa.go.kr/open content/museum natural

---

수필가 조경희의 유품을 소장한 곳 **강화문학관**

연계 과목 국어

강화문학관 체험실

강화도와 인연 깊은 문학가 관련 전시관. 전시실에 고려시대 이규보, 조선시대 정철, 권필, 정제두, 김상용 등의 작품을 소개하고 있고, 일제강점기 때를 포함하여 근현대 문학의 특징을 알아볼 수 있다. 강화의 도보 여행길인 '강화 나들길'은 화남 고재형의 '화남집'에 실린 강화도 기행을 모태로 하여 발전한 것이다. 2층 수필 문학관에는 조경희의 원고와 집필 공간이 전시되어 있다.

⌂ 인천시 강화군 강화읍 관청길 40 ☏ 032-933-0605 ⏰ 09:00~18:00/ 월요일, 1월 1일, 설, 추석 휴관 ⓦ 무료 ⓘ http:// www.ganghwa.go.kr/open content/museum literature

아이에게 꼭 들려주세요!

강화 나들길은 선사시대의 고인돌, 고려시대의 왕릉과 건축물, 조선시대에 축조된 진보와 돈대, 갯벌과 갯벌에 서식하는 생물, 철새 등 역사와 자연생태 환경을 두루 경험할 수 있는 도보 여행길이다. 강화역사박물관과 화문석문화관이 있는 길은 제18코스로 '왕골공예마을 가는 길'이고, 월곶돈대에서 갑곶돈대까지 이동하는 길은 제1코스 중 '심도역사문화길'에 포함되어있다. 갑곶돈대에서 초지진까지 17km를 걷는 제2코스는 '호국돈대길'로, 다 걷는 데 5시간 30분 정도 걸린다.

몽골 침략에 대항하기 위한 임시 궁궐과 관아 건물터 **고려궁지**

연계 과목 한국사

고려궁지

고려가 강화도로 수도를 옮기고 나서 궁궐이 완성됐고, 몽골과의 강화 조약이 맺어져 다시 수도를 개성으로 옮길 때까지 39년간 사용되었다. 개성으로 환도한 이후에 허물어졌고, 조선시대에 들어서 강화의 지방 행정관서와 궁궐 건물이 자리 잡았다. 조선시대 건물인 승평문, 강화유 수부 동헌, 강화유수부 이방청, 외규장각, 강화동종 등이 복원되어있다.

⌂ 인천시 강화군 강화읍 북문길 42 ☎ 032-930-7078 ⏰ 09:00~18:00/ 연중무 휴 ₩ 어른 9백 원, 어린이, 청소년 6백 원

아이에게 꼭 들려주세요!

외규장각은 1782년 조선시대 정조가 왕실 관련 서적을 보관할 목적으로 설치한 도서관으로, '바깥에 있는 규장각'이라는 뜻이다. 이곳은 왕실이나 국가 주요 행사의 내용을 정리한 서적인 의궤를 보관하던 곳이다. 아이에게 병인양요 당시 프랑스군이 퇴각하면서 외규장각을 불태우고 의궤 등 수많은 외규장각 도서와 각종 문화재를 약탈했다는 사실을 알려주자. 약탈당한 외규장각 도서는 프랑스 국립 도서관에 보관되어있다가 2011년에 영구 임대 형식으로 반환되었다는 사실을 함께 알려주자.

연계 과목 한국사

갑곶돈대

고려시대 강화해협을 지키던 요새 **갑곶돈대**

대포 8문이 설치된 포대였다가 조선 숙종 5년에 축조된 돈대. 돈대는 흙으로 쌓은 방어 시설로 조선시대에는 강화의 요충지마다 군대 주둔 지를 두었는데, 강화도 해안에 돌로 쌓은 돈대 53개가 설치되었다. 돈 대 안의 대포는 조선시대에 만들어진 진품이다

⌂ 인천시 강화군 강화읍 해안동로 1366번길 18 ☎ 032-930-7076 ⏰ 09:00~18:00/ 연중무휴 ₩ 어른 9백 원, 어린이, 청소년 6백 원

한강과 임진강 합류 지점에 세워진 정자 **연미정**

연계 과목 한국사

연미정

물길 모양이 제비 꼬리와 같다고 하여 이름 붙여졌다. 정묘호란 때 인 조가 후금과 굴욕적인 강화조약을 맺은 곳. 연미정 전체를 에워싸는 돈 대는 월곶돈대고, 연미정에서 보는 풍경도 아름다워 많은 사람이 찾는 다. 인천시 유형문화재이다.

⌂ 인천시 강화군 강화읍 연미정길 5 ☎ 032-932-5464 ⏰ 연중무휴 ₩ 무료

연계 과목 사회

왕골 공예품 계승·발전을 위한 전시관 **화문석문화관**

화문석문화관

강화는 고려 때 39년간 수도 역할을 하며 왕실과 관료에 최상품 자리 (돗자리)를 제공, 조선시대에는 특이한 도안을 활용한 화문석을 제작 공급하던 곳. 화문석문화관에는 다양한 왕골 공예품과 체험학습장, 왕 골공예 제작 과정, 화문석 등이 전시되어있다.

⌂ 인천시 강화군 송해면 장정양오길 413 ☎ 032-930-7061 ⏰ 09:00~18:00(3 월~11월)/ 09:00~17:00(12월~2월)/ 1월 1일, 설날, 추석 휴관 ₩ 어른 1천 원, 청소 년 7백 원, 어린이 5백 원, 체험학습비 5천 원 ⓘ http://www.ghss.or.kr/src/article. php?menu cd=0804010100

체험학습 결과 보고서

체험학습 일시	○○○○년 ○월 ○일
체험학습 장소	인천시 강화군 강화자연사박물관
체험학습 주제	자연사 탐험 활동지 활용하기, 향유고래 엽서 만들기
체험학습 내용	1. 자연사 탐험 활동지 활용하기 육지와 바다에 살았던 다양한 동물과 식물을 살펴보았다. 석회동굴은 지하수가 석회 성분을 녹여서 만들어졌다. 운석은 우주공간을 떠돌다가 지구로 떨어진 암석이다. 운석을 만졌는데 일반 돌과 비슷한 느낌이었다. 2. 향유고래 엽서 만들기 박물관에 향유고래와 저어새 엽서가 있었는데, 나는 향유고래 엽서를 선택하고 스탬프를 찍었다. 2009년 1월 강화군 앞바다에서 죽은 향유고래가 발견되었다고 한다.
체험학습 사진	강화자연사박물관 전시실 강화자연사박물관 전시실

녹청자박물관

서구

짜장면 박물관
한중문화관
인천 개항장 근대건축전시관

동구
대불호텔전시관
인천개항박물관
한국근대문학관
중구

한국이민사박물관

15

근대 개항지의 흔적을 지닌 지역

인천

연계 과목 한국사, 사회

인천 중구에는 보고 즐기고 의미를 되새겨볼 만한 장소가 다양하게 자리하고 있다. 1884년 청국영사관이 설치된 후 중국인들이 이주하면서 형성된 차이나타운, 개항 이후 130여 년의 역사를 고스란히 간직한 근대건축물, 한국전쟁의 주요 작전지였던 월미도, 근대 개항기 역사와 문화를 체험할 수 있는 건축물과 기념관 등이다. 박물관, 기념관, 전시관이 가까이 붙어 있어 짧은 시간에 많은 곳을 둘러볼 수 있는 것도 이곳의 큰 장점 중 하나다. 책에 제시된 체험학습 장소와 주변 여행지는 대부분 가까이 붙어 있어 도보로 이동 가능하다. 녹청자박물관은 지리적으로 꽤 떨어져 있지만 수도권에서 쉽게 만나보기 어려운 곳이니, 도자기 만들기에 관심이 많은 아이라면 한 번쯤 찾아가 볼 만한 장소다.

아이와 체험학습, 이렇게 하면 어렵지 않아요!

체험학습 순서와 이동 시간
인천개항박물관 (도보 4분)➔ 한중문화관과 화교역사관 (도보 3분)➔ 대불호텔전시관과 중구생활사전시관 (도보 4분)➔ 한국근대문학관

교과서 핵심 개념
인천의 개항 역사, 러일전쟁, 인천상륙작전, 병인양요(프랑스), 신미양요(미국), 외세와의 강화도 조약, 우리나라의 근대문학

주변 여행지
인천개항장 근대건축전시관, 짜장면박물관, 한국이민사박물관, 녹청자박물관

**엄마 아빠!
미리 알아두세요**

인천 중구에서 관리하는 박물관과 전시관(인천개항장 근대건축전시관, 인천개항박물관, 중구생활사전시관(대불호텔전시관), 한중문화관(인천화교역사관), 짜장면박물관)은 통합관람권으로 이용 가능하다. 개항장 주변으로는 자유공원, 동화마을, 청·일조계지 경계 계단, 삼국지 벽화거리, 초한지 벽화거리, 인천아트플랫폼 등 가볼 만한 장소가 모여 있다.

인천개항박물관 외관

인천개항박물관 전시실

연계 과목 한국사, 사회

근대 자료를 담은 서구식 건축물 **인천개항박물관**

서구식 건축물이 인상적이다. 1888년 출장소에서 인천 지점으로 승격되면서 2층의 목조 건물은 현재와 같은 석조 건물로 개축되었으며, 한국에서 생산되는 금괴, 사금 매입 업무 대행 및 예금과 대출 업무를 담당하였다. 박물관 제4 전시실에 일본 은행으로 사용할 당시 창문과 금고, 기둥, 자료 등이 그대로 남아있어 당시 모습을 그려볼 수 있다. 제2 전시실에는 1899년 개통된 최초의 철도 경인선과 관련된 내용을 전시하고 있다. 개항 이후 인천항을 통해 들어온 다양한 근대문물과 관련된 자료를 살펴보는 데 중요한 역할을 하는 곳이다.

⌂ 인천시 중구 신포로 23번길 89 ☏ 032-760-7508 ⊙ 09:00~18:00/ 월요일 휴관 ⓦ 성인 5백 원, 청소년 3백 원, 어린이 무료(통합관람권 성인 3,400원, 청소년 2,300원, 어린이 무료) ⓘ http://www.icjgss.or.kr/open_port

---

연계 과목 한국사, 사회

중국 문화 체험 공간 **한중문화관과 화교역사관**

차이나타운에 들어서면 중국식 외관이 바로 눈에 들어온다. 한중문화관에서는 중국의 역사, 문화, 경제, 사회 등을 전반적으로 소개하며, 한중문화교류를 위한 다양한 공연과 치파오, 칠교놀이 체험 프로그램 등을 운영한다. 화교역사관은 우리나라 최초로 화교 문화를 전시한 곳으로, 1894년 차이나타운에 정착한 화교의 역사와 문화를 관련 유물을 통해 이해할 수 있다. 한국과 중국의 문화예술 교류를 목적으로 다양한 공연과 전시를 진행한다.

⌂ 인천시 중구 제물량로 238 ☏ 032-760-7860 ⊙ 09:00~18:00/ 월요일 휴관 ⓦ 성인 1천 원, 청소년 7백 원, 어린이 무료(통합관람권 성인 3,400원, 청소년 2,300원, 어린이 무료) ⓘ https://ijcf.or.kr/load.asp?subPage=522.01(한중문화관)

한중문화관 외관

화교역사관

인천의 호텔 현황과 생활사를 살펴볼 수 있는 곳 대불호텔전시관과 중구생활사전시관 연계 과목 사회

대불호텔전시관 전시실

중구생활사전시관

대불호텔전시관은 우리나라 최초의 서양식 호텔의 역사를 소개하는 전시관. 개항 이후 인천 중구의 여관 및 호텔의 현황과 시설을 살펴볼 수 있고, 대불호텔 터에서 발견된 유구를 전시하는 곳이다. 대불호텔전시관 바로 옆에 있는 중구생활사전시관은 1960~70년대 인천 중구의 생활사를 엿볼 수 있는 곳. 1968년부터 현재까지 인천 중구의 생활 사 및 변천 과정을 한눈에 본다는 점에서 의미 있는 곳이다. 당시 문화 공간이던 선술집, 극장, 다방 등이 재현되어있 어 흥미롭다.

⌂ 인천시 중구 신포로 23번길 101 ☎ 032-766-2202 ⊙ 09:00~18:00/ 월요일 휴관 ₩ 성인 1천 원, 청소년 7백 원, 어린이 무료(통합 관람권 성인 3,400원, 청소년 2,300원, 어린이 무료) ① http://www.jlhm.icjgss.or.kr(중구생활사전시관)

개항기 우리 문화 근간을 만날 수 있는 곳 한국근대문학관 연계 과목 국어

한국근대문학관 내부

1883년 개항 이후 인천 개항장 주변에는 물건을 보관하 던 창고가 많았는데, 한국근대문학관은 백 년에 가까운 세월을 버텨낸 창고 건물을 리모델링한 공간. 서구 근 대문화가 인천을 통해 집중적으로 들어왔으니, 개항장 의 창고 건물에서 우리 근대문학을 만나는 셈이다. 우리 나라 근대문학의 성장을 주제로 한 상설전, 다양한 기획 전시, 인문학 강좌 등 우리 근대문학을 다채롭게 체험할 수 있는 곳이다.

⌂ 인천시 중구 신포로 15번길 64(본관), 76(기획전시관) ☎ 032-773-3800(본관)/ 032-765-0305(기획전시관) ⊙ 10:00~18:00/ 월요일, 1월 1일, 5월 1일, 설, 추석 연휴 휴관 ₩ 무료 ① https://lit.ifac.or.kr

아이에게 꼭 들려주세요!

본관 상설 전시실에서는 김소월(<초혼>, <진달래꽃> 등), 한용운(<해당화>, <알 수 없어요> 등), 윤동주(<자화상>, <길> 등), 현 진건(<무영탑>, <운수 좋은 날> 등), 염상섭(<삼대>, <만세전> 등), 채만식(<치숙>, <태평천하> 등) 등 한국 근대문학을 이끈 주 요 작가들의 작품 원본과 복각본, 검색 코너가 마련되어있다. 이러한 작가들의 작품은 국어 교과서에 수록되거나 국어 시험 지문 으로 출제되는 경우가 많으니, 작가와 대표 작품 제목 정도는 알아두고 전시를 관람하면 학습 효과와 효용도가 더 높아질 것이다.

일본 제18 은행이던 전시 공간 **인천개항장 근대건축전시관**

연계 과목 한국사, 사회

인천개항장 근대건축전시관

은행으로 이용되다가 현재는 개항 이후 인천 각국 조계지에 건축된 서구 근대 건축물과 관련 자료 전시 공간으로 활용되는 곳(일본 제18 은행은 영국과의 면직물 중개무역으로 큰 이익을 거두자 1890년 인천에 지점을 개설했다). 개항기부터 현재까지 근대 건축물 관련 영상과 사진이 전시되고 있다. 근대 건축물의 모형 및 관련 자료를 만나볼 수 있다.

⌂ 인천시 중구 신포로 23번길 77 ☎ 032-760-7549 ⏱ 09:00~ 18:00/ 월요일 휴관 ⓦ 성인 5백 원, 청소년 3백 원, 어린이 무료 ① https://ijcf.or.kr/load.asp?subPage=522.03

아이에게 꼭 들려주세요!

인천 중구청을 중심으로 개항기 근대건축물이 밀집해있다. 르네상스식 석조물인 일본제1은행, 일본제18은행, 프랑스풍 양식의 일본제58은행, 제물포구락부, 각국 조계지 계단, 대한성공회 내동교회, 인천우체국, 홍예문 등 다양한 건축물이 곳곳에 있다. 반면 존스톤별장, 영국영사관, 인천해관, 알렌별장, 세창양행 숙사, 오례당, 파울 바우만 주택, 성누가병원 등은 소실되어 현존하지 않는 곳들이다.

연계 과목 한국사, 사회

짜장면 테마 전시관 **짜장면박물관**

중화 식당이던 공화춘 건물을 개축하여 건립한 곳. 외관은 화강암 석축 위에 벽돌을 쌓아 올리고, 내부는 중국풍으로 화려하게 장식한 건물로 인천 개항장의 근대 문화유산이다. 개항 이후 인천 중구 청나라 조계지에 터전을 마련한 화교의 역사와 문화 관련 유물이 전시되어있다.

⌂ 인천시 중구 차이나타운로 56-14 ☎ 032-773-9812 ⏱ 09:00~ 18:00/ 월요일 휴관 ⓦ 성인 1천 원, 청소년 7백 원, 어린이 무료(통합관람권 성인 3,400원, 청소년 2,300원, 어린이 무료) ① https://ijcf.or.kr/load.asp?subPage=522.05

국내 최초 이민사 전시관 **한국이민사박물관**

연계 과목 한국사, 사회

미주 이민 100주년을 맞아 우리 이민사를 되돌아보고 전하기 위해 건립된 곳. 이민의 출발지던 인천과 갤릭호를 타고 하와이로 떠난 이민 여정이 소개된다. 하와이와 미국 사탕수수농장 고된 노동과 어려운 여건 속에서도 조국 독립을 위해 헌신한 한인 이민자들을 조망한다.

한국이민사박물관 전시실

⌂ 인천시 중구 월미로 329 ☎ 032-440-4710 ⏱ 09:00~18:00 (17:30 입장 마감)/ 월요일, 1월 1일 휴관 ⓦ 무료 ① www.incheon.go.kr/museum

---

연계 과목 예술

녹청자박물관 전시실

녹청자의 역사와 유물을 담은 전시 공간 **녹청자박물관**

다양한 체험(물레와 흙가래 성형, 도자기 등)과 교육 프로그램(기초 및 생활 도예)을 운영하는 전시관. 녹청자는 짙은 녹색 청자로, 철분이 많이 포함된 점토로 녹갈색 유약을 발라 구우면 독특한 색을 띤다.

⌂ 인천시 서구 도요지로 54 ☎ 032-563-4341 ⏱ 09:00 ~18:00(평일)/ 09:00~17:00(토요일, 일요일, 공휴일)/ 월요일, 공휴일 다음 날, 1월 1일, 설, 추석 연휴 휴관 ⓦ 무료(체험비 별도) ① www.nokcheongja.or.kr

체험학습 결과 보고서

체험학습 일시	○○○○년 ○월 ○일
체험학습 장소	인천시 중구 한국근대문학관
체험학습 주제	문인 캐리커처를 따라 근대문학 작가의 작품 알아보기
체험학습 내용	**1. 이름을 들어본 작가 찾아보기** 많은 문학 작가의 그림이 그려진 벽화에서 내가 아는 작가를 찾아보았다. 대부분 처음 들어본 작가였는데, 윤동주 시인은 영화 <동주>를 봐서 알고 있었다. **2. 마음에 드는 작가 고르기** 전시실 벽에 그려진 현진건의 <운수 좋은 날>을 읽어보았다. 인력거를 끄는 주인공은 아내가 아파도 돈을 벌기 위해 집을 나섰다. 그날따라 운수가 좋아서 손님이 끊이지 않았는데, 집에 돌아와 보니 아내가 죽어 있었다. 마음이 아팠다. <무영탑>, <빈처>도 현진건의 작품이라고 했다. 현진건 스탬프를 찍을 때 보니, 단편소설의 개척자라고 되어 있었다.
체험학습 사진	 한국근대문학관 외관 한국근대문학관 전시실

4

대한민국의 명산인 금강산이 자리한 산악 지역

강원도

고산체험과
암벽체험을 놓치지
마세요.

● 국립산악박물관

김유정문학촌 ●

내 키보다 큰 책
앞에서 책장을
넘겨보아요.

● 오죽헌

작가의 고향인 실레마을을
거닐어보아요.

● 삼척그림책나라

신사임당과 율곡 이이의
흔적을 따라가 봐요.

● 태백석탄박물관

TV나 영화에서 보았던
석탄 채굴 과정을 직접
볼 수 있어요.

체험학습을 위한 여행 Tip

✦ 문학과 놀이를 한 번에 즐깁니다. 박물관 체험을 놓치지 마세요.

✦ 석회 동굴에 들어갈 때는 안전에 주의하세요. 미끄러질 수 있어요.

✦ 놀이 시설은 즐겁고 안전하게 즐기세요.

✦ 고생대 지형이 많이 분포합니다. 고생대에 번성한 생물 화석을 찾아보세요.

체험학습을 위한 여행 주요 코스

김유정문학촌	애니메이션박물관	춘천인형극장
태백석탄박물관	태백고생대자연사박물관	구문소

16

소양강 주변의 자연 학습 놀이터
춘천 연계 과목 국어, 예술

춘천은 낭만 가득한 호반의 도시로 널리 알려진 곳이다. 특히 춘천호 주변에 소양강이 흐르면서 만들어내는 멋진 풍경을 보면 그런 수식어가 부족함이 없다는 걸 느끼게 된다. 아름다운 호수 경관에 더해 아이들에게 다채로운 체험 거리를 제공할 수도 있는 지역이다. <봄봄>, <동백꽃>의 작가 김유정의 생가와 문학촌이 있고, 애니메이션 박물관과 춘천인형극장도 자리하고 있기 때문이다. 골고루 체험해보면 재미와 체험학습 효과가 더 높아질 것이다. 김유정 문학촌 인근에 책과 인쇄박물관도 자리하니, 의암호 드라이브를 즐긴 후에 들르거나 출발 전에 먼저 찾기에도 동선이 적절하다. 강촌에서 시작해 춘천호까지 길쭉하게 한 바퀴 휘감아 도는 드라이브 코스도 좋다.

아이와 체험학습, 이렇게 하면 어렵지 않아요!

체험학습 순서와 이동 시간
김유정문학촌 (자동차 20분)→ 애니메이션박물관 (자동차 10분)→ 춘천인형극장 (자동차 22분)→ 책과 인쇄박물관

교과서 핵심 개념
김유정 작품(<동백꽃>, <봄봄> 등), 인쇄 기술의 발전이 변화시킨 사회적, 과학적 변화, 예술에 적용된 과학적 지식

주변 여행지
강원도립화목원, 강촌레일파크, 소양강 스카이워크, 춘천문학공원

엄마 아빠! 미리 알아두세요

작가 김유정은 일제강점기 한국 문학을 이끌며 30여 편이 넘는 작품을 남겼다. 힘들고 가난하던 그 시대, 작가는 다양한 인간 군상의 평범한 일상을 해학적으로 표현하여 많은 이에게 위로를 주는 작품을 썼다. 대부분의 중·고등학교 교과서에서 김유정의 소설을 주요 작품으로 다루고 있다.

연계 과목 국어

김유정의 고향에 조성된 문학 공간 **김유정 문학촌**

김유정의 생가와 기념전시관으로 구성되어 작가의 삶과 작품세계를 엿볼 수 있는 곳. 문학촌 내 외양간, 디딜방앗간, 연못, 정자 등에서 교과서 속 김유정 작품(《봄봄》, 《동백꽃》, 《만무방》, 《산골 나그네》 등)의 배경이 된 장소를 찾아내는 재미도 쏠쏠하다. 문학촌을 중심으로 소설 속 지명을 활용한 문학 산책로가 있고, 김유정 소설 속 작품세계를 재현한 프로그램이 연중 다채롭게 진행되고 있다.

⌂ 강원도 춘천시 신동면 김유정로 1430-14 ☏ 033-261-4650
⏱ 09:30~18:00(3월~10월)/ 09:30~17:00(11월~2월)/ 월요일 휴관 ₩ 2천 원 ⓦ http://www.kimyoujeong.org

> **아이에게 꼭 들려주세요!**
> 문학촌을 찾기 전에 아이와 함께 김유정 작품을 찾아보거나, 아이에게 개괄적으로 설명해주는 게 좋다. 김유정은 농촌 마을에서 오랜 기간 살았던 경험을 바탕으로 농촌을 배경으로 한 작품을 많이 남겼다. 특히 <봄봄>, <동백꽃>은 농촌 마을의 사실성과 향토성을 잘 표현해낸 작품으로, 지주와 소작농 간의 갈등 상황을 아이들이 이해하도록 설명해주면 국어 학습에 도움이 될 것이다.

연계 과목 과학

방대한 애니메이션 소장 공간 **애니메이션박물관**

10만여 점의 애니메이션 소장품을 보유하고, 애니메이션에 관한 자료를 수집·보관·전시·연구하는 곳. 애니메이션의 과학적 원리 및 제작 과정과 발달사, 다양한 표현기법까지 두루 살펴볼 수 있는 토털 전시관이다. 1층은 전시관, 영사기, 동굴벽화로 꾸며졌고, 2층에서 각 나라 애니메이션 경향과 우리나라 애니메이션의 역사를 파악할 수 있다. 로봇체험관에서 다양한 로봇을 체험하고 관람할 수 있고, 더빙 체험 공간도 있다. 야외 잔디 공원에는 캐릭터 조형물이 전시되어있다.

⌂ 강원도 춘천시 서면 박사로 854 ☏ 033-245-6470 ⏱ 10:00~18:00(입장 마감 17:00)/ 월요일 휴관 ₩ 통합관람권 5천 원 ⓘ http://www.animationmuseum.com/Ani/index

국내 유일 어린이 중심 인형극 상설 공연장 **춘천인형극장** 연계 과목 예술

춘천인형극장 외관 / 춘천인형극장

인형극과 관련된 색다른 경험을 즐길 수 있는 곳이자, 인형극 축제의 메인 무대가 되는 곳. 국내 유일의 어린이 중심 인형극장으로, 수준 높은 인형극이 상설 공연되는 곳이다. 인형극의 역사, 인형을 만드는 과정, 인형극 관람, 나라별 특색 있는 200여 점의 인형을 대할 수 있다. 여러 인형 중 우리나라의 '남사당패 꼭두각시놀음 인형'과 프랑스의 전통 손인형 '기뇰'이 유명하다. 인형극을 관람하려면 인터넷이나 전화로 예약하는 게 좋다.

🏠 강원도 춘천시 영서로 3017 📞 033-242-8452 🕐 10:00~18:00(17:30 입장 마감)/ 월요일 휴관 💰 공연별 요금 상이 ⓘ http://www.cocobau.com

----

책과 관련된 종합 체험 전시관 **책과인쇄박물관** 연계 과목 한국사

책과 인쇄박물관 전시실

책과 인쇄박물관 전시실

책의 모든 것을 체험할 수 있는 공간. 1층 인쇄 전시관은 우리나라 최초의 민간 인쇄소인 <광인사인쇄공소>를 재현하려 애썼으며, 납을 녹여 활자를 찍어내던 주조기를 비롯해 활판 인쇄기를 크기 별로 볼 수 있다. 한글과 한자, 영문으로 된 활자 자모 수십만 자가 상자에 가득 담겨 보관되며, 타자기를 비롯해 등사기, 복사기, 컬러 인쇄를 하는 수동 오프셋 인쇄기들도 대할 수 있다. 2층 고서전시관은 <훈민정음>, <천자문>, <명심보감>, <사서삼경>, <이륜행실도>, <삼강행실도>, <오륜행실도> 등이 전시되어있다. 근현대 문학관에서는 이광수, 김유정, 한용운, 김소월 등 교과서에서 읽던 작가의 작품을 시대별 및 작가별로 확인할 수 있다. 납 활자를 한 자 한 자 모아 잉크를 바르고 꾹꾹 눌러 만드는 나만의 엽서 만들기 체험은 인쇄 과정을 재미있게 알 수 있어 아이들에게 인기가 높다.

🏠 강원도 춘천시 신동면 풍류1길 156 📞 033-264-9923 🕐 09:00~18:00(3월~10월)/ 09:30~17:00(11월~2월))/ 월요일 휴관 💰 일반 6천 원, 단체 4,800원(20인 이상), 체험비 별도 ⓘ https://www.mobapkorea.com

도심 속 공립 수목원 강원도립화목원

연계 과목 과학

다양한 식물과 암석원, 토피어리원 등으로 구성된 수목원. 선인장과 다육식물을 볼 수 있고, 울퉁불퉁 돌멩이 길을 맨발로 걸어볼 수도 있다. 벚나무, 철쭉, 지피식물, 수생식물이 화원을 따라 조성되어있다. 화원원 내 산림박물관은 5개의 전시실과 4D 영상관을 운영하는 학습 공간이다. 사슴벌레, 가재 등 다양한 생물 체험을 즐길 수 있다.

강원도립화목원

⌂ 강원도 춘천시 화목원길 24 ☎ 033-248-6684 ⏱ 10:00~18:00(3월~10월)/ 10:00~17:00(11월~2월)/ 매월 첫째 주 월요일, 설, 추석 휴관 ⓦ 성인 1천 원, 청소년 7백 원, 어린이 5백 원 ⓘ http://www.gwpa.kr/index.asp

---

연계 과목 체육

시원하게 달리는 레일바이크 체험 가능한 곳 강촌레일파크

강촌레일파크

레일바이크는 레일 위를 달릴 수 있도록 만든 자전거로 강촌역과 김유정역을 오가는 코스와 경강역에서 출발하여 백양리를 회차하여 다시 경강역으로 돌아오는 코스가 있다. 강촌마을과 김유정역은 셔틀버스가 운행하니 양쪽에 모두 주차가 가능하다. 12시~13시 30분은 점심시간으로, 운행하지 않으니 확인하고 가자.

⌂ 강원도 춘천시 신동면 김유정로 1383 ☎ 033-245-1000 ⏱ 8회 운행(11월~2월)/ 동절기(11월~2월) 9회 운행(11월~2월)/ 10회 운행(5월, 10월)/ 연중무휴 ⓦ 2인승 35,000원, 4인승 48,000원 ⓘ http://www.railpark.co.kr

---

소양2교와 소양강 처녀상 옆에 자리한 구조물 소양강 스카이워크

연계 과목 사회

바닥이 투명한 부분에서는 호수 위를 걷는 듯한 스릴을 느낄 수 있다. 교량 끝부분에는 투명한 원형 광장과 전망대가 설치되어 있고, 유리 바닥에 서서 소양호를 배경으로 기념사진을 찍는 일은 필수 코스다. 원형 광장 맞은편에는 '쏘가리 상' 조각상이 있고, 일몰 후에는 야경을 즐기려는 사람들로 북적인다.

소양강스카이워크

⌂ 강원도 춘천시 영서로 2663 ☎ 033-240-1695 ⏱ 10:00~21:00(3월~10월)/ 10:00~18:00(11월~2월)/ 17:30 입장 마감/ 연중무휴 ⓦ 2천 원

연계 과목 국어

의암호 주변 문학을 주제로 조성된 공원 춘천문학공원

춘천문학공원

김유정, 박종화, 김소월, 윤선도, 조병화 등 작가들의 문학작품 속 글귀를 활용하여 만든 시비가 곳곳에 있다. 산책로를 거닐며 자연과 문학이 어우러진 색다른 풍경을 경험할 수 있다. 의암호자전거길과 봄내길(4코스)을 지나는 코스로, 많은 사람이 오간다.

⌂ 강원도 춘천시 서면 박사로 976 ☎ 033-250-3089 ⏱ 연중무휴 ⓦ 무료

체험학습 결과 보고서

체험학습 일시	○○○○년 ○월 ○일
체험학습 장소	강원도 춘천시 김유정 문학촌, 실레마을
체험학습 주제	김유정 생가 및 전시관 둘러보기, 실레 이야기길 걸어보기
체험학습 내용	1. 김유정 생가 및 전시관 둘러보기 <동백꽃>에서 동백꽃 색깔을 붉은색이 아닌 노란색으로 표현해서 이상했는데, 이곳에 와서 그 이유를 알게 됐다. 소설 속 동백꽃은 내가 아는 붉은색 동백꽃이 아니라 생강나무의 꽃이었다. 강원도 사람들은 생강나무 꽃을 동백꽃 또는 산동백이라고 부른다는 것도 알게 되었다. 2. 실레 이야기길 걸어보기 마을 전체가 소설 속 이야기를 담고 있다고 생각하니 신기했다. 작가 김유정이 학생들을 가르치던 움막 야학 터도 보고, <봄봄>의 봉필 영감이 살던 김봉필의 집도 봤다. 금병의숙은 김유정이 세운 학교라고 하는데, 이곳에서 소설을 쓰고 학생들을 가르친 작가의 모습을 생각하니 존경스러운 마음이 들었다.
체험학습 사진	김유정 문학촌 전경 김유정 문학촌 조형물

철암탄광역사촌 야외 공원

용연동굴
삼수동
상장동 — 태백체험공원
소도문화테마마을전시관 — 철암탄광역사촌
태백석탄박물관 — 철암동
문곡소도동 — 구문소
365세이프타운 — 장성동 — 구문소동
태백고생대자연사박물관

고생대의 역사·문화 학습장
태백

연계 과목 한국사, 사회, 과학

태백은 640만t의 석탄을 생산하여 전국 석탄 생산량의 30%를 차지하던 한때 국내 제1의 광도로 국가 발전에 큰 역할을 담당한 지역이다. 석탄 연료의 주요 공급지이던 태백 지역의 광산은 지금은 대부분 문을 닫고 소수의 광산만 남아 명맥을 유지하고 있다. 이 지역을 굳건히 버티게 하는 건 석탄 외에 태고의 신비를 품은 고생대 역사와 문화도 있다. 태백은 고생대 지층과 화석이 툭툭 불거져 나와 있고, 고생대부터 쌓여온 석탄이 생활 속에서 활용되는 걸 접할 수 있는 생동감 있는 지질과학 박물관이라고 할 수 있는 곳이다. 폐광된 지역을 문화 공간으로 탈바꿈하고 아이들의 체험학습 장소로 만든 이들의 노고가 담겨 더 의미가 깊다.

아이와 체험학습, 이렇게 하면 어렵지 않아요!

체험학습 순서와 이동 시간
태백석탄박물관 (자동차 20분)→ 365세이프타운 (자동차 5분)→ 태백고생대자연사박물관 (자동차 5분)→ 철암탄광역사

교과서 핵심 개념
고생대 지층과 화석, 석탄의 생성 과정, 석회동굴의 형성 과정, 안전 체험

주변 여행지
구문소, 용연동굴, 태백체험공원, 소도문화테마마을전시관

엄마 아빠!
미리 알아두세요

고생대자연사박물관 주변에는 고생대 표준 화석(지층의 생성 시대를 알 수 있는 화석)인 삼엽충 화석이 보존되어있고, 고생대 부정합(상부와 하부 지층 사이에 퇴적이 중단된 시기가 있는 지층) 관계를 관찰할 수 있는 지층도 넓게 퍼져 있어 아이의 호기심과 모험심을 자극할 수 있다.

석탄 산업사 한눈에 볼 수 있는 곳 **태백석탄박물관**

연계 과목 사회

태백석탄박물관 야외에 전시된 석탄 운반 시설

태백석탄박물관

국내 최대 석탄 생산지인 태백의 탄광 개발사를 살펴볼 수 있는 곳. 광물, 암석, 화석에 대한 정보가 전시되어있고, 석탄의 생성과 채굴, 광산에서의 생활 모습, 태백 지역의 문화와 관광지, 체험 갱도관까지 관람할 수 있다. 태백의 석탄 개발은 일제강점기 때부터 시작됐다. 채탄과 작업 광경을 현실적으로 만든 체험 갱도관이 있고, 재래식 연탄을 만드는 체험 프로그램을 운영 중이다.

🏠 강원도 태백시 천제단길 195 📞 033-552-7730 🕐 09:00~18:00(17:00 입장 마감)/ 월요일 휴관 💲 어른 2천 원, 청소년 1,500원, 어린이 1천 원 ⓘ www.taebaek.go.kr/coalmuseum

아이에게 꼭 들려주세요!

석탄은 지질시대에 번성한 육상 및 수생 식물이 퇴적하여 매몰된 후 만들어진 암석이다. 고생대는 캄브리아기, 오르도비스기, 실루리아기, 데본기, 석탄기, 페름기로 구분되는데, 석탄기는 약 3억 6천만~2억 9천만 년 전의 시기로 고생대 후기에 속한다. 이 시기에 번성한 생물이 매몰, 탄화되어 석탄으로 변했으므로, 특히 석탄기라고 한다. 고생대의 육상에는 양치식물이 번성하여 석탄으로 많이 남았다.

연계 과목 사회, 체육

재난 및 재해 체험 교육 공간 **365세이프타운**

안전을 주제로 교육과 놀이시설을 융합 체험할 수 있는 공간. 각종 재난 및 재해를 직접 또는 간접적으로 체험할 수 있다. 안전체험관에서 산불, 지진, 풍수해, 설해, 대테러 등을 체험한다. 안전 요원의 설명을 듣고 영상을 시청한 후에 체험 가능하고, 체험관에 따라 체험 인원과 시간에 차이가 있으니, 사전 확인하자. 야외에서 짜릿하고 스릴 넘치는 트리트랙, 퀵플라이트 등을 체험해볼 수 있고, 소방 안전 체험관에서는 실제 상황처럼 대피 훈련을 체험할 수 있다. 전기차를 직접 운전하면서 교통안전을 배울 수 있는 교통안전체험관도 마련되어있다.

🏠 강원도 태백시 평화길 15 📞 033-550-3101 🕐 09:00~18:00(16:00 이후 입장 시 체험시설 제한)/ 월요일 휴관 💲 개인(일반, 청소년, 어린이) 22,000원, 단체 12,000원, 챌린지월드 12,000원, 키즈랜드 12,000원 ⓘ www.taebaek.go.kr/365safetown

365세이프타운 지진체험관

365세이프타운

고생대 지층 위에 세워진 화석 전시관 **태백고생대자연사박물관**

연계 과목 과학

태백고생대자연사박물관 전시실

태백고생대자연사박물관

지질시대 중 고생대와 관련된 것을 전시한 곳. 주변 하천을 따라 다양한 지질 구조와 화석을 발견할 수 있어 현장 체험학습이 가능하다. 전시실은 선캄브리아 시대, 전기 고생대, 중기 고생대, 후기 고생대, 중생대 및 신생대로 나뉘어 있고, 각 전시실에는 시대별 번성한 화석과 역사가 전시되어있다.

⌂ 강원도 태백시 태백로 2249 📞 033-581-8181 🕐 09:00~18:00(17:00 입장 마감)/ 연중무휴 ⓦ 어른 2천 원, 청소년 1,500원, 어린이 1천 원(체험비 별도) ⓘ www.palezoic.go.kr

아이에게 꼭 들려주세요!

태백고생대자연사박물관은 고생대에 번성한 삼엽충 화석과 고생대 지층을 확인할 수 있는 체험 장소이다. 전시 공간을 둘러본 후에 야외 지질 명소(구문소 등)까지 살펴보면 한반도 고생대의 역사를 알차게 체험했다고 할 수 있다.

국내 석탄 산업의 과거와 현재를 담은 곳 **철암탄광역사촌**

연계 과목 사회

철암탄광역사촌

철암탄광역사촌

우리나라 석탄 산업의 과거와 현재를 알아볼 수 있는 생활사박물관과 같은 공간. '까치발 건물'로 유명한 옛 탄광촌 주거 시설을 보존하기 위해 복원하는데, 하천 바닥에 목재 또는 철재 지지대를 사용하여 주거 공간을 점차 넓혀나가서 지지대 모양이 까치발을 닮았다고 해서 이름 지어졌다. 하나의 벽을 사이에 두고 여러 가구가 모여 살았다고 하니, 당시 탄광촌 주민의 험난하던 생활상을 짐작할 수 있다. 페리카나, 호남슈퍼, 진주성, 봉화식당, 한양다방 등 주제별 전시관을 관람하고, 하천을 사이에 두고 마주하는 부부의 모습이 조형물로 세워진 공원까지 둘러보자.

⌂ 강원도 태백시 동태백로 404 📞 033-582-8070 🕐 10:00~17:00/ 첫째·셋째 주 월요일 휴관 ⓦ 무료

국내 유일 지상 자연 동굴 **구문소**

연계 과목 과학

약 1억 년 전부터 산맥을 경계로 황지천과 철암천이 각각 흐르면서 주변 암석을 침식시켰고, 지하에 생성되어 있던 동굴로 황지천의 물이 계속 흘러들면서 크기가 확장된 동굴. 구문소 일대는 화석, 지질 구조, 퇴적암 등 한반도 고생대의 지질 역사가 남아있다. 구문소 옆의 작은 터널은 일본인들이 인근 장성탄광에서 채굴한 석탄을 운송하기 위해 뚫은 것이다.

구문소

🏠 강원도 태백시 동태백로 11 📞 033-550-2828 🕐 연중무휴

연계 과목 과학

용연동굴 내부

해발고도 920m에 위치한 자연 석회동굴 **용연동굴**

종유석, 석순, 석주, 동굴산호, 석화 등 다양한 생성물과 학술 가치가 높은 생물 38종이 사는 곳. 혹 모양, 가지 모양 등 모양이 다양한 산호가 있는데, 이를 '동굴산호'라고 한다. 동굴 주변 지층은 고생대에 만들어진 것으로, 동굴은 약 1억 5천만 년~3억 년 사이에 생성되었을 것으로 유추된다. 주차장에서 동굴 입구까지는 용연열차가 운행된다.

🏠 강원도 태백시 태백로 283-29 📞 033-550-2727 🕐 09:00~18:00(17:00 입장 마감)/ 연중무휴 ⓦ 어른 3,500원, 청소년 2,500원, 어린이 1,500원(열차탑승료 별도 1천 원)

폐광지에서 체험 관광지로 탈바꿈한 곳 **태백체험공원**

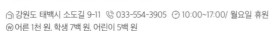

연계 과목 사회

탄광사무소를 탄광사택촌, 체험 갱도 등의 시설을 관람할 수 있게 만든 곳. 공원 내 태백탄광사택촌은 1950~70년대 광부들의 주거 시설과 생활상을 보여주는 곳으로, 당시 광부들과 가족이 사용하던 생활 도구와 가구류, 빨래터를 재현해놓았다. 일반 사택과 간부 사택으로 나뉘어 있어 당시 사회 계급의 일면을 엿볼 수 있다.

태백체험공원 학습관 입구

🏠 강원도 태백시 소도길 9-11 📞 033-554-3905 🕐 10:00~17:00/ 월요일 휴원 ⓦ 어른 1천 원, 학생 7백 원, 어린이 5백 원

연계 과목 한국사, 사회

소도문화테마마을전시관

태백산 신화 및 소도 문화를 담은 곳 **소도문화테마마을전시관**

소도는 삼한(마한, 변한, 진한)시대의 신성 지역으로, 하늘에 제사를 지내고 천군이 지배하던 장소였다. 전시관 1층은 태백의 전설과 신화 이야기를 디지털 체험관으로 꾸몄고, 2층은 단군 사화와 소도 문화를 소개하는 공간이다. 신화 인형극, 태백산 천제단, 천제를 올린 성지, 천제단 재현 모형 등 작지만 알차게 둘러볼 만한 전시물이 꽤 있다.

🏠 강원도 태백시 태백산로 4833 📞 033-552-2256 🕐 09:30~17:30 ⓦ 무료

체험학습 결과 보고서

체험학습 일시	○○○○년 ○월 ○일
체험학습 장소	강원도 태백시 태백고생대자연사박물관
체험학습 주제	고생대에 번성한 생물 살펴보기, 화석이 만들어지는 과정 알아보기
체험학습 내용	1. 고생대에 번성한 생물 살펴보기 고생대 전기에는 삼엽충, 완족류 등의 생물이 번성했다. 고생대 중기에는 육상식물들이 나타나기 시작했다. 고생대 후기에는 거대한 육상 식물이 울창한 삼림을 이루었다. 식물이 땅속에 묻혀 석탄으로 변하는 과정과 태백 지역에서 석탄이 많이 발견된 까닭을 알 수 있었다. 2. 화석이 만들어지는 과정 알아보기 화석은 생물의 몸체나 흔적이 지층 속에 남은 것이다. 삼엽충이 죽으면 땅속에 묻히고 그 위로 퇴적물이 쌓여 오랜 시간이 지나면 화석으로 변한다. 우리가 화석을 발견하려면 지층이 풍화와 침식 작용을 받아 지표면 위로 드러나야 한다는 것을 알았다.
체험학습 사진	 태백고생대자연사박물관 태백고생대자연사박물관 전시실

추암촛대바위와 추암해수욕장 천경

도깨비골스카이밸리
묵호등대
논골담길
연필뮤지엄
동해시
천곡황금박쥐동굴
추암촛대바위
삼척그림책나라
이사부사자공원
삼척시

18

다양한 연계 학습 가능한 바다 여행지
동해·삼척 　연계 과목 한국사, 과학

삼척과 동해는 볼거리, 먹을거리, 즐길 거리가 풍성하여 강원도를 여행할 때 필수로 가야 할 지역들이다. 이사부사자공원에서 다리 하나 건너면 동해 추암해변이다. 시간을 내서 이곳까지 왔다면 두 지역을 묶어 여행하는 것을 추천한다. 역사, 문화, 사회, 과학 등 어느 한 가지에 치우치지 않고 경험할 수 있고, 논골담길 벽화처럼 알록달록한 이야기가 숨은 장소가 많기 때문이다. 책에는 두 도시를 연결하여 최소의 시간으로 최대의 학습과 여행을 즐기는 코스가 소개되었다. 삼척에서 하루를 보낸다면, 삼척그림책나라와 이사부사자공원을 둘러보고, 동굴 지대(환선굴, 대금굴 등), 죽서루, 무건리 이끼폭포, 신흥사 등을 찾는 방법도 있다. 삼척은 꽤 넓은 지역이라 이동하는 데 시간이 좀 걸리는 편이다.

아이와 체험학습,
이렇게 하면 어렵지 않아요!

체험학습 순서와 이동 시간
삼척그림책나라 (도보 1분)→ 이사부자공원 (자동차 15분)→ 천곡황금박쥐동굴 (자동차 10분)→ 연필박물관

교과서 핵심 개념
독도와 울릉도, 독도수비대, 우산국 정복의 역사, 석회동굴의 형성 과정, 석회동굴 내의 생성물(종유석, 석순, 석주 등)

주변 여행지
추암촛대바위, 묵호등대, 논골담길, 도깨비골스카이밸리

엄마 아빠!
미리 알아두세요

삼척과 동해는 관광 인프라가 잘 조성된 지역인 한편, 곳곳에 체험학습 장소로 적합한 곳이 꽤 있다. 사회 교과 쪽으로는 이사부 장군과 독도 정벌 과정을 찾아보고, 과학 교과 쪽으로는 석회동굴의 형성 과정과 동굴 생성물을 미리 학습하고 가는 것이 좋다.

체험학습 여행지 답사

삼척그림책나라 전시관 전경

삼척그림책나라 전시관

다양한 형태의 그림책 체험 공간 삼척그림책나라

이사부사자공원 꼭대기에 위치한 전시관. 2019년 기존 건물을 그림책나라로 재개관했다. 아이들의 상상력을 키워줄 수 있는 다양한 형태의 그림책이 전시되어있다. 팝업 북, 빅북, 빙글빙글책 등을 직접 만지며 책과 친해지는 공간이다. 흥미로운 VR, AR체험존 등 책과 관련된 체험시설도 마련되어있고, 탁 트인 바다 풍경을 바라보며 편하게 그림책을 읽을 수 있는 놀이터(도서존)도 운영 중이다(그물 놀이터 이용 시 발이 빠지지 않게 조심하자).

🏠 강원도 삼척시 수로부인길 333 📞 033-573-0561 ⏰ 09:30~17:30/12:00~13:00 휴게시간/ 월요일 휴관 ⓦ 무료

아이에게 꼭 들려주세요!
아이들이 쾌적한 공간에서 그림책을 보며 상상력을 키울 수 있는 공간이므로, 전시물을 둘러보는 데 그치지 말고 팝업 북 앞에서 사진을 찍거나 책 한 권을 선택해서 아이와 읽어보고 짧은 이야기를 나누며 시간을 보낸다면 재미와 학습 면에서 효과가 높을 것이다.

촛대바위 조망 가능한 테마 공원 이사부사자공원

아득한 해안 전경과 추암 해변의 촛대바위를 동시에 조망할 수 있는 증산마을의 언덕에 위치한 가족형 테마공원. 이사부 장군은 독도 역사와 관련이 깊은 인물이다. 약 1500년 전 삼척에서 실직군주를 역임한 장군은 신라 지증왕 13년 섬나라 우산국(지금의 울릉도와 독도)을 정복하였고, 울릉도와 독도를 아우르는 넓은 해양 영토를 우리 역사에 최초로 편입시켰다. 배에 사나운 표정의 나무 사자를 싣고 우산국을 정복한 일화를 기념하여 공원 곳곳에는 사자 조각상이 해양 개척의 상징물로 세워져 있다. 6월~8월에는 야외 물썰매장을 운영한다.

이사부자자공원

🏠 강원도 삼척시 수로부인길 333 📞 033-573-0561 ⓦ 무료

아이에게 꼭 들려주세요!
이사부 장군은 신라 지증왕과 진흥왕 때 실직국(현 삼척 지역)의 군주로 재임하며 해상왕으로 불린 인물이다. 지증왕은 장군에게 동해의 요충지인 우산국(현 울릉도와 독도)을 정복하라고 명했고, 그는 배에 사나운 표정의 나무 사자를 싣고 출항했다. 우산국 우혜왕은 나무 사자를 맹수라 여기고, 장군의 기세에 눌려 항복했다고 전해진다. 독도가 우리 땅이라는 역사적 근거를 찾을 수 있는 대목이다. 공원 이름의 이유를 우산국 정복 전쟁에서 찾을 수 있는 이유다.

황금박쥐가 발견된 시내 중심가 동굴 **천곡황금박쥐동굴**

연계 과목 과학

천곡황금박쥐동굴 내부

천곡황금박쥐동굴

약 4~5억 년 전에 생성된 천연 석회동굴. 동굴 내에 종유석, 석순, 석주 등이 넓게 분포하고, 지금도 동굴 내 생성물이 계속 자라고 있다. 국내 동굴 중 가장 큰 규모인 천정용식구(공동에 물이 차면서 점토가 퇴적되어 천장 면에 도랑을 형성)를 볼 수 있다.

🏠 강원도 동해시 동굴로 50 📞 033-539-3630 🕙 10:00~17:00/ 월요일 휴관 ⓦ 어른 4천 원, 청소년 3천 원, 어린이 2천 원

> **아이에게 꼭 들려주세요!**
> 석회동굴은 이산화탄소가 포함된 물이 석회암 지역을 지나면서 만들어진다. 천곡황금박쥐동굴에는 다양한 형태의 동굴 생성물이 자라는데, 종실, 천정용식구, 침식봉 등은 교과서에서는 깊게 다루지 않는 심화 개념이기 때문에 종유석, 석순, 석주, 돌리네 정도만 기억해도 좋다.

연필을 테마로 꾸민 문화 공간 **연필뮤지엄**

연계 과목 사회

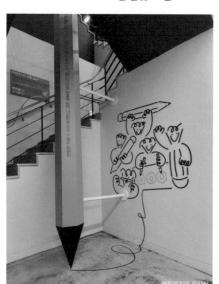

연필뮤지엄 전시실

동해를 바라보는 높은 언덕에 연필을 테마로 꾸민 문화 공간. 세계 곳곳에서 수집한 다양한 연필을 전시하고, 연필의 제작 과정과 역사에 남아있는 연필의 기록까지 만날 수 있다. 전시물은 빈티지, 캐릭터, 여행과 도시, 디자인 등으로 분류하여 전시되어있고, 연필과 관련된 창작품 전시 공간이 마련되어있다. 기록하는 수단으로만 생각하던 연필의 무한 변신을 이곳에서 경험할 수 있다.

🏠 강원도 동해시 발한로 183-6 📞 033-532-1010 🕙 10:00~18:00(17:30 매표 마감)/ 화요일, 첫째 주 수요일, 설, 추석 휴관 ⓦ 성인·청소년 5천 원 ⓘ https://www.pencilmuseum.co.kr

기암괴석과 함께 하늘 찌를 듯 솟은 바위 **추암촛대바위**

연계 과목 한국사

애국가 영상으로 활용된 적 있을 만큼 풍경이 아름다운 곳. 촛대바위 가는 길에 해암정과 능파대가 있다. 해암정은 고려 공민왕 때 집현전 제학이던 심동로가 관직에서 물러나 후학양성을 위해 건립한 곳이고, 능파대는 대규모 암석 단지로 추암해변 촛대바위 일대에 해당한다. 단원 김홍도는 바위 전망대에서 이곳의 절경을 그리기도 했다. 촛대바위와 석림 주변의 출렁다리에서 탁 트인 동해를 조망하기에 좋다.

🏠 강원도 동해시 촛대바위길 31 📞 033-530-2801 ⏰ 09:00~18:00(3월~10월, 17:00 입장 마감)/ 09:00~17:00(11월~2월, 16:00 입장 마감)/ 연중무휴

연계 과목 사회

다양한 관광·놀이 시설 체험 공간 **묵호등대**

드라마 <상속자들>의 촬영지로 이름을 알렸으며, 2003년 5월에는 이를 기념하여 '영화의 고향' 기념비가 세워져 볼거리를 제공하는 곳. 등대의 역할과 역사를 배울 수 있는 등대 홍보관과 공원의 휴게시설 등이 연중 개방되어있다. 시원한 바다가 한눈에 들어와 동해 시민과 관람객의 쉼터 역할을 톡톡히 하고 있다. 묵호등대를 중심으로 다양한 관광 시설과 다채로운 놀이 시설을 체험하기에 좋다.

🏠 강원도 동해시 해맞이길 289 📞 033-531-3258 ⏰ 06:00~20:00(하절기)/ 07:00~18:00(동절기)/ 연중무휴

다채로운 이야기가 벽화로 조성된 감성 마을 **논골담길**

연계 과목 사회

1941년 개항된 묵호항의 역사를 고스란히 간직한 바다와 벽화가 아름다운 감성 마을. 등대마을 만들기 공모사업을 시작으로 예술가와의 다양한 협업을 거쳐 현재의 마을 모습을 갖추었다. 바람의 언덕과 등대오름길, 논골1길, 논골2길, 논골3길 등 다양한 골목 이름만큼 다채로운 이야기가 벽화로 조성되어있다. 어느 곳에 서도 시원한 바다를 볼 수 있는 점도 이곳의 장점이다. 잿빛 바다라 불리며 쇠퇴의 길을 걷던 묵호는 논골담길과 주변 관광지의 개발로 더 넓은 세상과 만나고 있다.

🏠 강원도 동해시 논골1길 2 📞 033-530-2231

연계 과목 체육

묵호등대 주변 놀이 시설 **도째비골스카이밸리**

스카이워크, 자이언트슬라이드, 스카이사이클, 해랑전망대로 이루어져 있다. 해랑전망대는 도깨비(도째비)방망이를 형상화해서 만든 다리로, 묵호등대와 논골담길을 조망할 수 있다.

🏠 강원도 동해시 도째비길(묵호진동 2-106) 📞 070-8883-4708 ⏰ 10:00~18:00(4~10월)/ 10:00~17:00(11~3월)/ 월요일 휴장 ⓦ 스카이워크 2천 원, 자이언트 슬라이드 3천 원, 스카이사이클 15,000원, 해랑전망대 무료

체험학습 결과 보고서

체험학습 일시	○○○○년 ○월 ○일
체험학습 장소	강원도 동해시 천곡황금박쥐동굴
체험학습 주제	석회동굴의 생성 과정 이해하기, 동굴 생성물 찾아보기
체험학습 내용	1. 석회동굴의 생성 과정 석회동굴은 지하수가 석회암 지역을 흐르는 동안 침식 작용이 일어나서 생긴 동굴이다. 천곡황금박쥐동굴은 석회동굴에 해당한다. 동굴 내부는 너무 어두워서 약간 무서웠고, 바닥은 물기가 많아서 미끄러웠다. 2. 동굴 생성물 찾아보기 종유석: 동굴의 천장에 고드름처럼 자라난 것. 석순: 동굴 바닥에서 죽순처럼 돋아난 것. 석주: 종유석과 석순이 만나 생성된 것. 종유석과 석순이 만나 석주가 되려면 200~300년이 걸린다고 한다.
체험학습 사진	 천곡황금박쥐동굴 매표소 천곡황금박쥐동굴 내부

속초시립박물관에서 바라본 울산바위

영랑호
동아서점 —
뉴욕제과
— 문우당서림
칠성조선소
국립산악박물관 — — 속초시립박물관
속초해변
상도문돌담마을

19

산촌·어촌·실향민 문화의 교차지

속초

연계 과목 한국사, 사회

속초를 지탱하는 문화를 꼽으라면 크게 세 가지이다. 도시의 54%를 차지하는 설악산을 중심으로 한 산촌 문화, 동해에서 건져 올린 해산물을 먹을거리로 생활하는 어촌 문화, 한국전쟁 후 피난민의 유입과 정착으로 형성된 실향민 문화가 그것이다. 이야기가 있는 곳은 여행을 다녀와서도 쉽게 잊히지 않는다. 그곳에 살고 머물던 사람들의 이야기가 스민 장소는 그곳을 다녀온 사람들의 이야기가 더해져 새로운 이야기로 펼쳐진다. 국립산악박물관과 속초시립박물관 사이는 노리숲길로 연결되어 걸어서 이동할 수 있다. 노리숲길은 조경 숲이 아름다운 산책코스로, 다양한 꽃나무를 두루 관람하는 재미가 있다. 국립산악박물관과 속초시립박물관 중 한 곳에 주차한 뒤에 노리숲길을 이용하는 방법도 생각해보자.

아이와 체험학습,
이렇게 하면 어렵지 않아요!

체험학습 순서와 이동 시간
국립산악박물관 (자동차 5분)→ 속초시립박물관 (자동차 12분)→ 상도문돌담마을 (자동차 18분)→ 영랑호

교과서 핵심 개념
실향민 문화, 우리나라 민속 문화, 도시 재생 사업

주변 여행지
속초 백년가게(동아서점, 문우당서림, 뉴욕제과), 속초해변, 칠성조선소

**엄마 아빠!
미리 알아두세요**

속초 해안선을 따라 이동하면 관광 여행과 인문 여행을 즐길 수 있고, 속초 내륙 지역에 닿으면 문화 여행을 경험할 수 있다. 영랑호와 청초호 주변으로 조성된 관광지를 둘러보는 데만도 하루가 부족하니, 이곳을 찾을 때는 일정을 여유 있게 짜보자.

국립산악박물관 전시실

국립산악박물관

연계 과목 체육

산악 역사와 등산 체험하는 공간 **국립산악박물관**

산악의 역사와 산악 문화를 체험할 수 있는 복합 문화 공간. 속초시립박물관에서 노리숲길을 따라 10분 정도 걸으면 되는 거리에 있다. 1층에 산을 테마로 한 기획전 시설과 산악 다큐멘터리와 산악 영화 등을 상영하는 영상실이 있고, 2층에 고산체험실, 암벽체험실, 산악교실 등 체험 시설을 운영 중이다. 1층에 있는 '영원한 도전'은 험준한 설산을 오르는 산악인의 모습을 형상화한 조형물이다. 고산체험실에서 저산소 체험과 VR 체험 등 고산을 오르는 걸 간접적으로 체험할 수 있다. 이외 스포츠클라이밍을 체험하는 산악체험실과 산악교실 프로그램도 운영된다. 3층에 등반의 역사, 산악인물실, 산악문화실의 3개의 전시실이 있다.

⌂ 강원도 속초시 미시령로 3054 ☏ 033-638-4459 ⊙ 09:00~18:00/ 월요일 휴관 ⓦ 무료 ⓘ https://www.forest.go.kr/newkfsweb/kfs/idx/SubIndex.do?orgId=nmm&mn=KFS37

연계 과목 한국사, 사회

속초의 과거를 기록한 곳 **속초시립박물관**

속초의 실향민 문화를 만날 수 있는 곳. 구석기와 철기의 청호동 유적, 신석기의 외옹치 유적, 청동기의 조양동 유적 등 선사 문화와 어부가 사용하던 어로 도구가 전시되어있다. 과거부터 현재까지의 속초 모습을 영상으로 확인할 수도 있고, 전통문화를 체험할 수도 있다. 야외 실향민 문화촌에 역사 속으로 사라진 옛 '속초역'과 함경도집, 황해도집, 개성집, 평양집, 평양도쌍채집 등 이북 5도의 가옥이 조성돼있다(이북 5도 가옥에서 숙박 체험도 가능하다). 과거와 현재의 청호동 아바이마을도 사진과 함께 재현돼있다.

속초시립박물관 야외 실향민 문화촌

속초시립박물관

⌂ 강원도 속초시 신흥2길 16 ☏ 033-639-2362 ⊙ 09:00~18:00(3월~10월)/ 09:00~17:00(11월~2월)/ 월요일 휴관 ⓦ 어른 2천 원, 청소년 1,500원, 어린이 7백 원 ⓘ www.sokchomuse.go.kr

500여 년 역사와 전통을 지닌 마을 상도문돌담마을

연계 과목 사회

상소문돌담마을

상소문돌담마을

유학자이자 독립운동가인 매곡 오윤환의 구곡가를 찾아 담장의 글귀들을 쫓아가면 마을 끝에 다다르고, 쌍 천변을 따라 언덕의 솔숲에 들어서면 속초 8경 중 하나인 학무정이 자리한다. 오윤환은 1934년에 학무정을 지어, 그곳에서 선비들과 글을 짓고 시를 읊으며 학문에 매진했다고 한다.

🏠 강원도 속초시 상도문1길 33 📞 033-639-2362

아이에게 꼭 들려주세요!

속초 상도문마을의 유래와 관련하여 신라시대 고승인 원효대사와 의상대사의 이야기가 전해진다. 두 대사가 낙산사에서 하루를 묵고, 다음날 마을 주민에게 "설악산으로 가는 길이 어디냐?"고 맨 처음 물은 곳을 하도문(下道門)마을, 중간쯤 갔을 때 물은 곳을 중도문(中道門)마을, 설악산에 거의 도달하기 전에 물은 곳을 상도문(上道門)마을로 이름 지었다고 한다.

설악산이 병풍처럼 펼쳐진 자연 석호 영랑호

연계 과목 한국사

영랑호 전경

영랑호 산책길

둘레 약 8km, 면적 약 1.21km2(약 35만 평), 수심 약 8.5m인 자연 석호. 신라 화랑 영랑이 친구들과 금강산으로 수행을 다녀오다가 호수의 풍광과 아름다움에 반해 오래 머물며 풍류를 즐겼다는 데서 이름이 유래했다. 설악산이 병풍처럼 펼쳐진 풍경이 사계절 아름다워 늘 사람으로 북적인다. 영랑호에는 일부 몸체가 호수에 잠긴 큰 바위가 보이는데, 속초 2경인 범바위다. 호랑이 모양과 같다고 해서 붙여진 이름인데, 옛날 이곳에 호랑이가 출몰할 정도로 산림이 울창하고 인적이 드물었다고 한다. 영랑호수윗길은 호수를 가로지르는 400m 길이의 다리로, 부교 한가운데 만들어진 원형 광장에 서면 울창한 삼림으로 둘러싸인 설악산을 조망할 수 있어 지역 명소로 인기가 높다. 문화관광해설사가 이끄는 자전거 투어가 운영 중이다.

🏠 강원도 속초시 영랑호반길 140-1 📞 033-637-7009

속초에서만 만날 수 있는 가게 세 곳 **속초 백년가게**

백년가게는 30년 이상 된 가게 중에서 100년 이상 유지시킬 목적으로 만든 곳. 현재 속초의 백년가게는 총 11곳(뉴욕제과, 동해순대국, 함흥냉면옥, 팔팔순대국, 돌고래회센터, 스마일호스텔, 수원갈비, 동아서점, 문우당서림, 함흥막국수, 천일안경원 등)이다.

▲동아서점

1956년 문을 연 이후로 3대에 이어 서점을 운영 중이다. 하루 평균 200여 권의 책을 직접 주문하기 시작하면서 독립출판물들을 소개 및 판매하고 있다. 60년 넘는 세월 동안 책 향기를 내뿜는 곳이다.

▲문우당서림

1984년 처음 연 이후부터 365일 운영 중인 서점. 책을 읽을 수 있는 공간이 여유롭고, 책을 사면 서점에서 일하는 서림인의 책 추천 코멘트가 적힌 글귀를 받을 수 있다. 베스트셀러와 독립출판물을 고루 갖추고 있다.

▲뉴욕제과

호텔 제과장을 거쳐 1983년 뉴욕제과를 창업한 이규창 대표가 우리 쌀과 우리 밀, 동해 특산물인 오징어와 오징어 먹물을 이용해 '오징어쌀빵'을 개발하여 판매한다. 속초의 특산물을 이용해 만든 먹음직스러운 빵 덕분에 주변 골목을 맛있는 냄새가 가득 메운다.

속초에서 가장 큰 해수욕장 **속초해변**

청호동에서 외옹치까지 이어지는 백사장(총 1.2km) 중 700m만 개장하는 해변. 부드러운 모래, 푸른 송림, 깨끗한 수질로 사계절 내내 사람의 발길이 이어진다. 세계이정표 설치 이후에 더욱 유명해졌다. KISS연인상, 바다향기로 계단 등 곳곳에 포토스폿이 있다. 알록달록하게 채색된 속초아이(대관람차) 캐빈을 이용하면 외옹치해변, 아바이마을, 청초호를 비롯해 설악산과 속초 시내까지 한눈에 담을 수 있다.

⌂ 강원도 속초시 해오름로 186 ☏ 033-639-2027

목선을 만들던 곳 **칠성조선소**

실향민 최칠봉 씨가 배를 만들어 바다로 내보내고 고장 난 배들을 수리하던 곳이지만, 그의 손자가 조선소의 과거를 하나둘 수집하여 살롱, 뮤지엄, 플레이스케이프, 오픈팩토리를 갖춘 복합문화공간으로 새롭게 만들었다. 카페 내부에 목선이 전시되어 있다.

⌂ 강원도 속초시 중앙로 46번길 45 ☏ 033-633-2309 ⊙ 11:00 ~20:00

체험학습 결과 보고서

체험학습 일시	○○○○년 ○월 ○일
체험학습 장소	강원도 속초시 국립산악박물관
체험학습 주제	고산 환경 체험하기, 산악 안전 배우기
체험학습 내용	**1. 고산 환경 체험하기** 손가락에 신체 변화를 감지하는 기계를 꽂고 고산 환경으로 만들어진 실내 공간에 들어갔다. 오르락내리락 산을 오르는 기분이 들었다. 온도가 낮고 공기가 점차 적어지는 기분이 들어 약간 무섭기도 했다. 높은 산을 오르는 산악인의 도전 정신을 잠깐이나마 체험할 수 있었다. **2. 산악 안전 배우기** 산을 오를 때의 주의 사항과 산악의 역사를 배울 수 있었다. 엄홍길 선생님뿐만 아니라 많은 산악인이 외국의 높은 산을 오른다고 했다. 극한에 도전하는 사람들의 용기가 부러웠다.
체험학습 사진	 국립산악박물관 전경 국립산악박물관 전시실

선교장 산책길에서 내려다 본 선교장 모습

경포동
경포대
선교장
강릉시립박물관
오죽헌
포남2동
교2동
송정동
안목해변
강릉통일공원
등명락가사
성덕동
정동진시간박물관

20

솔내음 가득한 지방 거점 도시

강릉

연계 과목 한국사, 사회

강릉은 오랜 시간 자세히 볼수록 매력을 드러내는 도시다. 조선시대 건축물이 현재까지 보존되어 있고, 멀리서 찾아오는 손님을 위해 100여 년이 넘는 기간 동안 집을 지은 끈기와 집념을 알아보려면 자세히 오래 보아야 하기 때문이다. 안목해변에 즐비한 현대식 건축물은 새롭고 신선하고, 강릉 시내에 자리한 고택은 예스럽고 숙성된 나무 냄새를 풍기는 것처럼 시간에 따라 변해 가는 건축물을 비교할 수 있는 것도 이 지역의 매력이다. 책에는 체험학습 장소를 중심으로 주변 여행지도 소개했는데, 강릉 시내에도 볼 곳이 많다. 역사에 관심이 많다면 허균과 허난설헌 기념관 그리고 매월당김시습기념관을, 과학에 관심이 많다면 에디슨과학박물관, 참소리축음기박물관을 추가해 여행하면 좋다.

아이와 체험학습, 이렇게 하면 어렵지 않아요!

체험학습 순서와 이동 시간
오죽헌 (도보 3분)→ 시립박물관 (자동차 3분)→ 선교장 (자동차 3분)→ 경포대

교과서 핵심 개념
율곡 이이와 퇴계 이황의 성리학 비교, 율곡의 법제개혁론, 신사임당과 이이의 생애

주변 여행지
안목해변, 강릉통일공원, 등명락가사, 정동진시간박물관

**엄마 아빠!
미리 알아두세요**

강릉은 신사임당과 율곡 이이의 고장이기도 하다. 신사임당(1504~1551)은 시, 그림, 글씨, 자수에 뛰어났던 예술가로 <산수도>, <초충도>, <초서> 등의 작품을 남겼다. 신사임당의 아들인 율곡 이이(1536~1584)는 이황과 쌍벽을 이룬 성리학의 대가로, 일본과 중국의 침략에 대비해 십만양병론을 주장했으며, <격몽요결>, <율곡전서> 등 많은 저서를 남겼다.

보물 제165호로 지정된 조선 초기 건축물 **오죽헌**

연계 과목 한국사

자경문 주변에 자리한 사임당 동상

율곡 이이가 태어난 오죽헌 몽룡실

보물 제165호로 지정된 별당건물로, 조선 초기의 건축 양식을 유추할 수 있는 유서 깊은 곳. 1505년 형조참판을 지낸 최응현의 집이었다가 후대로 내려오면서 집 주위에 검은 대나무가 많아 지금의 이름을 얻었다. 경내에 오죽헌, 문성사, 어제각, 율곡기념관, 안채, 사랑채 등이 있다. 신사임당이 이곳에서 태어났고, 오죽헌 몽룡실에서 율곡 이이가 태어나서 더욱 의미가 깊은 곳이다. 문성사는 율곡의 영정을 모신 사당, 어제각은 정조대왕이 율곡의 학문을 찬양하여 내린 책과 벼루를 보관하기 위해 지은 집이다. 율곡기념관은 오죽헌과 관련된 사람들(신사임당, 율곡 이이, 이매창, 옥산 이우, 고산 황기로 등)의 업적을 살펴볼 수 있는 전시관이다.

🏠 강원도 강릉시 율곡로 3139번길 24 📞 033-660-3301 ⏰ 09:00~18:00(17:00 입장 마감)/ 1월 1일, 설, 추석 휴관(오죽헌 문성사 연중 개방) ⓦ 어른 3천 원, 청소년 2천 원, 어린이 1천 원 ⓘ https://www.gn.go.kr/museum/index.do

연계 과목 한국사, 사회

오죽헌 옆에 자리한 전시관 **강릉시립박물관**

향토민속관, 역사문화관, 야외전시장으로 이루어진 오죽헌 내 박물관. 향토민속관에는 한약방도구, 일상생활용구, 각종 생업도구와 강원도 산간지방에서 사용된 물통방아가 전시되어있어 당시 생활상을 엿볼 수 있다. 세계무형문화유산인 강릉단오제와 국가무형문화재인 강릉농악(제11-4호)의 전 과정이 디오라마로 전시되어있다. 역사문화관에는 영동지방에서 출토된 각종 선사 역사 유물과 도자기, 고서적, 불교 유물 등이 자리한다. 야외전시장에 강릉과 양양의 옛 무덤과 강릉의 옛 집자리 등 유구와 석조미술품이 있다.

강릉시립박물관 입구

강릉시립박물관 전시실

🏠 강원도 강릉시 율곡로 3139번길 24 📞 033-660-3301 ⏰ 09:00~18:00(17:00 입장 마감)/ 1월 1일, 설, 추석 휴관 ⓦ 어른 3천 원, 청소년 2천 원, 어린이 1천 원 ⓘ https://www.gn.go.kr/museum/index.do

민속문화재 제5호로 지정된 전통가옥 **선교장**

연계 과목 한국사

선교장 활래정

선교장

효령대군 11세손인 무경 이내번에 의해 처음 지어져 10대에 걸쳐 증축된 국가 민속문화재 제5호. 99칸의 전형적인 사대부 주택으로 사랑채 건물인 열화당과 연못가에 지어진 활래정이 특히 알려져 있다. 열화당은 1815년에 지어진 건물로 선교장 주인 남자의 거처로 사용됐는데, 현재는 오르간을 설치하여 공연장으로 이용되고 있다. 활래정은 1816년 지어진 정자로 살아있는 물이 끊임없이 흘러온다는 의미를 지닌다. 예전에 배로 다리를 만들어 경포호수를 가로질러 건넜다고 하여 선교장이라는 이름이 붙었다. 선교장을 중심으로 소나무로 둘러싸인 숲길이 조성되었다.

⌂ 강원도 강릉시 운정길 63 ☏ 033-648-5303 ⏲ 09:00~18:00(2월~11월)/ 09:00~17:00(12월~1월) ⓦ 성인 5천 원, 청소년 3천 원, 어린이 2천 원 ① http://www.knsgj.net

고려 말에 창건된 누각 건물 **경포대**

연계 과목 한국사

경포대

경포대 풍경

고려 말인 1326년에 창건된 정면 5칸, 측면 5칸, 기둥 32주의 누각 건물. 조선 초기에 태조와 세조가 지방을 순례할 때 들르던 곳이며, 주변 풍경이 아름다워 옛 시인의 창작 활동에 주요 소재로 활용된 곳이다. 경포대 앞쪽으로 경포호가 자리하는데, 경포호는 바다였다가 해안사구로 막혀 형성된 자연 호수이다. 경포대에서 경포호를 바라보는 경관이 아름다워 많은 사람이 찾는다. 경포대 입구에는 자전거 대여소가 있다.

⌂ 강원도 속초시 영랑호반길 140-1 ☏ 033-637-7009 ⏲ 09:00~18:00

아이에게 꼭 들려주세요!

경포대 주변만 둘러볼 계획이라면 가까이에 있는 참소리축음기박물관, 에디슨과학박물관, 손성목영화박물관을 같이 찾아봐도 좋다. 아버지로부터 물려받은 축음기에 매료된 손성목 관장이 축음기 발명가인 에디슨의 발명품까지 수집하여 박물관으로 꾸민 곳으로, 발명가 에디슨에 관해 궁금한 점과 발명품에 관심이 많은 아이에게 좋은 관람 기회가 될 것이다.

다양한 커피 전문점이 줄지어 있는 해변 **안목해변**

연계 과목 사회

커피 해변이라고 불릴 만큼 산토리니, 애너벨리, 퀸베리 등 다양한 커피 전문점들이 줄지어 들어선 곳. 강릉시는 다양한 커피 관련 행사를 개최하여 커피를 단순한 먹거리에서 문화상품으로 탈바꿈시켰다. 어선이 정박해있던 항구에 요트가 있는 모습도 이국적이고 멋지다.

🏠 강원도 강릉시 창해로 14번길 3 📞 033-660-3887 ⓘ https://www.gn.go.kr/tour/prog/lod/Sights/S01/sub02_02_01/view.do?cid=967

안목해변 내 커피잔 조형물

연계 과목 사회

강릉통일공원

안보 의식 고취를 위해 조성된 곳 **강릉통일공원**

1996년 강릉 무장공비 침투 사건을 계기로 안보 의식 고취를 위해 조성된 곳. 안보교육장 역할을 수행하고 있고, 분단 현실을 느낄 수 있는 곳이기도 하다. 통일 안보전시관과 함정전시관으로 구분된다. 우리나라의 육군, 공군, 해군의 군사 장비와 북한 잠수함을 볼 수 있는데, 전북함과 북한 잠수함은 내부에도 들어갈 수 있다. 통일 안보전시관은 언덕 정상에 있고, 함정전시관은 안보전시관에서 2분 정도 떨어진 도로변에 있어서 도보보다 차로 이동하는 편이 낫다. 통일 안보전시관 중턱에 항일기념공원도 있으니 함께 둘러보자. .

🏠 강원도 강릉시 율곡로 1715-38 📞 033-640-4469 ⏱ 09:00~18:00 ⓦ 성인 2,500~3천 원, 청소년 1,500~2천 원, 어린이 1천 원~1,500원(통일안보전시관 무료) ⓘ http://www.gtdc.or.kr/dzSmart/article/unificationPark_intro.do

---

신라 선덕여왕 때 자장대사가 창건한 절 **등명락가사**

연계 과목 한국사

부처의 힘으로 외세의 힘을 막기 위해 부처의 사리를 석탑 3기에 모시고, 수다사(창건 당시 절 이름)를 지었다. 석탑 3기 중 1기는 현존하는 오층석탑이고, 1기는 한국전쟁 때 없어졌으며, 나머지 1기는 바닷속에 수중탑으로 세워졌다고 전해진다.

🏠 강원도 강릉시 강동면 괘방산길 16 📞 033-644-5337

등명락가사

연계 과목 사회

정동진시간박물관

국내 최초 증기기관차 활용한 전시관 **정동진시간박물관**

모래시계공원 초입에 있는 열차 형태 공간. 시간의 탄생부터 아인슈타인의 시간, 중세의 시간, 현대 작가의 눈으로 본 시간 등 시간을 주제로 한 독특한 전시 공간. 해시계, 물시계, 모래시계, 수정시계, 원자시계 등 다양한 시계를 구경할 수 있다.

🏠 강원도 강릉시 강동면 헌화로 990-1 📞 033-645-4540 ⏱ 09:00~18:00(5월~10월, 17:30 입장 마감)/ 09:00~17:00(11월~4월, 16:30 입장 마감) ⓦ 일반 7천 원, 중·고등학생 5천 원, 어린이 4천 원 ⓘ http://timemuseum.org

체험학습 결과 보고서

체험학습 일시	○○○○년 ○월 ○일
체험학습 장소	강원도 강릉시 선교장
체험학습 주제	선교장의 역사적 의미를 알아보기, 고택 둘러보기
체험학습 내용	**1. 선교장의 역사적 의미를 알아보기** 선교장을 보는 데 30분 코스와 50분 코스가 있었는데, 우리는 2코스인 50분 코스로 선교장을 둘러보았다. 100여 년 동안 꾸준히 건물을 지어서 현재와 같은 모습을 이루었다고 한다. 선교장의 나이는 300년이 넘는다고 한다. 우리나라 전통 가옥인 한옥을 가까이에서 볼 수 있어서 좋았다. **2. 고택 둘러보기** 과거에 열화당은 사랑채로 이용되었고, 현재에는 음악회가 이루어지는 곳이다. 활래정은 조용하고 고요한 정자였다. 옛날 이곳에는 많은 풍류가와 시인이 머물렀다고 한다. 선교장 사무실은 일제강점기 때 신학문을 가르친 동진학교 터였다고 한다.
체험학습 사진	 둘레길에서 본 열화당 주변 선교장 유물 전시관 전시실

⑤

한반도 동남부에 자리한 대한민국 최대의 공업 지역

경상도

다보탑과 석가탑
앞에서 사진을
담아보세요.

● 불국사

가야의 시작을 알린 김수로
왕의 흔적을 찾아보세요.

자유와 평화를
수호하기 위해
헌신한 분들을
기억해주세요.

수로왕릉 ● ● 재한유엔기념공원

이순신순국공원 ●　　　● 거제포로수용소유적공원

임진왜란 당시 치열한
전투가 벌어졌던 장소를
따라가 보세요.

전쟁의 참상과
아픔을 느낄 수
있어요.

체험학습을 위한 여행 Tip

✦ 신라와 가야 문화를 경험할 수 있습니다. 곳곳에 보물이 숨겨져 있어요.

✦ 전쟁의 아픔과 상처를 간직한 곳이 있습니다. 경건한 마음으로 둘러보세요.

✦ 이순신 장군의 흔적을 찾아가는 코스는 필수입니다.

✦ 동해와 남해를 따라 아름다운 풍경이 펼쳐집니다.

체험학습을 위한 여행 주요 코스

재한유엔기념공원	유엔평화기념관	국립일제강제동원역사관

거제포로수용소유적공원	칠천량해전공원	옥포대첩기념공원

역동적인 관광·문화 도시

부산

연계 과목 한국사, 사회

부산은 관광 도시이면서 전쟁과 억압의 고통과 인고의 세월을 지닌 역사적·문화적인 도시이기도 하다. 바다와 접한 지리적 여건으로 외세의 침략 전쟁에 노출된 적도 많고, 한국전쟁에 참전하여 고국으로 돌아가지 못한 장병의 얼이 묻힌 곳이며, 일제강점기 노동과 물자 수탈의 아픈 역사가 기록된 곳이기 때문이다. 이처럼 부산은 다채로운 곳이니 역사적 장소에서 그 의미를 새겨보며 더불어 영도, 태종대, 해운대 등 바다와 접한 멋진 풍광을 즐겨보자. 책에 소개된 체험학습 장소는 다채롭고 역동적인 이미지로만 부산을 떠올리는 이에게는 색다르게 다가올 수 있다. 관광을 빼놓을 수 없는 도시이지만 그에 버금가는 역사와 문화 관련 장소도 많은 곳이니, 또 다른 시각에서 부산을 여행해보자.

아이와 체험학습, 이렇게 하면 어렵지 않아요!

체험학습 순서와 이동 시간
재한유엔기념공원 (도보 10분)→ 부산박물관 (도보 15분)→ 유엔평화기념관 (도보 5분)→ 국립일제강제동원역사관

교과서 핵심 개념
한국전쟁, 한국전쟁 전후 대한민국의 정치와 경제 상황, 선사시대 유물, 일제강점기 역사(연표), 일제강점기 시대 구분(무단통치, 문화통치, 민족말살통치)

주변 여행지
영도해녀문화전시관, 동삼동패총전시관, 태종대 유원지, 누리마루APEC하우스

엄마 아빠! 미리 알아두세요

부산은 면적이 넓고 다양한 문화유산을 품고 있는 도시이기 때문에, 여행할 때는 테마를 선정해서 이동하는 게 효율적이다. 예를 들어, 동래 복천박물관을 중심으로 여행하기를 원한다면, 복천동 고분, 동래읍성 역사관, 동래읍성지, 충렬사 등을 둘러보는 코스가 적당하다.

재한유엔기념공원 내 유엔 묘소와 참전국 깃발

재한유엔기념공원

연계 과목 한국사, 사회

한국전 참전 유엔군 추모 공간 **재한유엔기념공원**

한국전쟁에 참전하여 대한민국의 자유와 평화를 위해 생명을 바친 11개국 2,300여 명 유엔군 장병의 희생을 기리기 위해 조성된 곳. 유엔이 지정한 세계 유일 유엔 기념 묘지다. 장병들의 다양한 종교적 배경을 고려하여 건립한 추모관이 있고, 공원에 안장을 희망한 분들의 참전용사묘역과 7개국 전몰장병의 묘역인 주묘역이 자리한다. 공원입구에 유엔군 40,896명의 이름이 새겨진 추모명비가 있다.

⌂ 부산시 남구 유엔평화로 93　☏ 051-625-0625　⊙ 09:00~17:00(10월~4월)/ 09:00~18:00(5월~9월)　ⓦ 무료　ⓘ http://unmck.or.kr

아이에게 꼭 들려주세요!

한국전쟁 때 전투지원국은 호주, 벨기에, 캐나다, 콜롬비아, 에티오피아, 프랑스, 그리스, 룩셈부르크, 네덜란드, 뉴질랜드, 필리핀, 남아프리카공화국, 태국, 터키, 영국, 미국이다. 의료지원국은 덴마크, 독일, 인도, 이탈리아, 노르웨이, 스웨덴이다. 유엔기념공원에는 11개국의 안장자들이 잠들어 있는데, 해당 국가는 호주, 캐나다, 프랑스, 네덜란드, 뉴질랜드, 노르웨이, 남아프리카공화국, 터키, 영국, 미국, 대한민국이다.

연계 과목 한국사

부산의 역사 문화 전시관 **부산박물관**

선사시대부터 근대까지 부산의 역사와 문화 관련 유물을 전시한 곳. 부산에서 출토된 유물 6만 4천여 점을 소장하고 있고, 크게 동래관(구석기시대~고려시대)과 부산관(조선시대~근현대시대)으로 구분된다. 동래 지역에서 구석기시대부터 고려시대까지 발굴하여 수집한 유물이 많아 '동래관'이라는 상징적인 이름이 붙여졌고, 조선시대 이후부터 '부산'이라는 지명이 사용되어 '부산관'이라고 이름 지어졌다. 역사교육 및 체험 프로그램을 운영 중이고, 어린이 활동지(유아용, 7~9세용, 10~13세용)가 비치되어있다.

⌂ 부산시 남구 유엔로 152　☏ 051-610-7111　⊙ 09:00~18:00/ 월요일 휴관　ⓦ 무료　ⓘ http://museum.busan.go.kr/busan

부산박물관

부산박물관

한국전 참전 국가와 용사 추모관 유엔평화기념관

연계 과목 한국사, 사회

유엔평화기념관 전시실

유엔평화기념관

유엔평화기념관은 한국전쟁에 참여한 참전국과 참전용사를 기리기 위해 건립된 세계 유일의 기념관. 1층 한국전쟁실과 제1기획전시실에서 한국전쟁 발발부터 1953년 7월 27일 정전협정이 체결되기까지 3년 1개월간의 처참하고 급박하던 상황을 유물과 영상으로 보여준다. 2층 UN참전기념실에는 한반도의 평화를 지키기 위해 참전한 전투지원국 16개국과 의료지원국 6개국 등 22개국의 활동상이 전시되어있다. UN국제평화실에서는 UN의 탄생부터 지금까지의 활동과 지구촌 곳곳의 참상을 알려주고, 우리가 나아갈 방향을 고민하게 한다. 3층에는 UN참전국과 UN 관련 작은 도서관이 있고, 4층과 5층 전망대에서 유엔평화기념관 앞마당과 멀리 유엔기념공원까지 한눈에 담을 수 있다.

⌂ 부산시 남구 홍곡로 320번길 106 ☏ 0507-1446-1400 ⏲ 10:00~18:00/ 월요일, 1월 1일, 설 및 추석 전날과 당일 휴관 ₩ 무료 ①
https://unpm.or.kr/un2022/main.php

일제의 조선인 강제 동원 관련 공간 국립일제강제동원역사관

연계 과목 한국사, 사회

국립일제강제동원역사관 전시물

1937년 중일전쟁 발발 후 일본은 본격적으로 조선인에 대한 강제 동원을 시행했다. 부산항은 대부분의 강제 동원 출발지였고, 강제 동원자의 약 22%는 경상도 출신이었다고 한다. 4층과 5층 상설전시실에 강제 동원의 기억을 담은 기억의 터널과 강제 동원의 개념과 실체가 전시된다. 피해자의 증언과 수기, 강제 동원 유형, 지역별 강제 동원 현황, 강제 동원 과정과 저항 형태, 피해자의 귀환 과정 등 끝나지 않은 고통으로 채워졌다. 한수산의 소설과 영화로도 잘 알려진 지옥 탄광 <군함도>를 재현한 전시와 일본군 '위안소' 전시는 다소 충격적이다. 잊어서는 안 될 일제 침탈의 역사가 이곳에 담겨있다.

⌂ 부산 남구 홍곡로 320번길 100 ☏ 051-629-8600 ⏲ 09:30~17:30/ 월요일, 1월 1일, 설, 추석 휴관 ₩ 무료 ① https://www.fomo.or.kr/museum

아이에게 꼭 들려주세요!

강제 동원은 일본 제국주의가 아시아, 태평양 지역에서 무자비하게 자행한 인적·물적 동원과 자금 통제를 통칭한다. 일본 나가사키 항에서 약 18km 떨어진 군함도(하시마)에는 해저 탄광인 하시마 탄광이 있었는데, 1943~1945년 사이 500~800명의 조선인이 이곳에 강제 동원된 것으로 추정된다. 육지 탄광에 비해 사망 사고가 잦았고, 가혹 행위도 심해서 지옥의 섬으로 불렸다.

영도 해녀 문화 보존을 위한 곳 영도해녀문화전시관

영도해녀문화전시관 전시실

연계 과목 사회

해녀는 산소 공급 장치 없이 바다에 들어가서 각종 해산물을 채취하는 여성으로, 국가무형문화재로 등록되어있다. 영도 해녀는 1887년 제주 해녀가 '경상남도 부산부 목도(영도)'에 온 게 시초라고 한다. 전시실에 해녀복과 물질 도구 등이 전시되어 있고, 한쪽 벽면에 설치된 버튼을 누르면 숨비소리(해녀의 호흡 소리)를 들을 수 있다.

⌂ 부산시 영도구 중리남로 2-36 ☏ 051-419-4505 ⊙ 09:00 ~18:00/ 월요일, 1 월 1일, 설, 추석 휴관(1층 해녀수산물판매장 연중무휴) ⓦ 무료

연계 과목 한국사

동삼동패총전시관 전시실

동삼동패총 유물 보존을 위한 전시관 동삼동패총전시관

신석기 시대 유적인 동삼동패총에서 출토된 유물들은 남해안 지역 신 석기문화의 변천 과정을 보여주고, 이때 발견된 집자리, 무덤, 화덕자리 등으로 생활상의 변화까지 종합적으로 확인할 수 있다. 일본 규슈지역 의 죠몽토기와 흑요석 등이 다량 출토되어 당시 한반도와 일본 열도 사 이의 문화 교류 양상까지 알아볼 수 있다.

⌂ 부산시 영도구 태종로 729 ☏ 051-403-1193 ⊙ 09:00~18:00/ 월요일, 1월 1 일 휴관 ⓦ 무료

부산의 대표적인 해안 관광 명소 태종대 유원지

연계 과목 과학

부산 영도 해안 최남단에 있는 유원지. 울창한 숲과 해식 절벽, 기암괴 석이 푸른 바다와 조화를 이룬다. 날씨가 좋은 날 태종대 전망대에 오 르면 해안 절경뿐만 오륙도, 거제도, 일본의 쓰시마 섬까지 한눈에 조 망할 수 있다.

태종대유원지

⌂ 부산시 영도구 전망로 24 ☏ 051-405-8745 ⊙ 04:00~24:00(공원, 3월~10 월)/ 05:00~24:00(공원, 11월~2월)/~20:00(등대, 자갈마당 등 해안가) ⓦ 무료 ⓘ www.bisco.or.kr/taejongdae

아이에게 꼭 들려주세요!

태종대는 부산국가지질공원에 속하는 지질학적으로 중요한 곳이다. 이곳에는 호수에서 쌓인 퇴적층이 융기되어 지표에 노출된 후에 해 수면 상승으로 파도에 의해 침식되어 만들어진 파식 대지, 해식애, 해식동굴 등이 발달해있다. 또한, 혼펠스(변성암) 구조와 단층과 같은 지질 구조를 발견할 수 있다.

연계 과목 한국사, 사회

누리마루APEC하우스

APEC 정상회담 장소 누리마루APEC하우스

한국 전통 건축 양식인 정자를 현대적으로 표현한 공간(지붕 형태는 동 백섬의 능선을 형상화한 것)으로 아시아태평양경제협력체(APEC) 정상회 담이 진행된 곳. 누리마루 전망대에서 해운대해수욕장과 광안대교의 빼어난 경관을 한눈에 내려다볼 수 있다.

⌂ 부산시 해운대구 동백로 116 ☏ 051-743-1974 ⊙ 09:00~ 18:00(17:00 입장 마감)/ 첫째 주 월요일 휴관 ⓦ 무료 ⓘ http://www.busan.go.kr/nurimaru

체험학습 결과 보고서

체험학습 일시	○○○○년 ○월 ○일
체험학습 장소	부산시 남구 부산박물관
체험학습 주제	스티커로 부산에서 출토된 구석기시대와 신석기시대 유물 알아보기
체험학습 내용	1. 구석기시대 유물 스티커 붙이기 구석기시대에는 긁개, 밀개, 찍개, 모룻돌, 격지석기를 사용하였다. 손으로 하기 힘들고 어려운 작업을 할 때 긁개와 찍개를 사용하면 쉽고 편할 듯하다. 구석기시대 사람들도 도구를 사용했다는 사실이 놀라웠다. 2. 신석기시대 유물 스티커 붙이기 동삼동패총은 신석기시대 사람들이 조개류를 먹고 남은 껍질을 버린 쓰레기장이었다. 동삼동패총에서 발견된 유물은 빗살무늬토기, 흑요석, 낚싯바늘, 고래 뼈, 토기 조각, 조개 가면, 갈돌과 갈판 등이다.
체험학습 사진	 부산박물관 청동기 전시물 부산박물관 전시실

김해분청도자박물관

김해시

진례면

김해가야테마파크

국립김해박물관

대성동 고분박물관

수로왕릉

김해민속박물관

봉황동유적패총전시관

율하유적공원

장유면

수로왕릉 전경

22

금관가야의 옛 수도
김해

연계 과목 한국사, 사회

<삼국유사>에 따르면, 서기 42년 6개의 황금알을 깨고 6명의 사내아이가 태어나 가야의 임금이 되었는데, 여섯 가야는 김해 금관가야, 함안 아라가야, 고성 소가야, 성주 성산가야, 고령 대가야, 상주 고령가야이다. 기원전 1세기경 한반도 남부지방에서 발생해서 562년 대가야가 멸망하기까지 600여 년에 걸쳐 번성한 가야 연맹이 남긴 고분은 영호남 지역을 통틀어 780개에 달한다. 여섯 가야 가운데 제일 처음 나타난 아이가 '수로'이고, 수로가 세운 나라가 바로 김해의 금관가야이다. 즉 김해는 가야의 시작을 알리는 곳이다.

아이와 체험학습, 이렇게 하면 어렵지 않아요!

체험학습 순서와 이동 시간
국립김해박물관 (도보 15분)→ 대성동 고분박물관 (도보 15분)→ 수로왕릉 (자동차 20분)→ 김해가야테마파크

교과서 핵심 개념
고대 무덤의 축조 과정, 청동기시대 문화, 가야 연맹(6가야)의 성립과 발전 과정, 금관가야와 대가야 비교(건국 시조, 고분군, 발전 시기, 경제, 문화 등)

주변 여행지
김해민속박물관, 봉황동유적패총전시관, 율하유적공원, 김해분청도자박물관

엄마 아빠!
미리 알아두세요

대성동 고분군을 탐방하면 무덤 형태가 다양하게 나오는데, 각각의 특징을 간단히 알아가는 게 좋겠다.
- 널무덤(토광묘): 땅에 구덩이를 파고 시체를 묻은 무덤.
- 독무덤: 시체를 안치하는 데 독(항아리)을 사용한 무덤.
- 덧널무덤(목곽묘): 널(관)을 넣기 위해 나무로 주변에 매장 시설을 만든 무덤.
- 돌방무덤(석실묘): 돌로 널을 안치하는 방과 널길을 만들고 맨 위에 흙으로 봉분을 만든 무덤.
- 구덩식 돌덧널무덤(수혈식 석곽묘): 구덩이를 파서 돌로 네 벽을 쌓아 시신과 유물을 묻고 큰 돌을 덮은 무덤.

국립김해박물관 전경

국립김해박물관 전시실

연계 과목 한국사, 사회

가야 문화 관련 전시관 **국립김해박물관**

가야문화의 우수성을 알리기 위해 1998년 건립된 박물관이다. 가야는 낙동강 서쪽의 변한 지역에 있던 여러 세력 집단이 성장한 나라로, 박물관은 가야의 건국 설화가 깃든 김해시 구지봉 기슭에 자리한다. 다른 고대 국가들에 비해 역사 기록이 거의 남아있지 않지만, 고구려 광개토대왕비, 조선시대의 기록물, 일제강점기 그리고 현재에 이르는 수많은 유적 발굴을 통해 가야의 존재와 실체가 드러나고 있다. 여타 국립박물관이 그 지역의 역사와 문화, 생활 모습, 유물 전시에 중점을 둔다면, 김해 박물관은 가야사를 복원하는 고고학 중심의 유적 발굴 박물관으로 봐도 좋다. 변한의 유물, 전기 가야의 유물, 지역별로 형성된 가야문화를 전시하고 있다. 교육관 가야누리에서 어린이 대상 교육 프로그램을 운영 중이다.

⌂ 경상남도 김해시 가야의길 190 ☏ 055-320-6800 ⊙ 09:00~18:00/ 월요일 휴관 ⓦ 무료 ⓘ http://gimhae.museum.go.kr

---

연계 과목 한국사

대성동고분군 출토 자료 전시관 **대성동고분박물관**

대성동 고분군 모형전시 및 개별 고분들의 다양한 묘제 형식과 부장품이 전시되어 있고, 고인돌, 독무덤, 널무덤, 덧널무덤, 구덩식돌덧널무덤, 돌방무덤 등 여러 형식의 무덤 형성 과정을 모형으로 재현한 곳. 대성동 고분군은 전기 가야의 중심 고분군으로, 금관가야의 실체를 파악하는 데 있어 중요한 유적지로 평가받는다.

⌂ 경상남도 김해시 가야의길 126 ☏ 055-350-0401 ⊙ 09:00~18:00/ 월요일, 1월 1일, 설, 추석 휴관 ⓦ 무료 ⓘ http://www.gimhae.go.kr/ds.web

대성동고분박물관 전시실

대성동고분박물관 야외

아이에게 꼭 들려주세요!

국립김해박물관이 가야의 역사와 문화를 두루 다루고 있다면, 대성동고분박물관은 금관가야 최고 지배계층의 무덤인 대성동고분군을 중심으로 특화된 전시를 하고 있다. 9차에 걸친 대성동고분 발굴 조사 결과 금관가야 지배계층의 묘역과 피지배층의 묘역이 별도 조성되었다는 것과 무덤의 변화 과정으로 고대사회의 생활상과 문화를 알 수 있게 되었다.

금관가야(가락국) 시조인 수로왕의 무덤 **수로왕릉**

연계 과목 한국사, 사회

수로왕릉

수로왕릉

김해 김씨의 시조인 수로왕릉은 납릉이라고도 한다. 높이 약 5m인 무덤 주변은 왕릉공원으로 조성되어있다. 수로왕과 왕비의 신위를 모신 숭선전, 가락국 왕과 왕비의 신위를 모신 숭안전, 숭신각과 신도비, 안향각, 전사청, 제기고 등의 전각이 자리한다.

⌂ 경상남도 김해시 가락로 93번길 26 ☏ 055-332-1094 ⊘ 08:00~19:00(3월, 10월)/ 08:00~20:00(4월~9월)/ 09:00~18:00(11월 ~2월) ⓦ 무료

> **아이에게 꼭 들려주세요!**
>
> 한국사에서 6가야 연맹 중 금관가야와 대가야는 서로 비교된다. 금관가야의 시조는 김수로왕, 대가야의 시조는 이진아시왕이다. 금관가 야는 김해 지역을 중심으로 전기 가야 연맹을 주도했고, 대가야는 고령 지역을 중심으로 후기 가야 연맹을 주도했다. 대성동 고분군은 금관가야 무덤이고, 지산동 고분군은 대가야 무덤이다. 금관가야는 신라 법흥왕(532년) 때 멸망했고, 대가야는 신라 진흥왕(562년) 때 멸망했다.

가야 왕국 관련 체험 시설 **김해가야테마파크**

연계 과목 한국사

김해가야테마파크

가야왕국의 웅장한 기상과 화려한 문화를 놀이, 체험, 전시를 통해 보고, 듣고, 만지며 배울 수 있는 체험형 테마파크. 가야국의 역사를 탐험하려면 가야 왕궁인 태극전과 가락정전으로 가보자. 가야 왕궁을 생생하게 재현해 놓았고, 수로왕과 허황후(수로왕비)의 이야기로 전시를 구성했다. 가야무사어드벤처에 시원한 바다 분수와 다채로운 놀이시설이 마련되어있고, 익사이팅 타워와 익사이팅 사이클 등 놀이기구를 타고 짜릿한 체험을 즐길 수 있다. 신어가든, 거북가든 등 사계절 산책 코스도 있고, 밤에는 미디어파사드 쇼를 즐겨도 좋다.

⌂ 경상남도 김해시 가야테마길 161 ☏ 055-340-7900 ⊘ 09:00~21:00(주중)/ 09:00~22:00(주말, 공휴일)/ 전시관과 체험시설 운영 시간 상이/ 야간 개장 운영 누리넷 확인 가능, 기상 상황별 변동 ⓦ 어른 5천 원, 청소년 4천 원, 어린이 3천 원(체험비 별도) ⓘ https://www.gaya-park.com/index.do

수로왕릉 인근에 자리한 농경문화 전시관 **김해민속박물관**

연계 과목 사회

우리 민속 문화와 김해 지역 농경문화를 이해하는 데 도움을 주는 공간. 1층에 조선 후기부터 근현대에 이르기까지 민속품, 혼례용품, 제례용품 등이 전시되어있다. 거문고, 가야금, 북, 바라 등의 전통 악기 소리를 잠시 듣고, 김홍도의 <풍속도>를 보며 당시 민속 문화를 대할 수 있다. 2층에 옛집을 재현해놓았고, 농기구와 생활 도구도 전시되어있다. 김해의 민속 문화인 오광대와 석전놀이도 알아갈 수 있다.

김해민속박물관 전시실

🏠 경상남도 김해시 분성로 261번길 35 📞 0507-1381-2646 🕘 09:00~18:00(17:00 입장 마감)/ 월요일, 1월 1일, 설, 추석 휴관 ⓦ 무료 ⓘ http://ghfolkmuseum.or.kr

연계 과목 한국사, 사회

선사시대 조개무덤 **봉황동유적패총전시관**

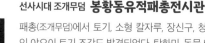
봉황동유적패총전시관

패총(조개무덤)에서 토기, 소형 칼자루, 장신구, 청동경과, 일본계 유문인 야요이 토기 조각도 발견되었다. 탄화미, 동물 뼈, 패각 등 다양한 자연 유물도 같이 출토되어 당시 생활상을 조사하는 데 근거 자료를 제공한다. 도보로 10분 거리에 봉황동 유적지가 있다.

🏠 경상남도 김해시 가락로 63번길 51 📞 055-330-7313 🕘 연중무휴 ⓦ 무료

김해 율하지구 발굴 유적지이던 공원 **율하유적공원**

연계 과목 한국사

청동기시대 주거지와 지석묘, 삼국시대 목곽묘와 석곽묘, 고려시대 건물지, 조선시대 민묘와 건물지 등 중요 문화재가 대거 발견된 곳이 율하지구 유적지. 발굴 당시의 진행 과정, 유적지의 고고학적 가치와 관련 자료는 공원 내 율하유적전시관에 전시되어있다. 율하 공원 A, B 구역에서 조사된 지석묘는 당시 사람의 권력 표현 방식을 드러내고 있다.

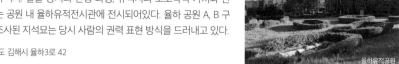
율하유적공원

🏠 경상남도 김해시 율하3로 42

연계 과목 사회, 예술

도자기와 분청사기 전시관 **김해분청도자박물관**

김해분청도자박물관 전시실

도자기와 분청사기의 제작기법과 변천 과정을 안내하는 곳. 분청사기실에는 다양한 글자가 새겨진 도자기 유물을 전시하고 있다. 김해도자문화와 김해 지역의 가마터도 소개하고 있다. 세라믹스튜디오에서 도자기 만들기 등 다양한 체험 프로그램을 운영 중이다.

🏠 경상남도 김해시 진례면 진례로 275-35 📞 055-345-6036 🕘 09:00~18:00(17:30 입장 마감)/ 월요일, 1월 1일, 설, 추석 휴관 ⓦ 무료(체험비 별도) ⓘ http://doja.gimhae.go.kr

아이에게 꼭 들려주세요!

분청사기는 14세기 후반에 청자의 뒤를 이어서 16세기 전반까지 약 150년 동안 제작된 자기. 회색 또는 회흑색 흙 위에 백토를 바른 후 유약을 씌워서 구워낸다. 김해 지역은 우리나라에서 도자 문화가 발달한 곳 중 하나로, 신석기시대 토기를 시작으로 가야토기, 고려청자, 분청사기, 조선백자에 이르기까지 일만 년에 걸쳐 다양한 도자기를 생산하였고, 중앙 관청에 공납하는 역할을 담당하던 곳이다.

체험학습 결과 보고서

체험학습 일시	○○○○년 ○월 ○일
체험학습 장소	경상남도 김해시 김해가야테마파크
체험학습 주제	가야 왕궁인 태극전 둘러보기, 활쏘기 체험하며 가야 역사 살펴보기
체험학습 내용	1. 가야 왕궁인 태극전 둘러보기 태극전에는 수로왕과 수로왕비가 처음 만난 날이 기록되어 있었다. 왕이 앉았다는 어좌에 앉아 사진을 찍었다. 가야의 철기 문화와 가야토기 유물도 살펴보았다. 거대한 황금 거북과 천장에 매달린 신어 두 마리가 인상적이었다. 2. 활쏘기 체험하며 가야 역사 살펴보기 전사 체험장에서는 활 만들기와 국궁 체험을 할 수 있었다. 어른들이 하는 곳은 활을 쏘는 곳과 과녁 사이의 거리가 멀었는데, 이게 국궁이라고 했다. 국궁은 우리나라 전통 양궁이다. 나는 사과 모양의 과녁 정중앙을 향해 화살을 쏘았으나, 제대로 꽂히지 않고 튕겨져 나왔다. 팔과 손가락에 힘을 주며 쏘았더니 나중에는 저리고 아팠다.
체험학습 사진	 테마파크 내 태극전 테마파크 내 인도 전시관 아요디아

경주박물관 내 다보탑(복제물)

23

천 년의 시간을 담은 역사·문화 도시

경주

연계 과목 한국사, 사회

경주는 한 발 움직일 때마다 신라의 문화 유적지를 밟고 있다고 생각해도 좋은 곳이다. 경주대릉원 일원의 유적지, 보문관광단지, 경주남산권 유적지 등 주요 여행지가 걸어서 이동할 수 있는 가까운 거리에 집약적으로 모여 있는 것은 이 지역의 장점이다. 밀집된 유적지를 하나하나 돌아보는 것도 흥미롭지만, 먼저 국립경주박물관에서 경주 지역의 유적지를 한눈에 살펴보는 것도 좋다. 경주 화랑지구에서 관람할 수 있는 유적지(김유신장군묘, 천마총, 무열왕릉, 첨성대 등)는 국립경주박물관에서 짧게 학습할 수 있다. 박물관, 유적지, 문학관 등을 두루 둘러보며 곳곳에 있는 경주역사문화탐방 스탬프 투어 장소에서 스탬프를 찍으면서 여행을 즐겨보자.

아이와 체험학습, 이렇게 하면 어렵지 않아요!

체험학습 순서와 이동 시간
국립경주박물관 (자동차 20분)→ 불국사 (도보 4분)→ 불국사박물관 (도보 11분)→ 동리목월문학관

교과서 핵심 개념
신라의 불교문화, 신라시대 대표 석탑, 고려시대 몽고의 침입과 항전, 김동리의 대표 소설(<무녀도>, <을화>, <역마> 등), 박목월의 대표 시(<나무>, <연륜>, <산도화> 등)

주변 여행지
석굴암, 분황사, 황룡사지, 경주세계자동차박물관

**엄마 아빠!
미리 알아두세요**

불국사 경내에 있는 다보탑과 석가탑, 청운교와 백운교를 만든 암석 재료는 화강암이다. 화강암은 마그마가 지하 깊은 곳에서 식어 굳어진 암석(화성암 중 심성암)으로, 표면이 밝고 단단하다. 암석 표면에 밝고 어두운 점 같은 모양은 석영, 장석, 흑운모 등 화강암을 구성하는 광물(암석을 이루는 기본 물질)이다.

연계 과목 한국사

주박물관 내 다보탑(복제물)과 석가탑(복제물)

아이에게 꼭 들려주세요!

국립경주박물관 주변은 경주역사유적지구가 산재한 경주 시 내권이다. 대릉원(황남리 고분군), 천마총(일반에게 공개되는 155호 고분), 대릉원 일대 고분군(봉황대, 서봉총, 금관총), 첨성대(천문관측대), 동궁과 월지, 오릉(박혁거세왕, 알영왕비, 남해왕, 유리왕, 파사왕)을 둘러보는 데 하루로는 부족하다. 박물관에서 주변 유적지를 살펴보고, 책에 제시된 코스를 따라 여행하는 게 효율적일 것이다.

신라의 문화유산 전시관 **국립경주박물관**

경주역사유적지구 내에 자리하여 박물관 관람 후에 주변 궁궐터와 능묘까지 둘러볼 수 있다. 경주박물관은 건물 한 동이 하나의 거대한 전시실로 꾸며져 있는데, 신라역사관, 신라미술관, 월지관으로 이름 붙여졌다. 신라역사관에서는 신라의 건국과 성장, 번영과 관련한 전시물이 소개되어 있다. 황금보검, 얼굴무늬 수막새와 같은 보물과 천마총 금관, 도기 기마인물형 뿔잔 등 국보가 전시되어있다. 신라미술관에서는 찬란하던 불교문화 관련 전시물을 관람할 수 있고, 성덕대왕신종 소리 체험관에서 신종의 울림을 체험할 수 있다. 월지관에서는 경주 동궁과 월지 출토품을 주제별로 전시하고 있다. 정원에 성덕대왕신종과 고선사터 삼층석탑 등이 전시되어 있다.

🏠 경상북도 경주시 일정로 186 📞 054-740-7500 ⏰ 10:00~18:00(월~금)/ 10:00~21:00(마지막 주 수요일)/ 10:00~21:00(3월~12월, 토요일)/ 10:00~19:00(1월, 2월, 토요일)/ 10:00~19:00(일요일, 공휴일)/ 1월 1일, 설, 추석 휴관 ⓦ 무료 ⓘ http://gyeongju.museum.go.kr

---

연계 과목 한국사

신라의 과학과 미학이 이루어낸 사찰 **불국사**

신라 경덕왕 10년(751) 창건된 토함산 서남쪽에 자리 잡은 사찰. 국보인 다보탑과 석가탑, 청운교와 백운교, 연화교와 칠보교, 보물은 불국사 대웅전 등의 문화재에서 신라인의 돌 다루는 솜씨를 대할 수 있다. 부처의 이상을 조화와 균형으로 표현한 건축적으로도 뛰어난 곳으로, 신라인들의 과학과 미학이 이루어 낸 신라 문화의 정수라고도 할 수 있다. 1995년 12월 9일 유네스코 지정 세계문화유산으로 지정되었다.

🏠 경상북도 경주시 불국로 385(경주역사문화탐방 스탬프 투어 장소) 📞 054-746-9913 ⏰ 09:00~17:00(월~금요일)/ 08:00~17:00(토, 일요일)/ 17:00 매표 마감, 18:30 퇴장/ 월요일, 1월 1일, 설, 추석 휴관 ⓦ 성인 6천 원, 중·고등학생 4천 원, 초등학생 3천 원 ⓘ http://www.bulguksa.or.kr

불국사

아이에게 꼭 들려주세요!

불국사와 석굴암은 신라의 재상 김대성이 만들었다. <삼국유사>에 따르면, 김대성은 가난한 집안에서 태어났다가 죽어서 환생했는데, 이생의 부모를 위해 불국사를 짓고, 전생의 부모를 위해 석굴암을 지었다고 한다. 다보탑 기단의 돌계단 위에 놓인 네 마리의 돌사자 중 보존 상태가 좋았을 것으로 추측되는 세 마리는 일제가 약탈하여 행방을 알 수 없다.

불국사 창건 및 역사 관련 전시관 **불국사박물관**

불국사 창건과 관련한 역사와 다보탑, 석가탑, 백운교 등 불국사 주요 건축물의 역사까지 두루 살펴볼 수 있는 곳. 불국사의 역사 전시실에 통일신라의 금동불상, 석가탑 보수 과정을 기록한 고려시대의 문서 등이 전시되어있고, 불국사 전각에 사용된 벽돌과 기와 등은 모형과 영상 자료로 관람할 수 있다. 1996년 10월 석가탑에서 발견된 사리장엄구를 볼 수 있는데, 여기에는 세계 최고의 목판 인쇄물인 <무구정광대다라니경>이 포함되어있다. 그 외 불상과 불화, 기증 유물을 전시한 전시실로 구성되어있다.

⌂ 경상북도 경주시 불국로 385 ☏ 054-745-2100 ⏰ 09:00~18:00(3월~9월)/ 09:00~17:00(10월~2월)/ 월요일, 1월 1일, 설, 추석 휴관 ⓦ 어른 2천 원, 어린이·청소년 1천 원

> **아이에게 꼭 들려주세요!**
>
> 사리장엄은 부처님의 사리를 용기에 모시고 여러 공양품과 함께 탑 안에 봉안하는 것. 석가탑 사리장엄은 8세기 통일신라 때와 1038년 고려시대 때 탑을 수리하면서 안치할 때이다. 석가탑에서 다양한 장신구, 목제소탑, 향, 비단, <무구정광대다라니경> 등이 발견되었다. <무구정광대다라니경>은 탑을 세우면 선한 공덕을 쌓는다는 내용의 불교 경전이다.

김동리와 박목월의 문학 정신 담은 곳 **동리목월문학관**

경주 출신으로 소설과 시 분야에서 굵은 업적을 남긴 두 문인인 김동리와 박목월을 기리기 위한 문학관이다. 입구에 들어서면 좌우로 김동리 문학관과 박목월 문학관이 자리한다. 각 전시실에서는 두 작가의 작품 세계, 소설과 시의 배경이 된 경주, 문학 작품, 흉상 등이 전시되어 있다. 김동리의 소설 <등신불>, <황토기>, <무녀도>는 영상과 모형으로 내용을 확인할 수 있고, 박목월의 시는 유리에 각인된 전시물이 사진을 바탕으로 소개되어있다. 별관에는 신라를 빛낸 인물(신라의 왕, 재상, 장군, 화랑, 학자, 예술가, 고승 등)에 대한 전시관인 인물관이 자리한다.

⌂ 경상북도 경주시 불국로 406-3(경주역사문화탐방 스탬프 투어 장소) ☏ 054-779-6090 ⏰ 09:00~18:00(3월~10월)/ 09:00~17:00(11월~2월)/ 월요일, 1월 1일, 설, 추석 휴관 ⓦ 무료 ⓘ http://dml.gyeongju.go.kr

자연석을 다듬은 사원 **석굴암**

연계 과목 한국사, 사회

석굴암 입구

자연석 돔 위에 흙을 덮어 굴처럼 보이게 한 석굴사원. 둥근 천장은 360여 개의 넓적한 돌로 축조되었다. 신라 경덕왕 10년에 김대성이 창건하여 774년 혜공왕 때 완공되었다. 석굴암 본존불은 단단한 화강암을 조각한 것으로 종교성과 예술성이 높다.

⌂ 경상북도 경주시 불국로 873-243(경주역사문화탐방 스탬프 투어 장소) ☏ 054-746-9933 ⊘ 09:00~17:00(월~금요일)/ 08:00~17:00(토, 일요일)/ 17:00 매표 마감, 18:30 퇴장/ 월요일, 1월 1일, 설, 추석 휴관 ⓦ 성인 6천 원, 중·고등학생 4천 원, 초등학생 3천 원 ⓘ http://seokguram.org

아이에게 꼭 들려주세요!

석굴암은 751년에 세워진 이래 1,200여 년이 넘도록 보존되는 데는 신라 장인들의 창의성이 돋보인다. 신라 장인들은 샘이 흐르는 터에 석굴사원을 짓고 사원 밑으로 물이 흐르게 하여 내부의 습기가 아래로 모이게 하고, 통풍이 잘 이루어지도록 열린 구조로 설계하였다. 이러한 건축 방식은 석불 사원이 자체적으로 습도 조절과 환기가 될 수 있도록 한 것이다. 하지만 일제강점기 때 석굴암 보수 공사를 하면서 시멘트를 발라버려 사원을 훼손시켰다. 현재 사원 앞에 목조 전실과 유리 벽을, 밖에 습도 조절 장치를 설치한 이유이기도 하다.

연계 과목 한국사

원효대사와 자장율사가 머무른 절 **분황사**

분황사 모전석탑

신라 선덕여왕 3년 건립된 사찰. 입구에서 보이는 분황사 모전석탑은 현재 남은 신라 석탑 중 가장 오래된 것으로, 안산암을 벽돌 모양으로 다듬어 쌓아 올린 것이다. 7~9층이던 것으로 추정되나, 3층만 남았다.

⌂ 경상북도 경주시 분황로 94-11(경주역사문화탐방 스탬프 투어 장소) ☏ 054-742-9922 ⊘ 09:00~18:00 ⓦ 어른 2천 원, 청소년 1,500원, 어린이 1천 원

솔거의 <금당벽화>가 있던 황룡사의 터 **황룡사지**

연계 과목 한국사

황룡사지

신라 진흥왕 14년에 경주 월성의 동쪽에 궁을 지으려 했으나, 황룡이 나타났다는 말을 듣고 사찰로 고쳐 지어 황룡사라 했다고 한다. 백제의 장인 아비지가 645년에 완공했으나, 고려 고종 때 몽고의 침입으로 불타 없어졌고, 초석과 금당터, 목탑터, 강당터, 중문터 등이 남았다.

⌂ 경상북도 경주시 임해로 64-19(황룡사지 황룡사역사문화관) ☏ 054-777-6862 ⊘ 09:00~19:00(4월~10월)/ 09:00~18:00(11월~3월)/ 1월 1일, 설, 추석 휴관 ⓦ 성인 3천 원, 중고생 2천 원, 어린이 1,500원

연계 과목 사회

130여 년의 세계 자동차 역사 전시관 **경주세계자동차박물관**

경주세계자동차박물관 전시실

세계 최초 내연 휘발유 자동차인 독일의 벤츠 페이턴트 카를 비롯해 빈티지 카, 클래식 카, 캠핑카 전시관. 몇몇 자동차에는 앉아보고 기념 촬영도 할 수 있다. 3층에 키즈 카페가 마련되어 있다.

⌂ 경상북도 경주시 보문로 132-22 ☏ 054-742-8900 ⊘ 10:00~18:30/ 연중무휴 ⓦ 성인 13,200원, 청소년 9,900원, 어린이 6,600원(요금 할인 행사 확인 필요) ⓘ http://www.carmuseum.co.kr

체험학습 결과 보고서

체험학습 일시	○○○○년 ○월 ○일
체험학습 장소	경상북도 경주시 국립경주박물관
체험학습 주제	국립경주박물관에서 역사적 의미가 높은 유물들 찾아보기
체험학습 내용	1. 천마총 금관 찾아보기 천마총에서 발견된 신라 시대 금관은 국보 제188호로 지정되었고, 신라 역사관 2실에 전시되어 있었다. 신라가 황금의 나라였으며, 황금으로 권력을 상징했다는 사실을 알게 되었다. 2. 분황사에서 출토된 유물 찾아보기 분황사 모전석탑 안에서 발견된 사리갖춤과 각종 공양물이 신라미술관 2층 불교사원실에 전시되어 있었다. 3. 월지 찾아보기 경주 동궁과 월지에서 출토된 유물들은 월지관에서 전시하고 있다. 월지는 신라 시대 연못으로, 월지관에서 모형으로 된 전시물을 볼 수 있었다.
체험학습 사진	 국립경주박물관 신라역사관 국립경주박물관 월지관

칠천량해전공원에서 바라본 거제 바다

칠천량해전공원

맹종죽테마공원

거제도 포로수용소유적공원

옥포대첩기념공원

둔덕기성

거제식물원

조선해양전시관

어촌민속전시관

24

국내에서 두 번째로 큰 섬

거제

연계 과목 한국사, 사회

거제는 우리나라에서 두 번째로 큰 섬으로, 10개의 유인도와 64개의 무인도로 이루어져 있다. 거제는 리아스식 해안과 기암괴석 등 아름다운 풍광으로 유명하며, 거느린 섬의 개수만큼이나 역사적 의미가 깊은 곳이다. 신라시대 때 축조되어 무신의 난 때 폐위된 고려 의종이 유배됐던 곳이고, 임진왜란 때는 왜군에 맞서 옥포해전과 칠천량해전을 치르며 승전과 패전을 모두 겪은 곳이며, 한국전쟁 때는 포로수용소가 설치되고, 분단의 아픔이 서린 곳이기도 하다. 역사적 의미가 깊은 이 지역은 아이들 체험학습에 적절한 여행지가 다양하게 분포되어있어 어디를 먼저 둘러봐야 할지 고민되는 곳이기도 하다.

아이와 체험학습, 이렇게 하면 어렵지 않아요!

체험학습 순서와 이동 시간
거제포로수용소유적공원 (자동차 20분)→ 거제식물원 (자동차 40분)→ 칠천량해전공원 (자동차 25분)→ 옥포대첩기념공원

교과서 핵심 개념
고려시대 무신 정권과 무신정변(정중부의 난), 조선시대 임진왜란, 이순신 장군의 해상 전투(칠천량해전, 옥포해전), 식물의 구조, 한국전쟁

주변 여행지
조선해양전시관, 어촌민속전시관, 맹종죽테마공원, 둔덕기성

**엄마 아빠!
미리 알아두세요**

칠천량해전공원과 옥포대첩기념공원 두 곳은 입구에 들어설 때 각각 분위기가 사뭇 다르다. 임진왜란 당시 조선 수군에 첫 패배를 안긴 칠천량해전과 이순신 장군의 첫 승리를 안긴 옥포해전을 기념하기 위해 세운 장소이기 때문에 건축물 규모와 전시물 내용도 크게 대비된다. 두 공원에 모두 해전이 일어난 바다를 전망할 수 있는 공간이 마련되어 있으니, 전시관 관람에 앞서 들러보자.

체험학습 여행지 답사

포로수용소이던 공원 **거제포로수용소유적공원**

거제도 포로수용소유적공원 평화공원 입구

거제도포로수용소유적공원

한국전쟁 중 거제도 고현, 수월지구를 중심으로 설치되었던 포로수용소를 공원으로 개관한 곳. 포로수용소 잔존유적 문화재 지정 사업을 시작으로 유적관, 유적공원, 평화파크, VR체험관, 거제관광모노레일까지 꾸준히 개발을 진행하였다. 전쟁존, 포로존, 복원존, 평화존으로 나뉜다. 해발 566m 높이의 계룡산 상부를 잇는 거제관광모노레일을 타면 거제시 풍경을 한눈에 담을 수 있다.

🏠 경상남도 거제시 계룡로 61 📞 055-639-0625 🕐 09:00~18:00(3월~10월)/ 09:00~17:00(11월~2월)/ 화요일, 설, 추석 휴관 ⓦ 어른 7천 원, 청소년 5천 원, 어린이 3천 원 ⓘ www.pow.or.kr

아이에게 꼭 들려주세요!

전쟁 당시 포로수용소에는 인민군 포로 15만, 중국군 포로 2만 등 최대 17만 3천 명의 포로가 수용되었다. 1953년 7월 27일 휴전협정이 체결된 후 수용소는 폐쇄되었다. 반공포로와 친공포로 사이에 유혈 사태가 자주 발생하던 냉전 시대 이념 갈등의 현장이다.

국내 최대 식물원 **거제식물원**

7,472장의 유리를 30m 높이까지 돔 형태로 꾸민 우리나라 최대 규모의 식물원이다. 열대, 난대, 온대 환경의 식물이 거대한 돔 환경에 둘러싸여 정글돔이라고 한다. 빛의 동굴과 정글 동굴 길을 통과하면 거대한 정글 숲이 펼쳐진다. 타원형으로 된 식물원 중심에 열대 식물이 있고, 그 주변으로 다양한 식물 생태계가 형성되어있다. 정글돔 천장에 닿을 듯한 건강한 식물부터 허리를 굽혀 봐야 하는 꼿꼿한 선인장까지 3,000여 종이 넘는 식물이 가득하다. 물이 쏟아지는 정글돔 폭포와 식물세포를 닮은 유리창을 배경으로 한 새둥지가 포토존이다.

🏠 경상남도 거제시 거제면 거제남서로 3595 📞 0507-1412-6997 🕐 09:30~18:00(3월~10월)/ 09:30~17:00(11월~2월)/ 월요일, 1월 1일, 설, 추석 휴관 ⓦ 일반 5천 원, 청소년 4천 원, 어린이 3천 원 ⓘ www.geoje.go.kr/gbg

거제식물원

거제식물원

영화 <명량>에 등장하는 통곡의 패전지 칠천량해전공원(전시관)

연계 과목 한국사

칠천량해전공원

칠천량해전공원

1597년 칠천도와 거제도 사이의 칠천량에서 치러진 칠천량해전은 1592년부터 시작된 임진왜란에서 조선 수군이 유일하게 패한 전쟁이다. 전함 180척 중 150척이 침몰하고, 병사 1만 명이 숨졌다. 이 해전 이후 조선 수군은 잇따른 승리를 거두었고, 임진왜란은 끝났다. 전시관에서 7년의 전쟁을 영상으로 학습할 수 있다. 영화 <명량>에 나오는 13척의 배만 남긴 통곡의 패전지가 바로 이곳이다. 전시 관람 전 당시의 격전지인 칠천도를 먼저 둘러보자.

⌂ 경상남도 거제시 하청면 칠천로 265-39 ☏ 055-639-8250 ⏱ 09:00~18:00(17:00 입장 마감)/ 월요일, 1월 1일, 설, 추석 휴관 ⓦ 무료 ⓘ https://www.gmdc.co.kr/_chilcheonryang

---

이순신 장군의 첫 승전지 옥포대첩기념공원

연계 과목 한국사

옥포대첩기념공원

옥포대첩기념공원

임진왜란 당시 전라좌수사였던 이순신 장군이 경상우수사 원균과 함께 옥포만에서 왜선 50여 척 중 26척을 격침한 옥포대첩을 기념하여 조성된 공원. 충무공 이순신 장군의 첫 승전지가 이곳이다. 공원 내에 기념탑, 참배단, 옥포루, 이순신장군 사당, 기념관 등이 있고, 6월 16일을 전후하여 약 3일 동안 옥포대첩기념제전이 열린다. 옥포대첩의 역사적 의미는 전쟁 장비나 실전 경험이 왜군보다 앞서서 승리했기 때문이 아니라 결연한 정신력으로 무장하여 전투에 임하여 왜군의 통신 및 보급로를 차단해 육상 진입을 저지했고, 아군의 사기를 진작시켰다는 데 있다. 어린이 체험학습실에서 나만의 연 만들기, 판옥선 만들기 등 다양한 체험 프로그램을 운영 중이다.

⌂ 경상남도 거제시 팔랑포 2길 87 ☏ 055-639-8240 ⏱ 09:00~18:00/ 월요일, 1월 1일, 설, 추석 휴관 ⓦ 무료 ⓘ https://www.gmdc.co.kr/ okpo

국내 선박 발달사 조명한 조선해양문화관의 제2관 **조선해양전시관**

연계 과목 사회

거대한 선박 도크로 전시실을 꾸민 곳. 선사시대부터 현재까지 선박의 발전 과정과 한선의 우수성을 전시한다. 조선소에서의 선박 설계부터 진수까지의 전 과정을 영상과 모형으로 보여준다.

조선해양전시관

🏠 경상남도 거제시 일운면 지세포해안로 41(경남지역과학관 스탬프 투어 장소) 📞 055-639-8270 ⏰ 09:00~18:00(17:00 입장 마감)/ 월요일, 1월 1일, 설, 추석 휴관 🅦 성인 3천 원, 청소년 2천 원, 초등학생 1천 원, 4D 영상탐험관 2천 원(어촌민속전시관 입장료 포함) ⓘ http://www.gmdc.co.kr/ marine

어촌민속전시관

연계 과목 사회

어종을 관찰할 수 있는 조선해양문화관의 제1관 **어촌민속전시관**

거제 수산업의 역사와 어촌의 변화상, 어선의 변천사를 전시하는 곳. 거제 수산 자원을 소개하며 다양한 남해안 해양 생물도 전시하고 있다.

🏠 경상남도 거제시 일운면 지세포해안로 41(경남지역과학관 스탬프 투어 장소) 📞 055-639-8270 ⏰ 09:00~18:00(17:00 입장 마감)/ 월요일, 1월 1일, 설, 추석 휴관 🅦 성인 3,000원, 청소년 2천 원, 초등학생 1천 원, 4D 영상탐험관 2천 원(조선해양전시관 입장료 포함) ⓘ http://www.gmdc.co.kr/ marine

아이에게 꼭 들려주세요!

로비에 전시된 해양자원의 종류와 해양탐사 기술(시추법 등)은 과학 교과서에 자주 언급되는 내용이다. 해양 생물을 어떻게 이용하는지 생물자원(어류, 패류, 조류 등), 광물자원(석유, 천연가스, 망가니즈 단괴 등), 에너지자원(밀물과 썰물, 파도 등) 등 해양자원의 쓰임을 알아보자. 조선해양전시관에 '조선해양뉴우스' 활동지가, 어촌민속전시관에 '어촌민속뉴우스' 활동지가 있다. 가상보트체험, 유아조선소, VR체험, 4D 영상탐험관, 해양공작소 등 체험 공간은 2관인 조선해양전시관에 모여 있는데, 두 전시관은 도보 1분 거리에 가까이 붙어있다.

맹종죽 테마 체험 놀이터 **맹종죽테마파크**

연계 과목 과학

맹종죽은 중국 오나라 맹종이 죽순을 찾아 어머니의 병을 고쳤다는 전설에서 유래하는데, 대나무보다 둘레가 굵고, 껍질에 흑갈색의 반점이 있으며 윤기가 적고 매우 단단한 것이 특징이다. 맹종죽테마파크에서는 숲속에서 즐길 수 있는 다양한 체험 놀이시설을 운영 중이다.

맹종죽테마파크

🏠 경상남도 거제시 하청면 거제북로 700 📞 055-637-0067 ⏰ 09:00~18:00(3월~10월)/ 09:00~17:30(11월~2월)/ 연중무휴 🅦 성인 4천 원, 청소년 3천 원, 어린이 2천 원 ⓘ www.maengjongjuk.co.kr

연계 과목 한국사

신라시대 거제도에 처음 쌓은 성 **둔덕기성**

행정적인 업무를 보던 치소성으로 유추되는 곳. 신라 시대 때 축조되고 고려시대 때 보수된 성으로 우리 조상의 축성법 기술을 연구하는 데 귀중한 자료이다. 고려시대 때는 무신정변에 의해 폐위된 의종이 3년간 유배된 곳이자, 조선 초 고려의 왕족들이 유배된 곳이기도 하다.

둔덕기성

🏠 경상남도 거제시 둔덕면 거림2길 일대 📞 055-639-3404

체험학습 결과 보고서

체험학습 일시	○○○○년 ○월 ○일
체험학습 장소	경상남도 거제시 칠천량해전공원전시관
체험학습 주제	칠천량해전 영상 시청하기, 임진왜란 때 해상 전투에 관해 알아보기
체험학습 내용	1. 칠천량해전 알아보기 임진왜란은 1592년부터 1598년까지 9년 동안 일어났는데, 많은 전투 중 우리나라가 유일하게 패한 전투였다. 칠천량해전 수장은 원균이었다. 2. 체험학습 보고서 퀴즈 풀기 안내데스크에서 받은 보고서에는 총 5개의 퀴즈가 있었다. 퀴즈를 풀며 칠천량해전뿐만 아니라 임진왜란 당시의 해전을 골고루 알 수 있었다. 지도에 칠천량해전이 일어난 장소를 표시해보았다. 이렇게 좁은 지역에서 해전이 있었고 패했다고 생각하니 가슴이 아팠다. 사천해전은 거북선이 처음 출전하여 승전한 해전이라고 했다. 다음에 사천 지역도 가봐야지.
체험학습 사진	 칠천량해전공원 전시실 (칠천량해전 재현) 칠천량해전공원 전시실

달아길에서 바라본 통영 바다

통영 충렬사 — 삼도수군통제영
청마문학관
통영시립박물관
윤이상기념관
박경리기념관
당포성지
통영수산과학관

옛사람의 흔적 간직한 예향의 도시

통영

연계 과목 한국사, 국어, 과학

한려수도의 비경과 미항이자 예향의 도시로 익히 알려진 통영은 역사·문화·예술의 향기에 흠뻑 취할 수 있는 지역이다. 통영은 자연적인 아름다움에 지리적, 역사적 의미가 있는 지역으로, 삼도수군통제영이 있던 곳이기도 하다(통영이라는 이름은 경상도, 전라도, 충청도 3도의 수군을 통괄하는 삼도수군통제사영을 줄여 부르던 통제영 또는 통영에서 유래했다). 통영을 고향으로 둔 예술가가 많은데, 이곳에서 태어나고 자란 예술가들이 그들의 작품(소설, 시, 음악, 그림 등)에 고향의 아름다운 모습을 담곤 했다. 한편, 통영 앞바다는 예나 지금이나 바다를 벗 삼아 살아가는 이들에게 삶의 터전이 되어주고 있다.

아이와 체험학습, 이렇게 하면 어렵지 않아요!

체험학습 순서와 이동 시간
박경리기념관 (자동차 20분)→ 통영수산과학관 (자동차 10분)→ 당포성지 (자동차 15분)→ 삼도수군통제영

교과서 핵심 개념
박경리의 소설(<토지>, <불신시대>, <김약국의 딸들>), 임진왜란의 역사, 이순신과 조선 수군의 활약, 한산도 대첩, 판옥선과 거북선

주변 여행지
통영시립박물관, 착량묘, 윤이상기념관, 청마문학관

엄마 아빠! 미리 알아두세요

거북선은 판옥선을 기본형으로, 용머리와 등판을 씌워 만든 전투함이다. 판옥선은 임진왜란 전인 1555년에 전투를 위해 만든 군선으로, 성능이 우수하여 임진왜란 때 큰 공을 세웠고, 조선 후기까지 주력 전투함으로 활약하였다.

박경리기념관 전경

박경리기념관

연계 과목 국어

박경리의 문학 정신을 담은 공간 **박경리기념관**

기념관 주변에 채소 가꾸기를 즐긴 작가의 취미를 살려 채마밭과 장독대, 정원이 있다. 1층은 교육 공간이고, 2층 유품전시실에 소설 <토지>와 <김약국의 딸들>의 원고가 있다. <김약국의 딸들>의 배경이 된 통영의 옛 모습을 복원한 모형도 있고, 2층 입구에 작가의 동상이 있고, 박경리 공원에 그의 묘와 대표 작품 문장을 돌에 새겨놓은 시비가 조성되어있다

🏠 경상남도 통영시 산양읍 산양중앙로 173 📞 055-650-2541
🕐 09:00~18:00/ 월요일, 1월 1일, 설 및 추석 연휴 휴관 Ⓦ 무료

아이에게 꼭 들려주세요!

박경리의 소설 중 <토지>, <불신시대>, <김약국의 딸들> 등은 국어 시험 지문으로 자주 출제된다. 특히 <김약국의 딸들>은 통영을 배경으로 한 소설로, 작품 속 장소를 실제 찾아가는 답사 여행이 많이 이루어지는 곳이기도 하다. 안뒤산, 간창골(우물), 충렬사, 강구안, 서문고개, 해저터널, 새터 등은 소설 속에 등장한 장소다. 작가가 태어난 집(통영시 문화동 328-1)에는 현재 다른 이가 살고 있어 내부를 볼 수는 없다.

연계 과목 국어

친환경 자연학습장 **통영수산과학관**

전시실과 수족관, 전망대, 영상실, 화석 및 어패류 전시실, 야외쉼터 등 다채로운 볼거리가 많은 전시관. 통영의 수산업과 수산물의 발달사를 고대 시대부터 현재까지 일목요연하게 소개하고 있다. 전시실 내부에서 통영에서 생산되는 굴, 우렁쉥이, 진주 등을 볼 수 있고, 통영 지역의 전통 어선인 통구밍이가 복원되어있다. 야외 광장 어디에서든 다도해를 조망할 수 있다. 누리집에 접속하면 세 종류의 가이드북(초등 1~3학년용, 초등 4~6학년용, 심층관람용)을 다운받을 수 있다.

🏠 경상남도 통영시 산양읍 척포길 628-111(경남지역과학관 스탬프 투어 장소) 📞 054-646-5704 🕐 09:00~18:00(17:30 매표 마감)/ 월요일, 1월 1일, 설, 추석 휴관 Ⓦ 어른 3천 원, 청소년 2천 원(케이블카 및 욕지모노레일 당일 탑승권, 어드벤처타워 당일 이용권, 통제영, 조선 군선, 청마문학관 당일 관람권 제시 시 입장료 20% 할인) ⓘ http://muse.ttdc.kr

통영수산과학관 전시실

통영수산과학관

고려 공민왕 때 왜구 침략을 막고자 쌓은 성 **당포성지**

연계 과목 한국사

당포성지

당포성지

1592년 임진왜란 당시 왜적에게 당포성이 점령당했으나, 6월 2일 충무공이 왜선 21척과 왜적 3백여 명을 격퇴하며 탈환(당포대첩)하였다. 동쪽과 서쪽에 성문을 내고, 대포를 설치하기 위해 사방에 포루를 만들었다. 남쪽 일부 석축이 무너진 것을 제외하고 동서남북 망루 터는 비교적 양호한 상태로 남아있다.

🏠 경상남도 통영시 산양읍 당포길 52 📞 054-262-5437 🕐 연중무휴

조선 해상 총사령부 역할을 하던 곳 **삼도수군통제영**

연계 과목 한국사

삼도수군통제영

삼도수군통제영

1603년 선조 36년에 설치되어 1895년 고종 32년에 폐영될 때까지 292년간 경상, 전라, 충청의 삼도 수군을 지휘하던 본영(현재의 해군본부)으로, 조선 해상 요충의 총사령부 역할을 하던 곳. 임진왜란 당시 초대 통제사로 임명된 이순신의 한산도 진영이 최초의 통제영이었다. 통제영의 중앙에는 현존하는 목조 건물 가운데 가장 큰 규모를 자랑하는 세병관(국보 제305호)이 자리한다. 세병관은 1605년에 창건된 객사 건물로, 경복궁 경회루, 여수 진남관과 함께 현존하는 조선시대의 단일면적 목조 건물로서는 규모가 가장 크다. 망일루, 수항루, 중영청, 응수헌, 통제사비군, 백화당, 운주당, 내아 등 건물이 자리하고, 넓은 공원처럼 조성되어있어 과거를 되돌아보며 휴식하기에 좋다. 통제영 주전소 터는 우리나라 최초로 발견된 주전소 유적이고, 통제영 12공방은 현재 전통공예로 이어져 통영의 예술 문화에 큰 영향을 끼쳤다.

🏠 경상남도 통영시 세병로 27 📞 055-645-3805 🕐 09:00~18:00(3월~10월)/ 09:00~17:30(11월~2월)/ 연중무휴 ⓦ 어른 3천 원, 청소년 2천 원, 어린이 1천 원(통영수산과학관, 청마문학관 당일 관람권 소지 시 20% 할인)

통영의 역사와 공예품 관련 전시관 **통영시립박물관**

연계 과목 한국사, 사회

통영시립박물관

1943년에 지어진 통영 군청이던 박물관. 근대 문화유산 활용의 좋은 예로 손꼽힌다. 통영에는 선사시대부터의 유물이 발견되었는데, 그중에서 신석기시대 압인문토기와 뼈작살을 전시하고 있다.

⌂ 경상남도 통영시 중앙로 65 ☏ 055-646-8371 ⏰ 09:00~ 18:00(17:00 입장 마감)/ 월요일, 1월 1일, 설, 추석 휴관 ⓦ 무료 ⓘ http://museum.tongyeong.go.kr

연계 과목 한국사, 사회

통영 충렬사

이순신의 위패를 봉안하고 제사 지내는 사당 **통영 충렬사**

사당 외에 동재(제관이 의복을 입는 곳), 서재(제사용품 보관), 숭무당(제향 및 재산 관리), 경충재(교육 기관), 강한루, 전시관이 있다. 명나라 황제의 선물인 <통영충렬사팔사품>과 정조가 발간한 <충무공전서>, <어제사제문>이 있다. <수조도병풍>은 선박 훈련을 그린 것으로, 당시 군량미와 병력, 본영과 진영 사이 거리 등이 적혀 사료적 가치가 크다.

⌂ 경상남도 통영시 여황로 251 ☏ 055-645-3229 ⏰ 09:00~ 18:00/ 연중무휴 ⓦ 어른 1천 원, 청소년 7백 원, 어린이 5백 원 ⓘ http://tycr.kr

아이에게 꼭 들려주세요!
통영에는 이순신 사당과 관련된 장소가 세 곳 있다. 명정동의 충렬사(통영 충렬사)는 선조의 명을 받아 지은 사당으로, 장군의 탄신일에 맞춰 탄신제를 올리고, 1년에 4번 제례(춘계향사, 추계향사, 탄신제, 한산대첩축제고유제) 행사가 있다. 도천동의 착량묘는 주민들이 세운 사당으로, 장군의 순국일에 기신제를 올린다. 한산도 제승당의 충무사는 장군이 삼도수군통제영으로 근무하던 곳에 세워진 사당이다.

윤이상의 음악 세계 조명한 공간 **윤이상기념관**

연계 과목 예술

윤이상기념관

서양 음악에 동양 철학과 국악 음향을 결합한 음악을 남겼다는 평을 받는 작곡가 윤이상의 생가터가 자리한 도천동 일대에 있는 기념관. 그의 유품들과 독일 정부로부터 받은 훈장과 메달, 악기, 품고 다니던 소형 태극기와 사진 등이 있다. 기념관 주변으로 윤이상기념공원이 있다.

⌂ 경상남도 통영시 중앙로 27 ☏ 055-644-1210 ⏰ 09:00~ 18:00/ 월요일 휴관 ⓦ 무료

연계 과목 국어

청마문학관

유치환의 문학 정신을 보존·계승하는 곳 **청마문학관**

유치환 시인의 문학정신을 보존 및 계승하기 위한 곳. 건물 뒤쪽에 본채와 아래채 등 생가를 복원해놓았다. 시인의 생애와 작품 세계, 발자취를 주제로 전시물을 구성했다. 통영중앙우체국 주변으로 작품 활동의 배경과 그의 흔적이 남은 곳을 연결해 청마거리로 조성했다. 시인이 경남 지역에서 교사 생활을 오래 하여 그의 생애와 작품은 거제시 청마기념관에도 남아있다.

⌂ 경상남도 통영시 망일1길 82 ☏ 055-650-2660 ⏰ 09:00~18:00/ 월요일 휴관 ⓦ 무료 ⓘ http://literature.tongyeong.go.kr

아이에게 꼭 들려주세요!
유치환의 시 중 <생명의 서>, <깃발>, <채전>, <행복> 등은 국어 교과서와 국어 시험 문제로 자주 등장하는 작품이니 알아두자.

체험학습 결과 보고서

체험학습 일시	○○○○년 ○월 ○일
체험학습 장소	경상남도 통영시 통영수산과학관
체험학습 주제	통영 해양 생물 조사하기, 통구밍이와 심해저 탐사 기구 찾아보기
체험학습 내용	1. 물고기의 종류와 겉모습 알아보기 물고기는 표면이 비늘로 둘러싸여 있고, 아가미, 옆줄, 지느러미(등, 가슴, 배, 꼬리 등)가 있다. 수족관에 있는 물고기는 크기와 모양이 다양했고, 물고기 내부 모습이 보이는 것도 있어 신기했다. 2. 통구밍이 찾아보기 통구밍이는 옛날 통영에서 고기를 잡던 바닷배라고 한다. '통나무로 만든 배'라는 뜻인 '통궁이'에서 이름이 유래되었다고 하는데, 통영수산과학관 1층에서 실물을 볼 수 있었다.
체험학습 사진	 통영수산과학관 로비 전시물 심해저 탐사 기구

보리암에서 바라본 남해

거북선전시관
남해충렬사
이순신순국공원
남해유배문학관
남해탈공연박물관
지족해협 죽방렴
보리암
가천 다랭이마을

26

역사·문화·예술·관광의 복합 체험장

남해

연계 과목 한국사, 국어, 과학

남해 지도를 펼치면 나비가 양쪽 날개를 펼친 듯한 모양새를 하고 있다. 남해대교와 삼천포대교를 이용해 남해로 들어오면 둘러볼 만한 역사·문화·예술적 장소가 많다. 남해는 이순신 장군의 흔적을 찾는 역사 여행, 유배문학의 진수를 느끼는 문화 여행, 탈 공연을 즐기는 예술 여행, 보리암에서 탁 트인 바다를 조망하는 관광 여행 등 규모와 유명세보다는 아기자기한 볼거리와 즐길 거리가 풍부한 지역이다. 책에는 나비의 양쪽 날개를 두루 지나면서 즐길 만한 장소를 소개했다. 보리암에서 지족해협 죽방렴으로 가는 방향인 삼동면에 자리한 독일마을은 이국적인 정취를 체험할 수 있는 곳으로, 매년 가을(9월 말~10월 초) '남해독일마을맥주축제'가 열려 전국에서 많은 이가 찾는다.

아이와 체험학습, 이렇게 하면 어렵지 않아요!

체험학습 순서와 이동 시간
남해충렬사 (자동차 7분)→ 이순신순국공원 (자동차 16분)→ 남해유배문학관 (자동차 7분)→ 남해탈공연박물관

교과서 핵심 개념
임진왜란의 역사, 이순신과 조선 수군의 활약, 판옥선과 거북선, 노량해전, 김만중 소설(<구운몽>, <사씨남정기> 등), 어업 시설(죽방렴)

주변 여행지
거북선전시관, 보리암, 지족해협 죽방렴, 가천 다랭이마을

엄마 아빠!
미리 알아두세요

국내에 크게 세 곳의 탈 박물관이 있다. 남해탈공연박물관에서는 국내와 해외의 이색적인 탈과 다채로운 공연을 관람할 수 있다. 고성탈박물관에서는 국내 각 지역의 탈을 전시하고, 탈과 고성오광대를 연결한 전시물로 지역 역사와 문화를 전하고 있다. 안동 하회세계탈박물관에서는 문화재로 등록된 한국 탈과 처용탈 등 세계 각국의 이색적인 탈을 전시하고 있고, 탈의 제작 과정과 탈춤 추는 모습을 볼 수 있다.

순국한 이순신 장군을 기리는 사당 **남해충렬사**

남해충렬사 사당 입구

남해충렬사

임진왜란 때 남해 관음포에서 순국한 이순신 장군의 충의와 정신을 기리기 위해 지은 사당. 1598년 이순신 장군의 순국 후 이곳에 유구를 안치하고 가장되었다가, 1599년 충청남도 아산으로 이장했고, 이후부터는 가묘만 남아있다. 우암 송시열이 짓고 송준길이 쓴 이충무공묘비가 세워져 있는데, 남해 충렬사의 중건 사유가 자세히 기록되어있다. 충렬사 내에 사당을 비롯하여 비각, 내삼문, 외삼문, 재실, 강당, 일각문, 부속건물, 가묘소 등이 있다.

⌂ 경상남도 남해군 설천면 노량로 183번길 27 📞 1588-3415 ⓦ 무료

남해관음포 충무공 유적지 **이순신순국공원**

이순신 장군이 노량해전에서 왜구의 총탄에 맞아 순국하고 유해가 처음 육지에 내려진 곳을 공원으로 조성한 공간. 남해관음포 이충무공 유적지이자 역사의 현장으로, 크게 호국광장, 관음포광장, 이순신 영상관, 리더십 체험관 등이 조성되어있다. 호국광장에는 순국의 벽, 각서공원에 다양한 조형물이 설치되어 관음포만 외해를 배경으로 기념사진을 남기기 좋다. 관음포 광장에는 정지공원, 대장경공원, 거북분수 등 테마별 체험이 가능한 시설물들이 설치되어있고, 가까이에 전통 한옥으로 지어진 리더십 체험관이 자리한다. 노량해전에 대한 3D 영상물을 시청하려면 이순신 영상관을 찾으면 된다.

이순신순국공원

이순신순국공원

⌂ 경상남도 남해군 고현면 남해대로 3829 📞 055-860-3786
🕐 10:30, 11:30, 13:30, 14:30, 15:30, 16:30(평일)/ 10:00, 11:00, 11:30, 13:00, 14:00, 15:00, 16:00, 17:00(주말)/ 월요일 휴관

아이에게 꼭 들려주세요!

이순신 영상관은 돔형 입체관으로 벽면과 지붕 전체가 스크린으로 되어있어 임진왜란 최후의 전투인 노량해전을 입체적으로 구현한다. 이외 전시관은 전의의 장, 추모의 장, 이해의 장, 체험의 장, 감동의 장으로 구성되어 장군의 이야기와 임진왜란 당시 우리 군의 전략·전술을 알아볼 수 있다. 방문하기 전에 임진왜란과 관련된 영화(<명량>, <한산> 등)와 도서(<징비록>, <난중일기> 등)를 살펴보고 가면 관람하는 데 이해를 도울 수 있을 것이다.

유배문학을 연구하고 알리는 공간 **남해유배문학관**

연계 과목 국어

남해유배문학관

남해유배문학관

유배문학을 연구하고 유배문학에 관한 종합적인 정보를 알리기 위해 건립한 공간. 실내공간은 유배문학실, 유배체험실, 남해유배문학실로 구성되어있고, 야외에 유배문학비, 서포 김만중 선생 동생, 유배객이 살았던 초옥 등이 자리한다. 유배문학실에서 전 세계 유배의 역사와 문학에 대한 전반적인 내용을 살펴볼 수 있고, 유배체험실에는 유배객이 되어 자신을 돌아보는 시간을 갖는 공간이 마련되어있다. 남해유배문학실에서는 남해에서 유배 생활을 한 김구, 남구만, 김만중, 이이명, 류의양, 김용의 등의 생애와 그들이 남긴 문학작품을 감상할 수 있다. 주제별 전시관을 돌아보는 동안 유배문학을 체계적으로 이해할 수 있고, 목판 인쇄까지 두루 체험해볼 수 있다.

⌂ 경상남도 남해군 남해읍 남해대로 2745 ☎ 055-860-8888 ⏰ 09:00~18:00(화~일)/ 09:00~17:00(11월~2월)/ 월요일, 1월 1일, 설, 추석 휴관 ⓦ 어른 2천 원, 청소년 1,500원, 어린이 1천 원 ⓘ www.namhae.go.kr/tour

남해의 문화·관광·공연 시설 **남해탈공연박물관**

연계 과목 예술

남해탈공연박물관

남해탈공연박물관

2008년 옛 다초분교 건물을 활용해 남해국제탈공연예술촌으로 개관하였다가, 2022년 남해탈공연박물관으로 등록된 곳. 김흥우 교수(동국대학교 연극영화과)가 평생 수집한 공연예술 관련 자료 3만여 점을 사후 기증함으로써 예술촌으로 개관할 수 있었다. 전 세계에서 수집한 탈과 인형 등을 주요 전시품으로 운영하며, 국내외에서 발간된 공연 관련 자료가 전시되어있고, 수장고에 수만점의 각종 공연예술 자료가 보관되어있다. 한국 전통 그림자극인 만석중 놀이와 중국 그림자 인형, 손그림자 놀이 등 체험 공간이 자리하고, 탈을 만들고 그리는 등 체험도 할 수 있는 남해의 문화관광 및 공연시설이다.

⌂ 경상남도 남해군 이동면 남해대로 2412 ☎ 055-864-7625 ⏰ 09:00~18:00(3월~10월)/ 09:00~17:00(11월~2월)/ 월요일, 1월 1일 휴관 ⓦ 어른 2천 원, 청소년 1,500원, 어린이 1천 원

남해 충렬사 앞 바다에 떠 있는 이색 체험관 **거북선전시관**

연계 과목 한국사

거북선전시관

거북선을 복원하여 내부를 관람할 수 있도록 만든 공간. 거북선은 130명 정도의 인원이 함께 생활한 공간이라고 한다. 장령방, 선장방 등이 자리하고, 뒷간, 부엌, 치타(배의 방향을 조종하는 기구), 아래쪽 계단 밑 장병들의 숙소를 볼 수 있다. 전쟁 중 사용했을 포와 노, 무기를 구경할 수 있고, 조선 수군 의상을 입어볼 수도 있다.

⌂ 경상남도 남해군 설천면 노량로 183번길 ☎ 1588-3415 ⏱ 09:00~18:00(3월~10월)/ 09:00~17:00(11월~2월)/ 월요일 휴관 ⓦ 5백 원

연계 과목 한국사

남해를 찾을 때 빼놓을 수 없는 사찰 **보리암**

보리암

683년 신라 신문왕 때 원효대사가 수도하면서 산 이름을 보광산, 초당 이름을 보광사로 지었고, 고려말 태조 이성계가 금산에서 백일기도를 한 뒤 조선을 건국하게 되어 보은한다는 뜻으로 산 이름에 비단 '금'자를 써서 금산이라 짓고, 절 이름도 보리암으로 바꾸었다는 곳. 보리암의 관음보살에게 기도하면 한 가지 소원은 꼭 들어준다고 한다. 이곳에서 기암괴석과 푸른 남해의 풍경을 조망할 수 있다.

⌂ 경상남도 남해군 상주면 보리암로 665 ☎ 055-862-6115 ⓦ 어른 1천 원, 초·중·고등학생 무료(학생증 소지 시) ⓘ https://boriam.or.kr

---

창선교 아래 '죽방렴'으로 물고기를 잡는 곳 **지족갯마을**

연계 과목 사회

지족해협죽방렴

죽방렴을 대단위로 하는 곳. 죽방렴은 길이 10m 정도의 참나무로 된 말목을 갯벌에 박아 그 사이로 대나무를 주렴처럼 엮어 만든 어업 도구다. 조류가 흘러오는 방향을 향해 V자형으로 벌려 고기를 잡는데, 남해 지족해협에 23개소가 남아 있다. 죽방렴에서 잡아 말린 멸치를 '죽방멸치'라고 하는데, 비늘이 다치지 않고 싱싱해서 비싼 가격에 판매된다. 죽방렴을 가까이에서 볼 수 있도록 도보교와 관람대가 설치되어있다.

⌂ 경상남도 남해군 삼동면 죽방로 65 ☎ 055-867-2662 ⏱ 연중무휴 ⓦ 무료

연계 과목 사회

남면 해안도로 최남단 마을 **가천다랭이마을**

가천다랭이마을

마을 주민들은 바다와 접한 산비탈을 깎아 한층 한층 석축을 쌓아 좁고 긴 계단 형태의 다랭이 논을 만들었다. 손바닥만 한 땅이라도 허투루 쓰지 않고 척박한 땅을 개간하여 농사를 지은 사람들의 근면한 억척스러움이 고스란히 묻어 있는 곳. 들쭉날쭉 제멋대로 만들어진 논들이지만, 곳곳에 산책로와 전망대가 마련되어있다. 고구마 캐기, 손 그물 낚시, 모내기 체험 등 시기별로 다양한 체험 프로그램을 운영 중이다.

⌂ 경상남도 남해군 남면 남면로 702 ☎ 0507-1355-7608 ⏱ 연중무휴 ⓦ 무료(체험비 별도) ⓘ https://darangyi.modoo.at

체험학습 결과 보고서

체험학습 일시	○○○○년 ○월 ○일
체험학습 장소	경상남도 남해군 남해유배문학관
체험학습 주제	유배문학 감상하기, 유배 체험하기

체험학습 내용	1. 유배문학 감상하기 김만중은 남해로 유배 와서 많은 작품을 남겼다. 가족과 떨어져 홀로 지내면서 훌륭한 작품을 남긴 게 대단해 보였다. 김만중의 작품인 <구운몽>과 <사씨남정기>의 내용을 알 수 있어 좋았다. 2. 유배 체험하기 한두 명이 들어갈 공간에 들어가서 유배객이 되어 나를 돌아보는 시간을 가져보는 체험이었는데, 문을 닫고 혼자 있으니 조금 무서웠다. 유배 가상현실 체험 VR을 통해 유배 가는 길과 유배지의 생활을 체험할 수 있었다. 유배를 당해 집에서 멀리 떨어진 곳으로 간다고 생각하니 슬펐다.

체험학습 사진	 유배문학 전시실 남해유배문학관 전시실

6

남한의 정가운데에 위치한 중남부 지역

충청도

한반도 유일한 고구려
비석을 통해 고구려
전성기를 엿보아요.

우리나라의 독립을 위해
희생한 애국지사의 숨결을
느껴보세요.

● 충주고구려비 전시관

● 독립기념관

공주 무령왕릉과 왕릉원 ●

● 청남대

● 국립중앙과학관

무령왕릉에서 발견된
유물을 보며 백제 시대를
상상해 보세요.

● 국립생태원

역대 대통령이 사용했던
별장에서 우리나라 근대
역사를 접해보아요.

창의나래관에서
증강현실과 드론
체험을 해보세요.

기후에 따른 생태계와
동식물의 특징을
찾아보세요.

충청도 체험학습 미리 보기

체험학습을 위한 여행 Tip

- 단양에서 다양한 동굴을 둘러보려면 발이 편한 운동화가 필수입니다.
- 청남대는 온라인 예매자 우선 입장입니다. 일정에 맞게 예약해두세요.
- 부여 수륙양용 시티투어는 주말에는 반드시 예약해야 해요.
- 국립생태원 방문 시 도시락을 싸서 피크닉을 준비하면 좋아요.

체험학습을 위한 여행 주요 코스

청남대 → 청주고인쇄박물관 → 초정행궁

국립부여박물관 → 정림사지박물관 → 백제문화단지

단양팔경 제1경 도담삼봉

온달관광지

단양다누리센터 아쿠아리움
도담삼봉
만천하스카이워크   고수동굴
수양개선사유물전시관   단양구경시장

사인암

27

시간이 빚어낸 산수(山水)의 고장

단양

연계 과목 한국사, 과학, 창의 체험

단양은 80% 이상이 산으로 이뤄진 산악지형이라 흔히 '산수(山水)의 고장'이라 한다. 소백산을 중심으로 강원도 영월에서 흘러들어온 남한강이 굽이굽이 어우러지는 절경이 제1경 도담삼봉에서 제8경 상선암에 이르기까지 어느 하나 지나칠 게 없을 정도다. 석회암 지대인 단양에서는 고수동굴, 온달동굴, 노동동굴 등 여러 석회동굴도 발견되었다. 오래전부터 땅속으로 스민 빗물에 의해 종유석과 석순, 동굴 커튼이 만들어지며 거대한 지하 궁전이 만들어진 것이다. 이처럼 단양은 시간이 빚어낸 아름다움을 즐기는 데 부족함이 없는 지역이다.

아이와 체험학습, 이렇게 하면 어렵지 않아요!

체험학습 순서와 이동 시간
온달관광지 (자동차 35분)→ 고수동굴 (자동차 5분)→ 단양다누리센터 아쿠아리움 (자동차 15분)→ 수양개선사유물전시관

교과서 핵심 개념
온달장군과 평강공주 이야기, 석회암 동굴의 생성, 신석기시대 인간의 도구, 우리나라 민물고기 종류와 생태계

주변 여행지
금굴유적, 만천하스카이워크, 도담삼봉, 사인암, 상선암, 하선암, 단양구경시장

**엄마 아빠!
미리 알아두세요**

동굴에도 여러 종류가 있다. 사암이 지하수에 깎여 만들어진 동굴을 사암동굴이라고 한다. 파도에 오랜 시간 깎여 만들어지면 해식동굴이라고 하고, 용암이 흐르며 만든 것은 용암동굴이라고 한다. 석회암의 주성분인 방해석(CaCO3)이 약산성을 띄는 빗물과 지하수에 오랜 시간 천천히 녹으며 만들어지는 동굴을 석회암 동굴이라고 한다. 단양에 있는 동굴은 모두 석회암 동굴로 강원도, 충청북도, 경상북도에서 주로 발견된다.

연계 과목 한국사

온달관광지 내 드라마세트장

'온달장군과 평강공주' 기반 문화 공간 **온달산성**

온달산성과 온달장군의 묘와 같은 문화유적을 기반으로 '온달장군과 평강공주' 이야기 관련 조성된 관광지. 관광지 내 고구려 문화와 생활상을 담은 온달 전시관과 '연개소문', '태왕사신기' 등 수많은 드라마의 세트가 되었던 온달드라마세트장이 있다. 천연기념물 제261호로 지정된 '온달동굴'도 볼만하다. 4억 5천만 년 전에 형성된 석회암 동굴로 종유석, 석순, 석주 발달이 뛰어나 아이들 자연학습에 유용하다.

⌂ 충청북도 단양군 영춘면 온달로 23 📞 043-423-8820 ⏲ 09:00~18:00(동절기 ~17:00) ⓦ 어른 5천 원, 어린이 2,500원

온달산성

> **아이에게 꼭 들려주세요!**
> 관광지 위편으로 온달장군 설화가 전해지는 온달산성이 남아있다. 온달장군은 고구려 말 영양왕 때 빼앗긴 옛 영토를 회복하기 위해 남하하였다가 전사한 인물이다. 장사를 지내기 위해 관을 옮기려 해도 움직이지 않다가 평강공주가 와서 어루만지자 비로소 움직였다는 전설이 전해진다. 산성은 고구려 때 처음 축조되어 6세기 신라 때 다시 쌓았다고 한다. 왕복 40분 정도 소요된다.

연계 과목 과학

천연기념물로 지정된 석회동굴 **고수동굴**

단양 일대는 석회암 지대로 고수동굴을 비롯한 온달동굴, 노동동굴 등 여러 석회동굴이 발견되었다. 지금으로부터 4억 5천만 년 전 고생대 오르도비스기에 퇴적된 석회암층에 200만 년 전부터 땅속으로 스며든 빗물에 의해 종유석과 석순, 동굴 산호 등이 만들어졌다. 일 년 내내 15도를 유지하여 겨울에는 따뜻하고 여름에는 시원하게 날씨와 상관없이 관람할 수 있는 게 장점이다.

⌂ 충청북도 단양군 단양읍 고수동굴길 8 📞 043-422-3072 ⏲ 09:00~17:30/ 월요일 휴관 ⓦ 어른 11,000원, 어린이 5천 원 ⓘ http://www.gosucave.co.kr

고수동굴

고수동굴

국내 최대 민물 생태 학습장 **단양다누리센터 아쿠아리움** 연계 과목 과학

단양다누리센터 아쿠아리움

단양다누리센터 아쿠아리움

남한강의 명물 황쏘가리에서부터 아마존에서 서식하는 대형 민물고기까지 국내외 234종의 민물고기 2만여 마리가 전시되어있다. 민물고기 외에도 민물에서 서식하는 양서류, 파충류 및 수서곤충류까지 있어 민물 생태 학습장으로 최고다. 650t에 달하는 8m 높이의 메인 수조는 바다 수조와는 또 다른 깊이감을 선사한다. 아쿠아리움 관람 동선 마지막에 '낚시박물관'도 있다.

⌂ 충청북도 단양군 단양읍 수변로 111 ☏ 043-423-4235 ⏱ 09:00~18:00/ 월요일 휴관 ⓦ 어른 1만 원, 어린이 6천 원 ⓘ https://www.danyang.go.kr/aquarium/1383

충주댐 건설로 인한 수몰지 문화 전시관 **수양개선사유물전시관** 연계 과목 한국사

수양개선사유물전시관 전시실

수양개선사유물전시관 전시실

1983년 충주댐 건설로 인한 수몰 지역 문화유적 발굴 조사 과정에서 나온 유물을 전시하고 있는 곳. 남한강이 지척에서 흐르던 수양개 마을은 중기 구석기시대부터 마한시대까지 유적이 고루 발굴된 곳으로, 국내 구석기 유적 중에서도 넓게 발굴되었고, 출토 석기 종류가 다양하여 국내외 큰 주목을 받고 있다.

⌂ 충청북도 단양군 적성면 수양개유적로 390 ☏ 043-423-8502 ⏱ 09:00~18:00/ 월요일 휴관 ⓦ 어른 2천 원, 어린이 8백 원 ⓘ https://www.danyang.go.kr/suyanggae/1385

아이에게 꼭 들려주세요!

아이의 구석기 유적에 대한 관심을 이어가기 위해 '단양금굴유적'도 함께 들러보자. 금굴은 약 70만 년 전 구석기부터 청동기까지의 유물이 발굴된 곳이다. 국내에서 가장 오래된 유적지로 교과서에 자주 등장한다. [주소] 충북 단양군 단양읍 도담리 산4-49

단양 여행에 빠질 수 없는 핫플레이스 **만천하스카이워크**

만천하스카이워크

단양 여행에서 빠질 수 없는 핫플레이스로 인기를 누리는 곳. 만학천봉 위에 세워진 전망대에 길이가 15m가 넘는 스카이워크에서 남한강 변을 내려다볼 수 있다. 유리 바닥 아래로 보이는 절벽이 심장을 쫄깃하게 만든다. 스릴도 스릴이지만, 단양 풍경 전체가 한눈에 들어온다. 스카이워크 외에 단양강 위 1km를 나르는 집와이어, 매트를 타고 시속 30km로 내려오는 슬라이드도 인기 있다.

🏠 충청북도 단양군 적성면 애곡리 94(주차장) 📞 043-421-0014 ⏰ 09:00~18:00(동절기 ~17:00) Ⓦ 어른 3천 원, 어린이 2,500원 ⓘ https://www.dytc.or.kr/mancheonha/89

단양팔경의 1경인 3개의 섬 **도담삼봉**

도담삼봉 전경

도담삼봉은 남한강 한가운데 우뚝 선 3개의 섬. 단양팔경 중에서도 풍경이 아름다워 제1경으로 불린다. 푸른 물이 유유히 흐르는 남한강 한가운데 우뚝 선 뛰어난 풍경 덕분에 조선시대 그림에도 자주 등장한다. 단양군수 출신 퇴계 이황, 단원 김홍도, 겸재 정선의 그림에도 도담삼봉이 등장한다. 조선 개국공신 정도전이 어린 시절을 보낸 곳이기도 한데, 도담삼봉을 좋아해서 자신의 호도 '삼봉'으로 했다고 한다.

🏠 충청북도 단양군 매포읍 하괴리 83-3(주차장) Ⓦ 주차비 3천 원

단양팔경의 5경인 기암 **사인암**

사인암

남한강 줄기와 함께 기암괴석이 만들어내는 절경 '사인암'은 단양팔경 중 제5경으로 불린다. 커다란 암석을 가로세로 맞춰놓은 것 같은 모습이 보는 이로 하여금 자신도 모르게 탄성이 절로 나오게 만든다. 사인암은 고려 후기 유학자 역동 우탁이 지냈던 사인(舍人)이라는 벼슬에서 유래하였다고 한다. 단양이 고향인 그가 유난히 사랑하던 이 바위를 후대에 와서 그를 기리기 위해 사인암이라 했다고 한다.

🏠 충청북도 단양군 대강면 사인암2길 42 📞 055-867-2662 ⏰ 연중무휴 Ⓦ 무료

단양 시내 한가운데 열리는 시장 **단양구경시장**

단양구경시장 입구

품질 좋기로 유명한 단양 마늘을 살 수 있는 곳. '단양 육쪽마늘'은 단양을 대표하는 특산품이다. 단양 마늘은 저장성이 좋고 톡 쏘는 맛이 일품으로 보통 6월 중순 이후에 수확한다. 단양 시내에 들어서면 이 시장 외에도 곳곳에 마늘을 형상화한 캐릭터가 있고, 식당 메뉴에서도 쉽게 마늘을 찾을 수 있다.

🏠 충청북도 단양군 단양읍 도전5길 31

체험학습 결과 보고서

체험학습 일시	○○○○년 ○월 ○일
체험학습 장소	충청북도 단양군 온달관광지, 온달동굴, 단양다누리센터
체험학습 주제	석회암동굴 탐험하기, 민물에서 사는 생물 관찰하기
체험학습 내용	**1. 온달관광지, 온달동굴** 온달관광지에서 온달동굴에 갔다. 안전모를 쓰고 들어갔다. 생각보다 엄청 깊었다. 멋진 석주들이 여러 모양으로 보였다. 모양 찾는 게 재미있었다. 가끔 낮은 걸음으로 가야 했는데, 그 구간들이 더 재미있었다. 오리걸음으로 뒤뚱뒤뚱~. 동굴 속에 맑은 물도, 식물도 있었다. 신기하고 멋졌다. **2. 단양다누리센터 아쿠아리움** 민물고기, 양서류, 파충류, 수달을 봤다. 스탬프도 찍고 스티커도 받았다. 가장 기억에 남는 것은 수달이었다. 어쩜 이렇게 귀여운지! 수영하는 모습도 보고 싶었지만 아쉽게도 보지 못했다.
체험학습 사진	 온달동굴 종유석 단양다누리센터 아쿠아리움

충주 탑평리 칠층석탑

충주고구려비 전시관
충주 탑평리 칠층석탑
조동리 선사유적박물관
탄금대
충주자연생태체험관
충주세계무술박물관
활옥동굴

수주팔봉

삼국시대와 조선시대 유적이 산재한 지역

충주 연계 과목 한국사, 과학, 사회

예전에는 충주를 중원(中原)이라 불렀다. 대한민국 중앙에 있어 어디에서나 하루 체험학습 여행하기에 좋다. 중원이라는 지역적인 특성 때문에 과거 삼국시대에는 백제, 고구려, 신라가 충주를 차지하기 위해 각축전을 벌였다. 이후 고려시대에는 몽골의 침략, 조선시대에는 임진왜란의 주요 전쟁터가 된 지역이다. 한반도의 중심에서 함부로 누구의 편도 들 수 없던 지리적 특성 때문에 충청도의 느리면서도 확실하지 않은 듯한 말투가 생겼다고도 전해지는 지역이다. 여러 나라의 영향을 받은 지역적 이유 때문인지 충주 어디를 가든 역사적인 문화 유적이 곳곳에 많이 남아있다. 특히 고구려 비석 유물은 오직 충주만에 만나볼 수 있다.

아이와 체험학습, 이렇게 하면 어렵지 않아요!

체험학습 순서와 이동 시간
충주고구려비 전시관 (자동차 7분)→ 충주 탑평리 칠층석탑 (도보 5분)→ 충주박물관 (자동차 13분)→ 탄금대 (자동차 20분)→ 조동리 선사유적박물관

교과서 핵심 개념
삼국시대 고구려의 남하

주변 여행지
활옥동굴, 수주팔봉, 충주세계무술박물관, 충주자연생태체험관, 수안보온천, 비내섬

엄마 아빠! 미리 알아두세요

충주고구려비는 충주 지역 아마추어 답사팀에 의해 발견되었다. 발견 당시만 해도 신라 '진흥왕 순수비'라고 여겼다. 오랜 시간 훼손된 글자를 해독하는 과정에서 고구려가 세운 비석으로 확인되었다. 주로 북방을 노리던 고구려가 진흥왕 때 남진 정책을 펼쳐 한반도의 중심까지 영토를 넓혔던 것을 알 수 있는 유물이다.

연계 과목 한국사

고구려 비석 관련 전시 공간 **충주고구려비 전시관**

충주고구려비 전시관 전시실

충주 고구려비 전시관

충주고구려비 전시관

백제, 고구려, 신라 간 뺏고 뺏기는 각축전이 벌어졌던 최대 접전지로 고구려는 백제에 이어 충주를 약 70년간 차지했었다. '충주고구려비'는 이즈음이던 5세기 장수왕 때 세워진 것으로 알려진다. 충주의 옛 지명(중원군)을 따서 '중원고구려비'라고도 불린다. 높이 2m, 폭 53cm 정도 크기의 자연석 4면에 예서체로 글이 새겨져 있다. 훼손이 심해 문구의 절반 정도만 확인되고 있다. 고구려 전성기에 한강 이남까지 진출했음을 입증하는 결정적 유물로, 전시관에 국보인 충주고구려비 진품이 전시되어 있다.

🏠 충청북도 충주시 중앙탑면 감노로 2319 📞 043-850-7301
🕐 09:00~18:00/ 월요일 휴관 ⓦ 무료

아이에게 꼭 들려주세요!
5세기 한반도를 주름잡던 고구려의 유적들은 주로 북한과 중국에 걸쳐있어 접하기 어렵다. 특히 고구려와 관련된 비석은 중국 지린성에 있는 '광개토대왕릉비'와 충주에 있는 '충주고구려비'가 유일하다. 충주고구려비 전시관은 커다란 돌이 하나 서 있다고 해서 '선돌마을'로도 불리던 '입석마을' 입구에 있다. 비는 국보 205호로 지정되어있다.

연계 과목 한국사

중원문화를 대표하는 탑 **충주 탑평리 칠층석탑**

통일신라시대에 세워진 탑으로 우리나라 중앙에 있다 해서 '중앙탑'이라고도 한다. 국보 제 6호로 지정되었다. 신라 석탑 중에서 유일하게 7층으로 이루어졌는데, 일제강점기 해체와 복원 과정에서 구리거울, 은제 사리함이 발견되었다. 남한강이 지척에 있는 석탑 주변으로 중앙탑 사적공원이 조성되어있다. 공원 바로 옆에는 충주의 역사와 문화를 담고 있는 충주박물관도 있어 대몽항쟁, 임진왜란을 비롯한 충주의 여러 항쟁을 살펴볼 수 있다.

🏠 충청북도 충주시 중앙탑면 탑정안길 6

충주 탑평리 칠층석탑

남한강과 달천이 만나는 곳에 자리한 야트막한 야산 **탄금대** 연계 과목 한국사

남한강과 달천이 만나는 합수머리에 있는 야트막한 산에 있다. 탄금대라는 이름은 우륵 선생이 가야금을 연주했다고 해서 붙여졌다. 원래 대가야국 사람이었던 우륵은 가야금을 만들었던 악사로 진흥왕 때 신라로 투항한 걸로 알려진다. 또한 탄금대는 임진왜란 초기 동래성 전투에 이은 주요 격전지이기도 하다. 여진족을 토벌했던 맹장 신립 장군과 8천여 명의 병사는 탄금대에 진을 치고 왜군과 혈전을 벌였지만, 조총으로 무장한 왜병에 패배하였다.

⌂ 충청북도 충주시 칠금동 산 1-1(주차장)

충주 대표 선사시대 유적 전시관 **조동리 선사 유적박물관** 연계 과목 한국사

조동리 일대에서 발견된 신석기에서 청동기 사이의 유물들이 전시된 곳. 조동리 유적지의 대표적인 유물로는 손잡이가 달린 종 모양의 '굽잔토기'가 있다. 굽잔토기는 중부지방 한강 유역에서 주로 발견되는데 손잡이 모양 때문에 일반적인 식기가 아닌 제사나 의식과 같은 특수한 경우에 쓰였을 것으로 추정된다.

⌂ 충청북도 충주시 동량면 조동1길 15 ☏ 043-850-3991 ⊘
09:00~17:00/ 월요일 휴관 ⓦ 무료

굽잔토기

조동리 선사 유적박물관 전시실

국내 유일의 활석 광산이던 곳 **활옥동굴**

연계 과목 과학

활옥동굴 내부

충주는 우리나라의 대표적인 활석 생산지였다. 1919년부터 동양광산이라는 이름으로 시작된 활옥동굴은 2019년 채광을 마감하고 여행지로 재탄생했다. 동굴 안에는 100년의 세월을 간직한 광산 설비들이 남아있다. 캐낸 광물과 광부를 옮기던 집채만 한 권양기가 한때 동양 최대 규모의 활석 광산이었음을 보여준다. 동굴에서 가장 인기 있는 건 동굴보트장으로, 동굴 일부에 물을 채워 카약을 탈 수 있다.

🏠 충청북도 충주시 목벌안길 26 📞 043-848-0503 ⏰ 09:00~18:00/ 월요일 휴관 ⓦ 어른 1만 원, 어린이 8천 원

아이에게 꼭 들려주세요!

활석은 신석기시대부터 장신구와 토기 제작에 활용되었다. 청동기시대에는 청동기 거푸집 제작에 쓰였고, 고려시대에는 화장품과 공예품 원료로도 쓰였다. 지금도 베이비파우더, 구두약, 세면도구 등 다양한 생활용품에 활용된다. 조동리 선사 유적지에서도 활석 목걸이가 발견되었다.

연계 과목 과학

수주팔봉

팔봉마을 달천 너머 8개 산봉우리 **수주팔봉**

삐쭉삐쭉 칼같이 날카롭다고 해서 칼바위라고도 불리는데 산허리가 끊어진 절벽 사이로 물이 흘러 작은 폭포를 이루고, 위로는 출렁다리가 이어져 절경을 만들어 낸다. 수주팔봉 앞 달천이 돌아나가며 만든 넓은 강변 부지는 무료 캠핑장으로도 인기다.

🏠 충청북도 충주시 살미면 토계리 417-89(주차장)

세계 전통 무술과·무기 전시관 **충주세계무술박물관**

연계 과목 사회

충주는 삼국시대에는 백제, 고구려, 신라가 각축전을 벌였고, 고려시대에는 몽골의 침략 그리고 조선시대에는 임진왜란의 주요 전쟁터이던 곳이다. 특히나 대몽항쟁 시기에는 9차례 전투가 벌어졌고 그중 8번 승리한 전적이 있다. 이와 연관하여 1998년부터 세계무술축제가 충주에서 열리고 있다. 특히 우리나라 무술의 역사와 중요무형문화재인 택견을 소개하고 있다.

충주세계무술박물관 전시실

🏠 충청북도 충주시 남한강로 26 📞 043-850-3995 ⏰ 09:00~18:00/ 월요일 휴관 ⓦ 무료

연계 과목 과학

충주자연생태체험관 전시실

'생태 감수성'을 키울 수 있는 곳 **충주자연생태체험관**

체험관에서 장수풍뎅이와 사슴벌레의 생태를 배우는 메인 전시관과 파충류가 있는 작은 동물원은 시간마다 도슨트 설명이 진행되는데, 동물들을 직접 만지고 체험하게 해준다.

🏠 충청북도 충주시 동량면 지등로 260 📞 043-856-3620 ⏰ 10:00~18:00(동절기 ~17:00)/ 월요일 휴관 ⓦ 어른 2천 원, 어린이 5백 원 ⓘ http://www.cjecology.kr

체험학습 결과 보고서

체험학습 일시	○○○○년 ○월 ○일
체험학습 장소	충청북도 충주시 활옥동굴, 충주자연생태체험관
체험학습 주제	곤충과 파충류의 종류와 특징 알아보기, 동굴 탐험하고 카약 체험하기
체험학습 내용	1. 활옥동굴 이 동굴은 옛날 광부들이 광물을 캐던 동굴이다. 생각보다 넓고 깊었다. 거기에 여러 콘셉트의 전시물과 야광 벽화를 봤다. 하이라이트는 동굴 호수 카약 타기였다. 카약 아래로 물고기가 헤엄치는 모습도 보였다. 너무 멋있고 재미있었다. 내가 노를 생각보다 잘 져서 좋았다. 2. 충주자연생태체험관 식물/곤충과 동물 체험해설을 들었다. 뱀과 거북이도 만져보았다. 뱀은 생각보다 차가워서 놀랐다. 또 거북이와 자라의 차이점을 배웠다. 앵무새도 봤는데 말을 시키니 "사랑해" "안녕" "안녕하세요" 등을 말해서 신기했다.
체험학습 사진	 활옥동굴 카약 체험 충주자연생태체험관 장수풍뎅이 체험

대한민국 임시정부 기념관

29

자랑스러운 금속활자본의 기원지
청주·옥천
연계 과목 한국사, 국어, 창의 체험

과거 대통령만 이용하던 별장 '청남대'에서 역대 대통령과 대한민국 임시정부 역사 이야기를 바탕으로 청주를 여행해 보자. 세계에서 가장 오래된 금속활자 인쇄본 '직지심체요절'을 만든 흥덕사지와 고인쇄박물관을 보고, 마지막으로 세종대왕이 눈병을 치료했던 초정행궁에서 족욕을 하는 코스로 여행한다면 이 지역을 고루 즐긴 것이다. 초정행궁에서 따뜻한 족욕탕을 즐기리라 생각하고 무심코 발을 담갔다가는 얼음물같이 차가운 온도에 깜짝 놀랄 수도 있다. 처음에는 잠시 담그기 어려울 정도로 발목이 시리지만 이내 적응하고 나면 온몸의 여행 피로가 다 풀리는 듯하다. 일정에 여유가 있다면 청주와 대청호를 감싸고 있는 옥천도 함께 둘러보자.

**엄마 아빠!
미리 알아두세요**

구한 말 주한 프랑스 공사가 직지를 구입했다가 이후 프랑스 국립도서관이 소장하게 되었다. 도서관에 근무하던 박 박사가 직지가 구텐베르크 성서보다 더 오래된 금속활자본임을 입증했다. 김영삼 대통령과 프랑수아 미테랑 프랑스 대통령이 외규장각 의궤와 직지 반환을 협의하여, 의궤는 장기 임대 방식으로 반환되었지만, 직지는 아직 반환되지 않았다.

청남대 대통령기념관 전시실

청남대

대한민국 역대 대통령이 이용하던 별장 청남대

'따뜻한 남쪽의 청와대'라는 뜻을 지닌 대한민국 역대 대통령이 이용하던 별장. 1983년부터 대통령의 휴식과 국정을 구상했던 청남대는 2003년 노무현 전 대통령 시절 일반인에게 개방되었다. 대청호에 둘러싸인 수려한 자연환경에 산책길, 음악분수, 골프장, 양어장 등 잠시나마 청남대의 주인이 되어 역대 대통령의 휴식을 공유해볼 수 있다. 대한민국 근현대 역사를 대통령 중심으로 보여주는 대통령기념관에서는 1948년부터 시작된 대통령 선거사에 대한 이야기, 역대 대통령의 선거 포스터 등이 전시되어 있다. 중국 상해 임시정부 청사를 모티브로 만들어진 '대한민국 임시정부 기념관'은 임시정부의 시작과 활동, 독립운동에 대한 기록이 이어진다. .

충청북도 청주시 상당구 문의면 청남대길 646 043-257-5080 09:00~18:00(동절기 ~17:00)/ 월요일 휴관 어른 6,000원, 어린이 3천 원(현장 발권 가능, 온라인 예매자 우선 입장) https://chnam.chungbuk.go.kr

국내 고인쇄 문화 소개 공간 청주고인쇄박물관

세계에서 가장 오래된 금속활자 인쇄본인 <백운화상초록불조직지심체요절>(이하 '직지')을 주제로 우리나라 고인쇄 문화를 소개하는 박물관이다. 백운화상이 <불조직지심체요절>을 간추려 엮은 것으로 직지가 발견되기 전까지는 독일 구텐베르크의 <42행 성서>가 가장 오래된 금속활자로 알려졌었다. 이보다 78년이나 앞섰던 직지는 1906년 프랑스로 넘어가 프랑스 국립 도서관이 소장하고 있었는데, 박병선 박사에 의해서 세상에 알려지게 되었다. 청주고인쇄박물관은 직지 영인본과 관련된 금속활자 이야기에 대해 자세히 설명하고 있다. 박물관 옆에는 직지가 인쇄되었던 흥덕사지와 근현대 인쇄 전시관이 있다.

충청북도 청주시 흥덕구 직지대로 713 043-201-4266 09:00~18:00/ 월요일 휴관 무료 http://cheongju.go.kr/jikjiworld/index.do

직지심체요절 하권

청주고인쇄박물관 전시관

충북 구석기시대에서 조선시대까지 전시 공간 **국립청주박물관**

연계 과목 한국사

국립청주박물관 전시실

국립청주박물관 전시실

주요 전시물로는 불교문화가 융성했던 통일신라시대에 만들어진 국보 불비상 2점과 범종이 있다. 세계에서 가장 오래된 금속활자 인쇄본 '직지심체요절'을 만든 곳인 흥덕사의 위치를 나타내는 쇠북도 눈길을 끈다. 직지에 대한 자세한 정보는 청주고인쇄박물관에서 확인할 수 있다.

⌂ 충청북도 청주시 상당구 명암로 143 📞 043-229-6300 ⏰ 09:00~18:00/ 월요일 휴관 ⓦ 무료 ⓘ https://cheongju.museum.go.kr

> **아이에게 꼭 들려주세요!**
> 국립청주박물관 어린이박물관은 문화재를 알기 쉽게 배울 수 있도록 해주며, 특히 문화재 속 금속에 대한 체험(온라인 예약 필수)이 많다. 풀무로 금속을 녹여도 보고 사금을 모으면서 자연스레 전통문화를 배우게 된다. 4D 시네마에서 실감형 디지털 콘텐츠도 상영(무료)된다.

세종대왕이 즐기던 세계 3대 광천수가 있는 곳 **초정행궁**

연계 과목 한국사

초정행궁

초정행궁에서 즐기는 시원한 족욕

초정약수는 탄산이 강하고 미네랄이 풍부해 눈병과 피부질환에 좋다고 알려져 있다(온천이 아니라 냉천인 게 특징). 조선왕조실록에 따르면 1444년 세종대왕은 초정에 행궁을 짓게 하고 121일간 머물며 훈민정음을 완성했다. 세종대왕은 훈민정음 만드는 과정에서 급격하게 눈병이 심해졌는데, 온천 요양으로도 효험을 보지 못하다가 초정행궁에 머물며 약수로 효과를 보았다고 한다. <훈민정음> 탄생에 많은 영향을 미쳤던 초정행궁과 세종대왕의 이야기는 초정행궁 전시관에서 자세히 다루고 있다. 초정행궁 족욕 체험장에서 시원한 족욕을 무료로 즐길 수 있다.

⌂ 충청북도 청주시 청원구 내수읍 초정약수로 851 📞 043-270-7332 ⏰ 09:00~18:00(동절기 ~17:00)/ 화요일 휴관 ⓦ 무료

국내 인쇄술의 발전을 한눈에 담을 수 있는 곳 근현대인쇄전시관

연계 과목 한국사

19세기 서양 인쇄 기술이 전해진 후 우리나라 인쇄술의 발전과 역사를 알 수 있는 곳. 청주에는 닥나무가 많아서 질 좋은 한지를 많이 생산했다. 그 덕분인지 직지를 포함한 고인쇄 문화가 발달한 지역이다. 1883년 조선 고종 때 신문 발행을 위한 출판기관 '박문국'이 설치되며 근대식 인쇄문화가 시작되었다.

근현대인쇄전시관 전시실

🏠 충청북도 청주시 흥덕구 흥덕로 104 📞 043-201-4285 🕐 09:00~18:00/ 월요일 휴관 ⓦ 무료

연계 과목 창의 체험

육지 속 바다라는 대청호 옆 대형 야외정원 수생식물학습원

수생식물학습원 전경

수생식물학습원 전경

육지 속 바다라 불리는 대청호 옆에 자리 잡은 야외 대형 정원이다. '천상의 정원'이라는 별칭을 가지고 있는데, 천상까지는 아니어도 마치 중세 유럽에 온 듯한 건물과 정원이 이국적인 풍경을 물씬 풍긴다. 처음 5가구가 의기투합하여 시작한 작은 수생식물 농원이 입소문을 타면서 이제는 하루 최대 500명이 방문하는 인기 여행지가 되었다. 아기자기 꾸며놓은 산책로를 걷다 보면 다양한 수생식물과 더불어 대청호가 시원스레 펼쳐진다. 누리집에서 예약 후 방문 가능하다. 주말에는 빨리 마감되기도 하니 미리 챙기자.

🏠 충청북도 옥천군 군북면 방아실길 255 📞 043-733-9020 🕐 10:00~18:00/ 일요일 휴관 ⓦ 어른 6천 원, 어린이 4천 원 ⓘ http://waterplant.or.kr

---

정지용 시인의 생가가 있는 전시관 정지용문학관

연계 과목 국어

정지용문학관

정지용문학관

시 '향수'는 국어 시험 단골 메뉴로 등장한다. 향수 외에도 '고향', '유리창' 등 수많은 현대 시를 남긴 시인 정지용은 옥천 출생이다. 한국 시단의 천재로 불렸던 정지용은 윤동주와 이상을 발굴해낸 장본인이기도 하다. 한국 시문학사 그 자체로 평가받을 정도로 주목받던 정지용 시인의 이야기는 그의 생가가 있는 정지용문학관에서 만나볼 수 있다.

🏠 충청북도 옥천군 옥천읍 향수길 56 📞 043-850-3995 🕐 09:00~18:00/ 월요일 휴관 ⓦ 무료 ⓘ http://www.oc.go.kr/jiyong/index.do

체험학습 일시	○○○○년 ○월 ○일
체험학습 장소	충청북도 청주시 고인쇄박물관, 근현대인쇄전시관
체험학습 주제	세계 최고 금속활자 인쇄본인 '직지'와 우리나라 인쇄 문화에 대해서 알아보기.
체험학습 내용	1. 청주고인쇄박물관 세계에서 가장 오래된 금속활자 책이 있다고 해서 왔는데, 진품은 프랑스에 있다고 해서 약간 실망했다. 왜 우리 물건인데 돌려주지 않는지 모르겠다. 그래도 금속활자가 어떻게 만들어지는지 알 수 있게 되었다. 2. 근현대 인쇄 전시관 신문이나 책이 어떻게 만들어지는지 알 수 있었다. 예전에는 글자 하나하나를 문선대라는 곳에서 골라내서 만들었다는데 직접 볼 수 있었다. 지금은 어려운 한문을 공부하지 않아도 되니 다행이다. 특히 역사책에서 보았던 황성신문과 대한매일신문을 직접 보아서 놀라웠다.
체험학습 사진	 청주고인쇄박물관 전경 황성신문과 근대 서적

독립기념관 전경

아산시

천안시

아산시생태곤충원 — 온양민속박물관

외암민속마을

우정박물관

석오이동녕기념관

독립기념관

유관순열사기념관

천안홍대용과학관

30

독립운동 정신이 살아 숨 쉬는 준수도권 지역
천안·아산

연계 과목 한국사, 과학, 사회

천안과 아산 곳곳 전시관과 여행지에 방대한 독립 이야기가 담겨 있다. 천안삼거리로 우리에게 익숙한 천안은 한양에서 내려와 전라도와 경상도로 나눠지는 교통의 요지였다. 특히 천안삼거리를 거치지 않고 한양으로 올라갈 수도 없었다. 그만큼 사람이 많이 모이고 역사가 쌓인 곳이라, 많은 시간을 할애해야 하겠지만, 광복을 위해 몸과 마음을 바친 애국지사의 이야기와 우리 민족이 국난을 극복해낸 역사를 가슴 깊이 새기며 여행하는 건 의미 있는 일이다. 독립기념관을 비롯하여 근처 석오이동녕기념관과 유관순열사기념관도 함께 살펴보면 독립운동에 대한 이해를 한층 높일 수 있을 것이다.

아이와 체험학습, 이렇게 하면 어렵지 않아요!

체험학습 순서와 이동 시간
독립기념관 (자동차 12분)→ 석오이동녕기념관 (자동차 23분)→ 유관순열사기념관 (자동차 10분)→ 천안홍대용과학관

교과서 핵심 개념
임진왜란과 거북선, 일제강점기 독립운동, 3·1운동 등 다양한 독립운동, 동학농민운동과 사발통문

주변 여행지
천안박물관, 온양민속박물관, 아산시생태곤충원, 외암민속마을, 우정박물관

**엄마 아빠!
미리 알아두세요**

3·1운동은 일제강점기 우리 겨레의 최대 독립운동이다. 1910년 8월 29일 국권피탈(경술국치) 이후 고통받던 민족의 울분이 3·1운동을 계기로 터져 나왔다. 소수의 지도자나 독립운동가에 의해서가 아니라 대중이 참여한 독립운동이라는 점에서 중요한 의미를 지닌다. 3·1운동 과정에서 대한민국 임시정부가 수립되었고, 이후 학생·여성·농민 등이 주도하는 독립운동이 전개되는 기반이 되었다.

독립기념관 태극기 한마당

독립기념관 전시실

연계 과목 한국사

민족 국난 극복의 역사를 담은 곳 독립기념관

조국의 광복을 위해 몸과 마음을 바친 애국지사의 이야기를 중심으로 우리 민족 국난 극복의 역사를 한 자리에 모아놓은 공간. 총 7개로 나눠진 박물관은 워낙 많은 이야기를 담고 있어서 하루에 모두 보기가 버거울 정도이다. 제2관 겨레의시련관에서는 일제의 무력과 협박에 외교권을 박탈당한 <을사늑약문>, <한일병탄조약문>을 비롯한 일본의 제국주의 침략 이야기가 펼쳐진다. 제3관에서는 우리 겨레 최대 독립운동인 3.1운동과 대한민국임시정부 수립에 관한 역사가 담겨있다. 보물로 지정된 <조선말 큰사전> 원고와 <독립운동선언서> 보성사 판도 3관에서 대할 수 있다. 더불어 해외 각지에서 벌어진 독립전쟁과 임시정부 활동 이야기도 함께한다. 근대사, 인물 등 교과서에서 다각도로 다루는 이야기인 만큼 꼼꼼히 둘러보자.

⌂충청남도 천안시 동남구 목천읍 독립기념관로 1 ☏041-560-0114 ⊙ 09:30~18:00(동절기 ~17:00)/ 월요일 휴관 ⓦ무료 ⓘ www.i815.or.kr

연계 과목 한국사

독립운동가 이동녕을 기리는 곳 석오이동녕기념관

1919년 대한민국 임시의정원 초대 의장으로 대한민국 임시정부 수립을 선포한 독립운동가. 이후 네 번의 주석과 임시의정원 의장으로 어려운 시기의 임시정부를 이끌다 독립을 앞둔 1940년 중국에서 서거했다. 그의 생가터 옆에 전시관이 건립되었다.

⌂ 충청남도 천안시 동남구 목천읍 동리4길 35 ☏041-521-3355 ⊙ 09:00~18:00(동절기 ~17:00)/ 월요일 휴관 ⓦ무료 ⓘ www.cheonan.go.kr/leedn

아이에게 꼭 들려주세요!

이동녕은 1896년 독립협회 가입을 시작으로 조국 독립을 위해 평생을 바쳤다. 을사늑약 체결에 반대 투쟁하다가 옥살이를 겪고, 북간도로 망명하여 항일 민족 교육기관인 '서전서숙'을 설립하였다. 이후 신민회 조직, 신흥강습소 설립 등 활발한 독립운동을 전개하였다.

석오이동녕기념관 전시실

석오이동녕기념관

독립운동가 유관순 열사를 기념하는 곳 **유관순열사기념관**

연계 과목 한국사

유관순열사기념관 전시실

유관순은 우리나라 대표 독립운동가로 1902년 천안 병천에서 태어났다. 사촌 언니와 함께 이화학당에서 신학문을 배우던 중 3·1 독립만세운동에 참여했고, 같은 달 10일 임시휴교령이 내려지자 천안 병천으로 돌아왔다. 4월 1일 아우내 장터에서 직접 만든 태극기를 나눠주며 독립 만세운동을 주도하다 체포되었다. 그는 서대문형무소에 수감되어서도 3·1운동 1주년 기념 만세운동을 주도하는 등 독립의 뜻을 굽히지 않았다. 유관순열사기념관에는 열사의 재판 기록문과 수형자 기록표를 비롯하여 열사가 직접 만든 뜨개 모자와 수인복 등이 전시되어있다.

🏠 충청남도 천안시 동남구 병천면 유관순길 38　📞 041-564-1223
🕐 09:00~18:00(동절기 ~17:00)　ⓦ 무료　ⓘ www.cheonan.go.kr/yugwansun.do

아이에게 꼭 들려주세요!

유관순은 이화학당에서 신학문을 배우던 중 3·1독립만세운동에 참여했다. 같은 달 10일 임시휴교령이 내려져 천안 병천으로 돌아와, 4월 1일 아우내 장터에서 직접 만든 태극기를 나눠주며 독립만세운동을 주도하다가 체포되었다. 서대문형무소에 수감되어서도 3·1운동 1주년 기념 만세운동을 주도하는 등 독립의 뜻을 굽히지 않은 인물이다.

천체를 관측한 실학자 홍대용 관련 전시관 **천안홍대용과학관**

연계 과목 과학

천안홍대용과학관

천안홍대용과학관 전시물

홍대용의 생가지 근처에 있는 전시관. 조선시대 대표적인 천문학 서적 <보천가>와 만 원권의 배경인 <천상열차분야지도>가 전시되어있고, 우주 지질 여행과 무중력 체험, 원심력 자전거 등 체험시설도 있다. 낮에는 전체 투영관에서 우주 영상이 상영되고, 밤에는 천체관측실에서 달과 별자리 관측이 진행된다. 홍대용은 '혼천의'와 '혼상' 등 여러 천체관측 기구를 만들고, 사설 천문대를 제작했으며 지구가 자전한다는 '지전설'과 지구가 둥글다는 '지구 구형설'을 주장했다.

🏠 충청남도 천안시 동남구 수신면 장산서길 113　📞 041-564-0113　🕐 10:00~22:00(동절기 ~21:00)/ 월요일 휴관　ⓦ 성인 3천 원, 어린이 1,500원　ⓘ www.cheonan.go.kr/damheon

우리 민속 문화를 한자리에 모은 전시관 **온양민속박물관**

연계 과목 사회

우리나라 민속 문화를 한자리에 모아놓은 전시관 중 단연 최고인 곳. 이곳에서 옛 선조들의 삶을 한눈에 살펴볼 수 있다. 총 3개의 전시관에서 선조의 의·식·주 생활문화와 관련된 1만여 점의 유물을 관람할 수 있다. 민속문화재만 외에 문화재를 만들기 위한 도구도 전시되어있다.

⌂ 충청남도 아산시 충무로 123 ☎ 041-542-6001 ⏰ 10:00~ 17:30/ 월요일 휴관
ⓦ 어른 5천 원, 어린이 3천 원 ⓘ www.onyangmuseum.or.kr

온양민속박물관 전시실

연계 과목 과학

아산시생태곤충원

다양한 생물을 경험할 수 있는 생태 체험장 **아산시생태곤충원**

아산환경과학공원 내 생태 이야기를 전하는 체험 공간. 곤충은 초등 교과서에서 많은 부분을 차지한다. 곤충의 분류와 배추흰나비의 한 살이, 생태계와 환경 등 초등 저학년에서 고학년까지 수시로 교과서에 등장한다. 아산환경과학공원에서 장영실과학관도 함께 운영하고 있다. 장영실이 발명한 측우기와 물시계를 체험해볼 수 있다. 곤충원과 장영실과학관을 모두 보려면 처음부터 통합 입장권을 선택하자.

⌂ 충청남도 아산시 실옥로 216 ☎ 041-538-1980 ⏰ 10:00~ 18:00/ 월요일 휴관 ⓦ 어른 3천 원, 어린이 2천 원 ⓘ www.asanfmc.or.kr/insect

---

충청도 전통 건축 양식을 간직한 마을 **외암민속마을**

연계 과목 사회

500년의 세월이 집과 집 사이, 골목과 골목 사이로 깊이 남아있다. 집마다 사람이 살고 있어 직접 들어가 보지는 못하지만, 마을 입구 외암민속관에 복원된 가옥을 보면 우리 조상의 생활을 이해하는 데 도움이 된다. 상류층과 중류층 그리고 서민층 가옥을 특징별로 구성해놓았다.

⌂ 충청남도 아산시 송악면 외암민속길 5 ⓦ 어른 2천 원, 어린이 1천 원

외암민속마을 전경

연계 과목 사회

우정박물관 전시물

국내 우체국 업무 전반을 소개하는 곳 **우정박물관**

국내 우편 제도의 아버지라고 불리는 홍영식을 중심으로 1884년 우리나라 최초 우정총국이 설치된 이후 오늘에 이르기까지 우정총국 개국 당시에 만들어진 '대조선국우정규칙'을 비롯하여 시대별 우체통의 변화를 보여주는 곳. 국내 및 세계 각국 우표가 전시되어있다. 우정 공무원 교육원 안에 박물관이 함께 있다.

⌂ 충청남도 천안시 동남구 양지말1길 11-14 우정공무원교육원 ☎ 041-560-5900 ⏰ 09:00~18:00(평일만 운영) ⓦ 무료 ⓘ www.koreapost.go.kr/postmuseum

체험학습 결과 보고서

체험학습 일시	○○○○년 ○월 ○일
체험학습 장소	충청남도 천안시 유관순열사기념관, 천안홍대용과학관
체험학습 주제	일제강점기 독립운동 살펴보기, 조선시대 과학 수준 알아보기
체험학습 내용	1. 유관순열사기념관 유관순 열사의 독립에 관한 물품을 많이 보았다. 열사의 수형자 카드도 있고, 감옥에서 입고 있던 옷도 보았다. 그걸 보며 약간 슬퍼졌다. 내가 유관순이었다면 그 시대에 그렇게 행동할 수 있었을까? 그렇게까지 못했을 것 같다. 다음에는 열사가 있으시던 서대문형무소에도 가보고 싶다. 2. 천안홍대용과학관 보고 싶던 천상열차분야지도를 봤다. 특히 좋아하는 별자리가 새겨져 있어 더 예뻐 보였다. 그리고 무중력 체험과 우주 지질 여행도 했다. 우주 영상도 봤는데 평소 궁금하던 걸 알 수 있어 신기하고 흥미로웠다.
체험학습 사진	 유관순열사기념관 전시실 천안홍대용과학관 천상열차분야지도

서산 해미읍성

31

독립투사의 얼이 깃든 곳

당진·서산·예산

연계 과목 한국사, 과학, 사회

충청남도에서는 독립운동에 일생을 바친 독립투사의 과거를 마주하기 쉽다. 대표적인 독립투사인 윤봉길 의사와 북로군정서를 조직하고 청산리 대첩에서 일본군을 대파한 김좌진 장군의 흔적과 글로 나라의 독립을 염원한 심훈을 만나볼 수 있는 곳도 이 지역이다. 세부 지역으로 구분하기보다는 당진, 서산, 예산 및 홍성을 거쳐 여행하며 독립운동 및 독립투사와 관련된 핵심 장소만 들른다면 하루 정도로 짧고 효율적으로 여행할 수 있을 것이다. 그러나 병인박해의 흔적이 남아있는 해미읍성, 백제의 미소라 불리는 마애여래삼존상, 조선 후기 실학자 추사 김정희 선생 고택 등 핵심적인 체험학습 장소를 빠짐없이 챙겨서 둘러보자면 좀 더 넉넉한 일정이 필요하다.

아이와 체험학습,
이렇게 하면 어렵지 않아요!

체험학습 순서와 이동 시간
윤봉길의사기념관 (자동차 25분)→ 백야기념관 (자동차 20분)→ 서산 해미읍성 (자동차 25분)→ 마애여래삼존상 (자동차 40분)→ 김정희 선생 고택

교과서 핵심 개념
윤봉길 의사의 독립운동, 김좌진 장군의 청산리대첩, 조선 후기 최대 규모의 천주교 박해인 병인박해와 병인양요

주변 여행지
간월암, 삽교호함상공원 해양테마과학관, 심훈기념관, 한국도량형박물관, 신두리해안사구, 서산류방택 천문기상과학관, 태안해양유물전시관

엄마 아빠!
미리 알아두세요

러시아는 베이징조약으로 조선과 국경을 접하게 되자 통상을 요구했다. 흥선대원군은 천주교인을 이용하여 프랑스와 접촉하려다 무산되자, 천주교를 탄압하게 되었다. 1866년 천주교를 불법으로 규정하고 수많은 신자를 처형한 게 '병인박해'이고, 이는 같은 해 프랑스의 강화도 침공인 '병인양요'의 시발점이 되었다.

윤봉길 의사 생가 옆의 전시관 **윤봉길의사기념관**

윤봉길 의사는 <농민독본>을 저술하고 농촌계몽 운동을 펼치다가 중국으로 망명하며 조국 독립에 생을 걸었다. 윤 의사는 홍커우 공원 일본 천황 생일과 상하이 사변 전승을 기념식장에서 폭탄을 던져 우리나라 독립운동에 새로운 전기를 마련했던 투사이다. 윤 의사 생가 옆에 자리 잡은 기념관에는 그가 사용하던 식기와 연적, 벼루, 책상 등 유품(보물 제568호)이 전시되어있다. 거사 직전 김구 선생과 작별하며 바꾸어 지닌 회중시계도 대할 수 있다. '장부출가생불환(사내대장부는 집을 나가 뜻을 이루기 전에는 살아서 돌아오지 않는다.)'이라는 비장한 유서가 인상적이다.

🏠 충청남도 예산군 덕산면 덕산온천로 183-5 📞 041-339-8238 🕐 09:00~18:00(동절기 ~17:00) ⓦ 무료 ⓘ https://www.yesan.go.kr/ybgm.do

아이에게 꼭 들려주세요!

윤봉길 의사의 거사는 대한민국 임시정부의 독립운동에 새로운 변화를 끌어냈다. 윤봉길의사기념관 옆에는 윤 의사가 태어나 4살까지 살던 '광현당'과 이후에 만주 망명 전까지 살던 '저한당'이 복원되어있다.

김좌진 장군 생가지에 자리한 기념관 **백야기념관**

대한제국 말기 독립운동가인 백야 김좌진 장군은 15세 때 집안 소유의 노비를 해방시키고 소작농들에게 전답을 무상 공여한 토지개혁가이자, 본인의 집에 민족 계몽 교육을 위한 호명학교를 세운 선구자이다. 장군은 1910년 국권피탈(경술국치) 이후에 독립자금 모금 중 체포되어 서대문형무소에 투옥되었다가 만주로 넘어가 북로군정서를 조직하고 1920년 청산리대첩에서 일본군을 대파하였다. 그는 1930년 고려공산당 청년회원에 의해 암살당하기 전까지 나라의 독립과 교육에만 힘쓴 인물이다.

🏠 충청남도 홍성군 갈산면 백야로546번길 12 📞 041-634-6952 🕐 09:00~17:00/ 월요일 휴관 ⓦ 무료

조선 초, 해안 왜구를 막고자 충청병영을 옮기며 축성된 성 **서산 해미읍성**

연계 과목 한국사

해미읍성 진남문

적이 쉽게 침범하지 못하도록 주변에 탱자나무를 많이 심어 '탱자성'이라고도 불렸다. '정해현'과 '여미현'이 합쳐지면서 중간 글자를 따서 '해미현'이라는 지명이 되면서 읍성도 해미읍성으로 불린다. 1579년 충청 병마절도사로 충무공 이순신 장군이 10개월간 근무하기도 하였던 곳이다.

⌂ 부산시 남구 홍곡로 320번길 106 ☏ 0507-1446-1400 ⊕
10:00~18:00/ 월요일, 1월 1일, 설 및 추석 전날 및 당일 휴관 ⓦ
무료 ⓘ https://unpm.or.kr/un2022/main.php

거대한 암벽에 새겨넣은 불상 **마애여래삼존상**

연계 과목 한국사

마애불은 거대한 암벽에 새긴 불상으로, 마애여래사존상은 서산 용현리에 자리하는 국보 제84호인 불상이다. 약 2.8m로 교과서에서 사진을 보며 상상하던 모습보다는 다소 작아 보일 수 있다. 6세기 전후 백제시대에 만들어진 것으로 추정되며, 불상을 통해 당시 백제에 불교 문화가 융성하였다는 것을 알 수 있다. 생동감 있게 조각된 불상이 빛의 방향에 따라 웃는 모습이 달라진다고 하여 '백제의 미소'라고도 불린다. 불상을 보러 가는 입구에는 용현계곡이 흐른다.

⌂ 충청남도 서산시 운산면 마애삼존불길 65-13 ☏ 041-660-2538 ⊕ 09:00~18:00 ⓦ 무료

마애여래삼존상

김정희가 나고 자란 곳 **추사 김정희 선생 고택**

연계 과목 한국사

추사 김정희 선생 고택

조선 후기 실학자인 추사 김정희는 병조참판을 지내다가, 당쟁에 휘말려 10여 년간 제주도와 함경도에서 유배 생활을 했다. 그는 금석학, 사학, 지리학, 천문학 등 다양한 학문을 연구했고, 서예와 시, 그림에도 조예가 깊었다. 고택에는 그의 작품이 전시된 전시관과 화순옹주 홍문, 월성위 김한신의 묘가 함께 자리한다.

⌂ 충남 예산군 신암면 추사고택로 261 ☏ 041-339-8241 ⊕
운영 09:00~18:00(동절기 ~17:00) ⓦ 무료 ⓘ https://www.yesan.go.kr/chusa.do

+++ 추가 체험학습 답사 +++

서산의 작은 섬 간월도에 자리한 암자 **간월암**

연계 과목 과학

간월암

태조 이성계의 왕사이던 무학대사가 창건한 것으로 알려진 곳. 간월암은 아무나 갈 수 있지만, 아무 때나 갈 수는 없다. 바닷물이 들어오면 섬이 되고 물이 빠져나가야만 걸어서 들어갈 수 있다. 물이 들어와 비로소 한가해진 암자를 배경으로 낙조가 특히나 아름다운 곳이다. 조석예보를 미리 확인하고 방문하자.

충청남도 서산시 부석면 간월도1길 119-29 ⓦ 무료

연계 과목 과학

삽교호함상공원

해군 상륙함 및 구축함을 활용한 테마 공간 **삽교호함상공원**

전시된 배와 전시물은 다소 오래되어서 아쉽지만, 함께 있는 '해양 테마 체험관'이 볼만하다. 선박 탈출, 소화기 체험, 상어 케이지 가상 체험 등 아이들이 좋아할 만한, 해양에 관련된 다양한 체험이 준비되어있다. 체험을 좋아하는 아이들을 한 번쯤 데려가기에 좋은 곳이다.

충청남도 당진시 신평면 삽교천3길 79 041-363-6960 09:00~18:00 ⓦ 어른 1만 원 어린이 9천 원(지역 상품권 제공)

심훈의 작품을 모아 놓은 곳 **심훈기념관**

연계 과목 국어

심훈기념관 심훈 동상

심훈은 독립운동가이자, 시인이며 소설가이다. 그는 3.1운동 참여로 서대문형무소에 수감되었고, 중국으로 망명하여 붓으로 나라의 독립을 지지했다. 대표 시인 <그날이 오면>에 조국 독립에 대한 염원을 담았다. 장편소설 <불사조>, <동방의 애인> 등을 썼지만, 검열 및 중단되기도 했다. 일제강점기 농촌 모습을 사실적으로 담은 <상록수>로 농촌계몽에 앞섰다는 평을 받는다(이 작품을 완성한 당진 필경사 옆에 기념관이 있다). 그의 공로에 건국 훈장 애국장이 수여되었다.

충남 당진시 송악읍 상록수길 105 041-360-6883 09:00~18:00(동절기 ~17:00)/ 월요일 휴관 ⓦ 무료 ⓘ https://shimhoon.dangjin.go.kr

---

연계 과목 과학

한국도량형박물관 전시물

국내 최초 도량형에 관한 전문 전시관 **한국도량형박물관**

도량형은 무게, 길이, 부피를 나타내는 기준으로, 삼국시대부터 도량형이 정립된 조선시대까지의 내용이 전시된 곳. 세종 때 박연이 만든 황종음값을 기본으로 한 '황종척'이 정립되었는데, 이때 사용하던 '황종율관'과 황종척, 그리고 고려시대 청동추 등이 전시되어있다. 무게와 길이의 표준이 되는 원기와 근현대 도량형과 관련 유물도 전시되어있다.

충청남도 당진시 산곡길 219-4 10:00~16:30/ 일요일, 월요일 휴관 ⓦ 어른 3천 원, 어린이 2천 원 0507-1328-9739 ı https://kwmuseum.modoo.at

체험학습 결과 보고서

체험학습 일시	○○○○년 ○월 ○일
체험학습 장소	충청남도 예산군 윤봉길의사기념관, 서산 마애여래삼존상
체험학습 주제	우리나라 독립투사에 대해 생각해보기, 백제 불교문화에 대해 알아보기
체험학습 내용	**1. 윤봉길의사기념관** 윤봉길 의사의 유품을 여럿 보았다. 유품은 모두 보물로 지정되었다고 한다. 유품 중 말로만 듣던 회중시계를 직접 보니 윤 의사와 김구가 시계를 바꾸었다는 게 떠올랐다. 그 당시 윤 의사는 어떤 마음이었을까? 짐작되면서도 궁금했다. **2. 마애여래삼존상** 마애여래삼존상은 보고 싶던 불상 중 하나다. 직접 보니 생각보다 작아서 약간 실망했다. 그래도 아름다운 미소가 크기를 커버해줘서 인상적이었다.
체험학습 사진	 윤봉길 의사 유품 마애여래삼존상

한국조폐공사 화폐박물관
한국지질자원연구원 지질박물관
대전선사박물관
국립중앙과학관
천연기념물센터
한밭수목원
대전시립박물관

유성구

서구

32

국립중앙과학관 창의나래관의 전기쇼

충청도 중앙에 자리한 신흥 행정도시

대전

연계 과목 과학, 한국사

1993년 개최된 대전 엑스포는 108개국에서 참가하였고, 1,400만 명이 다녀갔을 만큼 규모와 호응이 큰 박람회였다. 당시 대전 엑스포를 가본 초등학생 친구들은 학교에서 엑스포 썰을 풀며 '인싸'로 등극하기도 했다. 대전 엑스포에서 체험한 바를 친구들에게 신나게 설명하고 자랑했을 아이들이 지금 부모가 되어 자녀들을 데리고 체험학습을 준비하고 있을 테니 시간이 적잖이 흘렀다. 그동안 대전은 엑스포 과학공원 중심으로 과학을 즐겁게 배워볼 수 있는 다양한 센터가 들어섰다. 국립중앙과학관과 지질박물관, 천연기념물센터 등 아이들의 호기심을 자극할 만한 체험학습 장소가 많다.

아이와 체험학습, 이렇게 하면 어렵지 않아요!

체험학습 순서와 이동 시간
국립중앙과학관 (자동차 10분)→ 천연기념물센터 (자동차 5분)→ 한국지질자원연구원 지질박물관 (자동차 15분)→ 대전선사박물관

교과서 핵심 개념
인류의 진화와 도구, 화석과 암석, 지구의 역사, 근현대 과학기술의 기초 원리, 선사시대 인류의 생활상

주변 여행지
한밭수목원, 대전곤충생태관, 한국조폐공사 화폐박물관, 대전시립박물관

**엄마 아빠!
미리 알아두세요**

대전 여행은 하루 이틀로는 부족하다. 국립중앙과학관만 해도 하루 꼬박 봐도 아쉬울 정도다. 한밭수목원과 지질박물관 등 아이들의 과학적 호기심을 채우기에 좋은 공간이 줄을 잇는다. 여행의 피로를 풀어줄 유성 온천 주변에 숙소를 잡아도 좋고, 근교 캠핑장에서 자연을 벗 삼아 하루 들살이도 좋겠다.

연계 과목 과학

국내 대표 과학 전시관 **국립중앙과학관**

국립중앙과학관 전시실

국립중앙과학관

각 관(무료관 7개, 유료관 4개) 관람만 해도 40분~1시간 가량 소요되는 방대한 전시관. 메인 전시관 중 반나절 코스로라도 꼭 봐야 할 곳을 꼽자면 자연사와 인류관, 어린이과학관, 과학기술관 정도다. 자연사관은 한반도 중심의 자연사로 10억 년이 넘은 화석들과 암석 그리고 생물 표본이 전시되어 있다. 자연사관과 함께 있는 인류관에서는 구석기와 신석기 및 현재로 변화한 인류의 진화 과정을 볼 수 있다. 주 전시관이기도 한 과학기술관은 기초과학, 화학 등 근현대 과학기술을 아이들이 쉽게 이해하도록 원리 기반으로 설명되어 있다. 유료관 중에서도 창의나래관은 증강현실과 가상현실로 꾸며진 체험 시설이 있고 여러 대의 드론이 펼치는 드론 군무 등 아이들의 창의력을 자극할 수 있는 체험 시설이 모인 곳이다.

🏠 대전시 유성구 대덕대로 481 📞 042-601-7979 🕐 09:30~17:50/ 월요일 휴관 ⓦ 무료(일부 체험관 유료) ⓘ https://www.science.go.kr

---

연계 과목 한국사, 사회

천연기념물과 명승 관련 전시관 **천연기념물센터**

문화재로 지정하여 관리하는 천연기념물과 명승에 관해 교육, 전시하는 국내 유일 국가 기관. 우리나라 천연기념물로 지정된 식물과 동물, 지질 그리고 천연보호구역 및 명승에 대한 체계적인 정보가 정리되어있다. 고려 시대에서부터 길러진 제주마와 진돗개 등 서서히 사라져가는 동물들을 만나볼 수 있다. 세계적으로 희귀한 털매머드 화석과 마산에서 옮겨놓은 조각류 공룡 발자국 화석도 챙겨보자.

🏠 대전시 서구 유등로 927 📞 042-610-7610 🕐 09:30~17:30(동절기 10:00~17:00)/ 월요일 휴관 ⓦ 무료 ⓘ http://www.nhc.go.kr

천연기념물센터 전시실

천연기념물센터 전시실

각종 광물 지질 표본 전시관 **한국지질자원연구원 지질박물관** 연계 과목 과학

한국지질자원연구원 지질박물관 전시물

한국지질자원연구원 지질박물관

입구 중앙홀에 전시된 '마이아사우라'와 '프시타코사우르스' 골격 진품 표본이 시선을 끄는 곳. 국내외 다양한 화석들을 전시해놓았고, 지각을 구성하는 암석에 관한 전시도 진행된다. 전남 고흥에서 발견되어 일본에서 보관 중이던 '두원운석'이 영구 임대 형식으로 전시되어있다. 두원운석은 한반도에 떨어진 3대 운석 중 유일하게 낙하 장소와 시기를 알 수 있는 운석이다. 기념품숍에서 암모나이트 화석을 판매한다.

⌂ 대전시 유성구 과학로 124   📞 042-868-3797   ⊙ 10:00~17:00/ 월요일 휴관   ⓦ 무료   ⓘ https://www.kigam.re.kr/museum/html/kr

---

구석기~철기 유물과 유적 전시된 대전시립박물관 분관 **대전선사박물관** 연계 과목 한국사

대전선사박물관 전시실

대전선사박물관 전경

대전시립박물관의 분관으로 대전지역에서 발견된 구석기시대에서 철기시대까지의 유물과 유적을 모아놓은 전시관. 1991년 대전 둔산 선사유적이 발견된 것에 이어 1997년 박물관이 위치한 노은동에서 대규모 유적지가 발견된 게 전시관을 건립한 계기가 되었다. 박물관에는 아이들이 선사시대에 대한 이해가 깊어질 수 있도록 도와줄 '어린이 활동지'가 있고 종이 토기 만들기 체험도 진행된다.

⌂ 대전시 유성구 노은동로 126   📞 042-270-8640   ⊙ 10:00~19:00(동절기 ~18:00)/ 월요일 휴관   ⓦ 무료   ⓘ https://www.daejeon.go.kr/pre

대전 도심에 자리한 중부권 최대 수목원 **한밭수목원**

연계 과목 과학

대전의 원래 이름은 '한밭(순우리말)'. 대전 도심 한가운데 있는 한밭수목원은 중부권에서 최대 규모의 수목원이다. 2005년에 개관한 '서원'에는 습지원, 소나무 숲, 야생 화원이 이어지고 2009년에 개관한 '동원'에는 4천여 본이 넘는 장미원, 허브원과 암석원이 자리 잡고 있다. 아이들과 함께 자연을 공부하고 산책과 피크닉을 즐기기에 안성맞춤이다.

한밭수목원

⌂ 대전시 서구 둔산대로 169 ☏ 042-270-8452 ⏱ 06:00~ 21:00(동절기 08:00~19:00)/ 동원 월요일, 서원 화요일 휴원 ⓦ 무료 ⓘ https://www.daejeon.go.kr/gar

---

연계 과목 한국사

국내 최초 화폐 전문 전시관 **한국조폐공사 화폐박물관**

한국조폐공사 화폐박물관 전시실

세계 각국 화폐

1988년 개관한 우리나라 최초의 화폐 전문 박물관. 고대에서 현대에 이르기까지 다양한 주화와 지폐에 관한 이야기가 이어지고, 세계 70여 개국의 화폐도 전시된다. 특히 위조 방지에 관한 다양한 과학적 접근이 흥미롭다. 주화역사관에 우리나라 최초의 화폐인 고려 건원중보와 상평통보 그리고 고종 때 제작된 대동은전이 시대별로 전시된다. 지폐역사관에서는 조금 더 근현대로 넘어와서 일제강점기 지폐에서부터 오늘날 사용하는 지폐까지 변천사를 한눈에 살펴볼 수 있다..

⌂ 대전시 유성구 과학로 80-67 ☏ 042-870-1200 ⏱ 10:00 ~17:00/ 월요일 휴관 ⓦ 무료 ⓘ https://museum.komsco.com

아이에게 꼭 들려주세요!

고려 숙종 때 해동통보와 조선 세종 때 조선통보 등 화폐를 만들고 통용하기 위해서 노력하였지만, 조선 숙종 상평통보에 이르러서야 화폐가 사용되기 시작했다. 그전에는 쌀과 비단 같은 실물이 화폐를 대신했다. 화폐가 활성화된 건 이앙법, 이모작 등 농사 기술이 비약적으로 발달하여 생산량이 증가한 영향이 크다.

대전지역 발굴 유물 전시관 **대전시립박물관**

연계 과목 한국사

보물 4점을 포함하여 약 2만 5천여 점의 대전지역 발굴 유물 전시관. 대전은 예로부터 너른 들판과 갑천과 유등천, 대전천이 흐르는 살기 좋은 곳이었다. 덕분에 선사시대에서 조선시대까지 다양한 시대의 문화 유적이 꾸준히 발굴되고 있다.

대전시립박물관 전시실

⌂ 대전시 유성구 도안대로 398 ☏ 042-270-8600 ⏱ 10:00~19:00(동절기~18:00)/ 월요일 휴관 ⓦ 무료 ⓘ https://www.daejeon.go.kr/his

체험학습 결과 보고서	
체험학습 일시	○○○○년 ○월 ○일
체험학습 장소	대전시 유성구 국립중앙과학관, 대전선사박물관
체험학습 주제	우리나라 자연사 체험해보기, 선사시대 유물 살펴보기
체험학습 내용	1. 국립중앙과학관 박물관에 과학 체험이 다양했는데 그중 가장 기억에 남는 것은 VR 우주 과학자 체험과 공기 대포와 움직이는 그림이었다. 다채로운 체험 덕분에 박물관이 더 가깝게 여겨졌다. 기회가 된다면 나중에 다시 가고 싶다. 그때는 박물관을 더 많이 둘러볼 수 있을 것 같다. 2 대전선사박물관 대전선사박물관에서 유적지에서 발굴된 유물을 살펴보는 AR 체험을 했다. 활동지와 박물관 탐험을 끝내고 어린이 체험관에서 종이로 명기를 만들었다. 명기는 죽은 사람에 무덤에 넣는 조그마한 종이 그릇이다. 죽은 사람이 다음 생에도 잘 살 수 있도록 무덤에 넣었다고 하니 의미 있는 것 같다. 오늘 일정 중 여기에서의 체험이 특히 뜻깊고 최고 재미있었다.
체험학습 사진	 VR 우주 과학자 체험 대전선사박물관 활동지 체험

공주 무령왕릉과 왕릉원

국립공주박물관
백제오감체험관
공주무령왕릉과 왕릉원
우금치전적지
공산성
충청남도역사박물관
석장리박물관
계룡산자연사박물관

33

백제 웅진 시대를 간직한 문화재 도시
공주

연계 과목 한국사, 과학, 창의체험

공주는 1,448년간의 잠들어있던 백제의 비밀을 온전히 세상에 알린 곳이다. 백제 웅진(지금의 공주) 시대 무령왕이 땅에 묻히고 다시 세상에 알려진 1971년까지의 시간에 담긴 이야기가 펼쳐지는 배경이 이 지역이기 때문에 당시 백제 재도약의 꿈을 공주에서 엿볼 수 있다. 일제강점기와 전쟁을 겪으면서 안타깝게도 대부분의 왕릉이 파헤쳐졌는데, 다행히 무령왕릉은 온전한 형태로 발견되었다. 출토된 유물 중 중국제 도자기, 일본산 목재를 사용한 관재를 통해 백제의 대외 교류의 흔적도 엿볼 수 있다. 긴 시간을 견뎌낸 덕분에 백제 웅진 시대를 간직한 도시 공주는 과거와 현재를 경이롭게 잇고 있다.

아이와 체험학습, 이렇게 하면 어렵지 않아요!

체험학습 순서와 이동 시간
국립공주박물관 (자동차 3분)→ 공주무령왕릉과 왕릉원 (자동차 3분)→ 공산성 (자동차 14분)→ 석장리박물관

교과서 핵심 개념
문화재의 발굴, 백제 도읍의 이전, 국내 최초 발견된 구석기 유적지, 우금치 전투와 동학농민운동

주변 여행지
우금치전적지, 충청남도역사박물관, 백제오감체험관, 계룡산자연사박물관

**엄마 아빠!
미리 알아두세요**

정확한 왕릉의 주인을 알 수 있는 무령왕릉의 발견으로 백제시대를 조금 더 정밀하게 연구할 수 있게 되었다. 1971년 우연한 발견으로 천오백 년 만에 세상에 드러난 무령왕릉에서 다른 왕릉에서는 발견하지 못한 지석(죽은 이의 정보가 새겨진 것)과 진묘수(무덤을 지키는 인형) 등 다양한 유물이 출토되었기 때문이다.

백제와 충남의 역사·문화 전시관 **국립공주박물관**

국립공주박물관과 진묘수

국립공주박물관은 백제가 재도약을 꿈꾸던 웅진(지금의 공주)에 자리 잡은 전시관으로 백제와 충남의 역사 및 문화를 전시하고 있다. 특히 무령왕릉에서 출토된 진묘수와 지석, 금제관식과 금귀걸이 진품이 전시되어있다. 무령왕릉에서 나온 묘지석은 우리나라에서 가장 오래된 지석으로 왕의 신원과 무덤이 언제 만들어졌는지를 알 수 있는 중요한 자료이다. 대부분의 왕릉이 도굴당해 정확한 정보를 가늠하기에 어려운 데 반해 무령왕릉은 보존 상태가 좋고 다양한 유물이 출토된 유적이다.

국립공주박물관 공공수장고

⌂ 충청남도 공주시 관광단지길 34 ☎ 041-850-6300 ⏰ 09:00~18:00/ 월요일 휴관 ⓦ 무료 ⓘ https://gongju.museum.go.kr

아이에게 꼭 들려주세요!
국립공주박물관 뒤편에는 '충청권역 수장고'가 있다. 박물관의 창고가 수장고인데, 지역·용도별 유물을 모아 놓아서 박물관에서처럼 체계적으로 관람 가능하다.

백제 왕들의 무덤군 **공주 무령왕릉과 왕릉원**

17기의 무덤 중 1~6호와 무령왕릉까지만 복원되었다. 1971년 배수로 공사 중 발굴과 도굴 흔적이 전혀 없는 왕릉이 발견되었다. 온전한 형태의 지석은 백제 25대 왕 무령왕의 것이었다. 현재 훼손을 막기 위해 직접 관람은 어렵고 왕릉원 내 전시관에서 무령왕릉을 포함한 다양한 형태의 왕릉 재현을 볼 수 있다. 진품 유물은 국립공주박물관에서 볼 수 있다. 왕릉원 입구에 웅진 시대 백제 역사를 체험할 수 있는 '웅진백제역사관'이 있다.

부여왕릉원

무령왕릉 내부

⌂ 충청남도 공주시 왕릉로 37 ☎ 041-856-3151 ⏰ 09:00~18:00 ⓦ 어른 1,500원, 어린이 7백 원

아이에게 꼭 들려주세요!
1~5호분은 백제 전통 굴식돌방무덤이고, 무령왕릉과 6호분은 터널형의 벽돌무덤으로 되어 있다. 벽돌무덤은 중국의 대표적인 무덤 형식으로 당시 백제가 중국과 교류했음을 알려주는 문화유산이다. 나머지 능은 주인이 정확히 밝혀지지 않아 숫자로 고분을 구분한다.

64년간 백제의 심장이던 왕성 **공산성**

연계 과목 한국사

475년 백제 문주왕은 고구려 장수왕의 남하로 도읍을 한성에서 웅진으로 옮기게 된다. 공산성은 삼근왕, 동성왕, 무령왕에 이어 538년 성왕 때 사비(지금의 부여)로 도읍을 옮길 때까지 64년간 백제의 심장이었다. 고구려에 밀려 급하게 도읍을 이동하며 처음에는 토성으로 축성되었다가 조선시대 돌로 개축한 것으로 전해진다. 백제가 멸망한 후 백제부흥운동의 중심지였기도 하고 조선시대에는 감영과 군영이 있던 주요 시설이었다. 성곽 위를 따라 돌아보면 공주를 휘감고 흐르는 금강과 공산성의 어울림을 눈에 담을 수 있다.

🏠 충청남도 공주시 금성동 17-1(주차장)　📞 041-856-7700　🕐 09:00~18:00　ⓦ 무료

우리나라에서 최초로 발견된 구석기 유적 **석장리박물관**

연계 과목 한국사

석장리박물관 외부전시

석장리박물관 전시실

1964년 5월 홍수가 지나간 석장리 마을 앞 금강 변에서 연세대학교 객원 학자이던 외국인 부부가 석기를 발견하면서 우리나라 최초의 구석기 유적이 발견되었다. 이로써 일본학자들의 한반도 구석기 문화에 대한 부정 주장은 마침표를 찍게 되었고, 이후 전국 400여 개소에 이르는 구석기 유적이 발견되었다. 첫 구석기 유적의 발견지답게 박물관에는 석장리에서 발견된 구석기 유물 전시뿐만 아니라 인류의 시작과 변화에 대한 다양한 이야기가 담겨 있다. 특히 30여 년간 이어진 발굴일지와 사진 자료, 도구들이 전시된 게 인상적이다. 석장리 구석기 유적을 시작으로 1974년 우리 교과서에 처음으로 구석기가 등장하였다.

🏠 충청남도 공주시 금벽로 990　📞 041-840-8924　🕐 09:00~18:00　ⓦ 무료　ⓘ http://www.gongju.go.kr/sjnmuseum

제2차 동학농민운동 최후·최대 격전지 **우금치전적지**

연계 과목 한국사

부패 지배계층에 항거하고 신분 철폐와 일본 침략에 맞선 동학 농민군은 일본의 침략이 본격화되자 봉기를 재단행했다. 이에 조정은 일본군의 힘을 빌려 농민군을 무력 진압하려 했다. 1894년 10월부터 약 18일간 공주 인근에서 전투가 벌어졌고 11월 8~9일 공주 우금치에서 농민군과 연합군이 맞붙었다. 화력에서 밀린 농민군 1만여 명은 우금치에서 500여 명만 살아남을 정도로 대패했다. 전적지에 있는 '우금티전적알림터'에서 자세한 내용을 접할 수 있다(공주에서는 '우금티'라고 함).

우금티전적 알림터

🏠 충청남도 공주시 우금티로 431-45 📞 041-854-4347 🕐 09:00~18:00/ 월요일 휴관 ⓦ 무료

아이에게 꼭 들려주세요!

동학농민운동은 최제우가 창시한 동학에 기초하여 농민이 일으킨 민중항쟁으로 반봉건·반외세를 목표로 했다. 총 3차에 걸친 봉기는 관군과 일본군의 연합 전선에 패하였지만, 그 의미와 정신이 추후 3·1 운동으로 계승된다.

연계 과목 한국사

충청남도역사박물관

조선시대~근현대 충남 역사 유물 전시관 **충청남도역사박물관**

유네스코 세계유산으로 등재된 돈암서원의 유물과 유네스코 세계기록유산인 조선통신사 기록물 '신미통신일록', 조선시대 마지막 통신사 김이교의 유물이 전시된 곳이다.

🏠 충청남도 공주시 국고개길 24 📞 041-856-8608 🕐 10:00~ 18:00(동절기 ~17:00)/ 월요일 휴관 ⓦ 무료 ⓘ http://museum.cihc.or.kr/museum

---

백제 웅진 시대 문화 테마 공간 **백제오감체험관**

연계 과목 창의 체험

초등 저학년까지 체험하기 좋은 곳으로 국립공주박물관 방문 전후로 일정에 넣으면 좋을 체험관. 8개 테마로 각종 체험이 진행된다. 진묘수와 수막새를 색칠하여 미디어캔버스에 직접 올려보기도 하고, 백제 시대 유물에 새겨진 아름다운 문양을 탁본해볼 수도 있다.

백제오감체험관 유물 색칠 체험

🏠 충청남도 공주시 고마나루길 30 📞 041-840-2219 🕐 09:00 ~17:30 ⓦ 무료

연계 과목 과학

한국자연사박물관

계룡산 국립공원 언저리에 자리 잡은 사설 전시관 **한국자연사박물관**

1층 공룡의 세계 전시에는 브라키오사우루스와 비슷한 용반류 공룡의 화석이 전시되어있다. 미국 와이오밍주에서 발굴되어 국내에서 처음으로 골격 처리 후 복원된 전 세계 3개 밖에 없는 공룡 화석이다. 공룡화석의 발굴 및 보전 처리 과정을 실감 나게 재현해놓았다. 국내 최초 자연 상태로 만들어진 미라인 '학봉장군 미라'도 전시되어있다.

🏠 충청남도 공주시 반포면 임금봉길 49-25 📞 042-824-4055 🕐 10:00~18:00/ 월요일, 화요일 휴관 ⓦ 어른 9천 원, 어린이 6천 원 ⓘ http://www.krnamu.or.kr

체험학습 결과 보고서

체험학습 일시	○○○○년 ○월 ○일
체험학습 장소	충청남도 공주시 국립공주박물관, 한국자연사박물관
체험학습 주제	무령왕릉 탐사하기, 한국자연사박물관 견학하기
체험학습 내용	1. 국립공주박물관 멋진 왕릉 유물을 여럿 볼 수 있어서 좋았다. 왕릉 내부에 직접 들어가 볼 수 있어서 신기했다. 기억에 남는 건 무령왕릉을 지키던 진묘수이다. 되게 귀엽게 생겼다. 어린이 박물관에는 학습지가 있어서 더욱 재미있게 전시물들을 볼 수 있었다. 2. 한국자연사박물관 엄청나게 큰 공룡 뼈 복원 전시물을 봤다. 너무 커서 박물관 3층 높이까지 닿을 정도였다. 박물관에서 화석, 공룡, 동물, 보석, 식물, 곤충, 인체에 대해서도 봤다. 처음으로 미라를 봤는데 무섭고도 신기했다.
체험학습 사진	 국립공주박물관 전시실 한국자연사박물관 로비의 전시물

하늘에서 내려다본 궁남지

백제 수륙양용 시티투어
백제문화단지
부여읍
부소산성
정림사지박물관
규암면
국립부여박물관
부여왕릉원과 부여능산리사지
궁남지

34

백제의 부활을 기억하는 박물관 도시

부여

연계 과목 한국사, 창의 체험

부여는 백제의 가장 화려하던 시기인 사비 도읍 시대의 유물이 많이 남아있어 도시 전체가 박물관이나 다름없는 곳이다. 백제는 그 역사를 700여 년을 이어갔고, 마지막 부여에서 꽃을 피우고 신라와 당의 연합군에 의해 660년 멸망하고 말았다. 공주에서 부여로 천도 후 마지막 123년의 기억이 부여 곳곳에 남아있다. 부여 체험학습 여행은 국립부여박물관에서 백제금동대향로를 비롯한 백제 문화의 정수를 먼저 대하고, 정림사지박물관과 향로가 발견된 부여왕릉원으로 이어지는 동선을 따라 가는 게 좋다. 전체적인 백제의 역사는 백제문화단지에서 체험해볼 수 있다.

아이와 체험학습, 이렇게 하면 어렵지 않아요!

체험학습 순서와 이동 시간
국립부여박물관 (자동차 2분)→ 정림사지박물관 (자동차 8분)→ 부여왕릉원과 부여능산리사지 (자동차 10분)→ 백제문화단지

교과서 핵심 개념
백제의 사비 천도, 백제 마지막 의자왕과 3천 궁녀, 백제 문화의 정수 백제금동대향로

주변 여행지
부소산성, 낙화암, 궁남지, 부여 수륙양용 시티투어

엄마 아빠! 미리 알아두세요

웅진(공주)은 고구려의 공격을 방어하기 좋은 지형이지만, 좁은 지형이 수도로 삼기에는 다소 부족함이 있었다. 그 때문에 백제 성왕은 538년 사비(부여)로 천도를 단행하였고, 국호를 '남부여'로 고치며 백제의 중흥을 이끌었다. 부여는 백제가 멸망하기 전까지 123년간 찬란한 문화를 꽃피웠다.

국립부여박물관 백제금동대향로

연계 과목 한국사

백제의 역사·문화 유산 전시관 **국립부여박물관**

국립부여박물관에는 금동관음보살입상, 능산리사지 석조사리감 등 여러 국보가 있지만 단연 '백제금동대향로'의 존재감이 가장 크다. 1993년 능산리 사찰 터를 발굴하는 과정에서, 손상 없이 원형 그대로의 향로가 모습을 드러냈다. 높이가 61.8cm나 되는 대형 향로로 중국 등 주변 나라의 향로와 비교해도 3배 이상 되는 크기다. 용이 승천하는 듯한 형상의 다리 위에 있는 연꽃에 스물다섯 마리의 동물이 새겨져 있다. 그 위로 신선이 사는 신산을 표현하고, 다섯 악사와 동물 그리고 사람들이 등장하며 가장 높은 곳에 봉황이 자리한다. 불교는 물론 유교와 도교 사상까지 모두 아우르려 했던 백제인의 세계관이 담겨있다. 매 정시에 박물관 전시동 중앙에서 백제금동대향로와 백제 문양을 주제로 한 실감 콘텐츠가 상영된다.

⌂ 충청남도 부여군 부여읍 금성로 5 ☏ 041-833-8562 ⏱ 09:00 ~18:00/ 월요일 휴관 ⓦ 무료 ⓘ https://buyeo.museum.go.kr

아이에게 꼭 들려주세요!
국립부여박물관 어린이박물관에서는 금동대향로를 정교하게 복제한 향로로 직접 향을 피워주며 설명해준다. 누리집에서 예약해야 입장할 수 있다.

연계 과목 한국사

정림사지 출토 유물 전시관 **정림사지박물관**

정림사는 백제의 가장 화려했던 사비 도읍 시대에 지어진 사찰이다. 남북 일렬로 연못, 탑, 금당, 강당을 배치한 백제 가람의 대표적인 모델로 평가된다. 정림사지의 중심 오층석탑에서 목조에서 석조로 완전히 넘어간 양식과 안정되고 완숙한 미까지 엿보인다. 정림사지에서 출토된 유물은 바로 옆 정림사지박물관에 전시되어있다.

⌂ 충청남도 부여군 부여읍 정림로 83 ☏ 041-832-2721 ⏱ 09:00~18:00(동절기~17:00)/ 월요일 휴관 ⓦ 어른 1,500원, 어린이 7백 원 ⓘ http://www.jeongnimsaji.or.kr

정림사지박물관

정림사지박물관 전시실

백제 사비 시대 왕과 왕족 분묘로 추정되는 곳 **부여왕릉원와 부여능산리사지**

연계 과목 한국사

부여왕릉원이 개방되고 주차장을 확장하기 위해 발굴조사를 하는 도중에 백제 문화의 정수 '백제금동대향로'를 능산리사지에서 발견하였다. 능산리사지는 백제 성왕의 명복을 빌기 위해 위덕왕이 세운 사찰로 왕릉원과 함께 자리하고 있다. 신라에 의해 백제가 멸망하면서 향로의 훼손을 막기 위해 땅에 묻은 것으로 추정된다. 능산리사지 한 곳에는 향로가 발견되었던 위치에 발굴 직전 모습을 복원해놓았다. 왕릉원과 능산리사지 옆에서 수도 사비를 방어하기 위해 쌓은 '부여 나성'의 일부도 만나볼 수 있다.

⌂ 충청남도 부여군 부여읍 능산리 388-1 ☏ 041-830-2890 ⏰ 09:00~18:00(동절기~17:00) ⓦ 어른 1천 원, 어린이 4백 원

찬란한 백제 문화의 시작과 끝을 만날 수 있는 곳 **백제문화단지**

연계 과목 한국사

백제문화단지에서 1,400년 전 찬란하던 백제의 시작과 끝을 한꺼번에 만나볼 수 있다. 백제문화단지 내에는 국내 최초 백제사 전문 박물관인 백제역사문화관부터 백제 개국 초기의 위례성과 계층별 주거문화를 나타내는 백제생활문화마을, 백제금동대향로가 발견된 사찰 능사(능산리사지), 백제 왕궁 사비궁이 복원되어있다. 전기 인력거와 전기 어차 타기 등 체험할 거리도 많고 여름과 주말에는 저녁 10시까지 야간 개장한다.

⌂ 충남 부여군 규암면 합정리 164-1(주차장) ☏ 041-408-7290 ⏰ 09:00~18:00(동절기 ~17:00)/ 월요일 휴관 ⓦ 어른 6천 원, 어린이 3천 원(야간 개장 요금 별도) ① https://www.bhm.or.kr

백제 사비 시대 왕궁이 있던 곳 **관북리 유적과 부소산성**

연계 과목 한국사

백제는 고구려의 남하를 효과적으로 방어하기 위해 백마강이 3면을 돌며 자연 방어막이 되어주는 부여(사비)로 수도를 옮겼다. 백마강은 '백제에서 가장 큰 강'이라는 뜻으로, 지금의 금강이다. 강물이 막아주지 못하는 동쪽은 부소산성에서부터 나성을 쌓고 산성 아래는 왕궁터로 삼았다. 부소산성은 왕궁의 배후산성인 셈이다. 산성 입구에 '사비도성 가상체험관'에서 700년간 꽃피웠던 백제 문화를 체험해볼 수 있다.

낙화암에서 내려다본 백마강

🏠 충청남도 부여군 부여읍 성왕로 247-9(주차장) 📞 041-830-2884 ⏰ 09:00~18:00(동절기 ~17:00) ⓦ 무료

사비도성 가상체험관 가상체험

아이에게 꼭 들려주세요!

의자왕은 641년에 왕위에 오른 백제의 마지막 왕으로, 권력을 공고히 하고 백제 부흥을 이룬 인물이다. 백제는 신라의 대야성을 함락시키는 등 승승장구했지만, 결국 신라와 당나라 연합군의 공격을 받고 멸망하게 된다. 부소산에서 금강을 내려다보이는 절벽에 '낙화암'이 있다. 백제가 멸망할 때 궁인들이 적의 손에 죽지 않겠다며 몸을 던졌다고 삼국유사에 전해지는 곳이다.

연계 과목 한국사

국내 가장 오래된 인공정원 **궁남지**

궁남지 포룡정

약 9만 평의 넓은 부지에 백련, 홍련, 가시연이 가득하다. 크고 작은 연못이 다닥다닥 이어져 있다. 궁남지는 백제 무왕의 탄생 설화가 깃든 곳이기도 하다. 신라 진평왕의 딸 선화공주와 결혼한 서동(무왕)을 여기 궁남지에서 잉태했다는 이야기가 전해진다. 무왕 35년 궁의 남쪽에 연못을 파고 주변에 버드나무를 심었다는 <삼국사기> 기록에 따라 궁남지라 부르게 되었다. 궁남지 조경 기술은 백제와 교류가 많았던 일본에 전해져 일본 조경의 흐름이 되었다고 한다.

🏠 충청남도 부여군 부여읍 동남리 152-1(주차장)

국내 최초 수륙양용 버스 도입한 체험 **부여 수륙양용 시티투어**

연계 과목 창의 체험

백마강을 가로지르고, 낙화암 등 주요 관광 스폿을 색다른 시선에서 관람할 수 있게 해준다. 길 위를 달리던 버스가 스르륵 강물을 가르며 시원스레 달리면 아이들뿐만 아니라 어른들까지도 절로 탄성이 터져 나온다. 워낙 인기가 좋아 주말에는 일찍 마감되는 편이니 미리 온라인 예약을 추천한다.

부여 시티투어에 도입된 수륙양용 버스

🏠 충청남도 부여군 규암면 합정리 599 📞 041-408-8777 ⏰ 09:30~16:30/ 월요일 휴무 ⓦ 어른 29,000원, 어린이 23,000원(주말 기준) ⓘ http://www.buyeocitytour.com

체험학습 결과 보고서

체험학습 일시	○○○○년 ○월 ○일
체험학습 장소	충청남도 부여군 국립부여박물관, 정림사지
체험학습 주제	백제의 역사를 배우기, 백제금동대향로 유물 관람하며 모형 체험하기
체험학습 내용	1. 국립부여박물관 먼저 어린이박물관에 갔다. 금동대향로 모형에 향을 피우며 그 앞에서 해설사 선생님이 해설하고 계셨다. 대향로에는 구멍이 많은데 뚜껑의 봉황 가슴에 2개, 오악사 뒤에 5개, 밑에 나머지 5개가 있어 총 12개가 있다고 했다. 위에 구개가 향이 나오는 구멍이었다. 박물관에서 2개의 영상을 보았다. 신기하고 재미있었다. 가장 기억에 남는 유물은 진품인 백제 금동대향로와 부여 왕흥사지 사리지였다. 최고의 유물들이다. 2. 정림사지 정림사지 5층 석탑은 균형 있고 기품 있고 멋있었다. 박물관에서는 활동지도 하고 스탬프도 찍었다. 정림사지 5층 석탑에 관한 이야기를 알 수 있어서 좋았다.
체험학습 사진	 국립부여박물관 금동대향로 정림사지 5층 석탑

35

일제강점기 전후 근대가 엿보이는 곳

논산 연계 과목 한국사, 사회, 창의체험

논산은 일반적으로 여행지로 그리 주목받지 못하지만, 역사 체험학습을 위한 장소로는 꽤 적절한 지역이다. 부여와 함께 백제의 마지막 이야기가 담긴 백제군사박물관에서 계백 장군과 황산벌 전투를 둘러보고, 관촉사에 들려 국내 최대 규모의 석불인 석조미륵보살입상을 대할 수 있는 곳이기 때문이다. 강경역사관과 주변 강경 근대 문화거리를 거닐며 우리 근대사를 조망할 수도 있다. 일정이 허락한다면 선샤인스튜디오도 들려보자. 사실적으로 표현한 근대 양식의 건축물과 종로 거리, 보신각, 개화기 최초의 전차 등을 볼 수 있다.

아이와 체험학습, 이렇게 하면 어렵지 않아요!

체험학습 순서와 이동 시간
백제군사박물관 (자동차 20분)→ 관촉사 (자동차 20분)→ 강경역사관

교과서 핵심 개념
거대하고 다양해진 고려 불상과 불상의 종류, 백제의 멸망과 신라와 당나라의 연합군

주변 여행지
선샤인스튜디오, 탑정호 출렁다리, 돈암서원

엄마 아빠! 미리 알아두세요

불상의 이름에는 일정한 순서가 있다는 걸 알아두자. 출토 장소, 재료, 부처의 종류, 자세 순으로 이어진다. 논산 관촉사(장소), 석조(돌), 미륵보살(부처의 종류), 입상(자세), 파주 용미리 마애이불입상(바위에 새겨진 2구의 부처), 하남 하사창동 철조석가여래좌상(철로 만든 석보니부처의 앉은 모습) 이런 방식이다.

백제군사박물관 전시실

백제군사박물관의 활쏘기 체험

황산벌 전투 이야기가 담긴 곳 **백제군사박물관**

백제 역사의 끝으로 기록되는 계백 장군과 황산벌 전투 이야기를 담은 곳. 일반적으로 역사는 승자의 기록이라 백제 멸망 과정에서 김유신은 부각되고 계백은 상대적으로 적게 다뤄지지만, 계백은 나라(백제)를 지키다 목숨을 바친 인물이다. 계백 장군은 백제의 마지막 왕인 의자왕의 충신으로 신라 5만 군사의 공격을 맞아 5천의 결사대로 최후의 결전을 벌였다. 박물관에서 얼마 멀지 않은 황산벌(연산면 신양리)에서 네 번을 막아 냈지만, 화랑을 앞세운 신라 군사의 수적 열세에 밀려 전사하였고, 이는 백제의 멸망으로 이어졌다. 백제군사박물관은 계백 장군의 묘소와 사당이 있는 곳에 자리 잡았다. 백제 군의 군사 모형과 당시 전쟁에 쓰인 무기들이 전시되어 있다. 박물관에서는 주말에 아이들의 말타기와 활쏘기 체험도 진행된다.

충청남도 논산시 부적면 충곡로 311-54 041-746-8431 10:00~17:00/ 월요일 휴관 무료 https://www.nonsan.go.kr/museum

---

국내 최대 석불 '석조미륵보살입상'이 있는 절 **관촉사**

국보 제323호로 지정된 '석조미륵보살입상'이 자리한 사찰. 일반적으로 '은진미륵'으로 불리는 석조미륵보살입상은 높이가 18.2m로 성인 평균 키보다 10배가 넘는 크기다. 968년 광종 때 혜명 대사가 석공 100명과 함께 만들기 시작해 37년이나 지난 뒤 완성되었다. 머리와 몸통 그리고 하단의 3단으로 만들어졌는데, 너무 커서 세우지 못했다가 아이들의 모래놀이 모습을 참고하여 하단부 주변에 모래로 경사를 만들어 불상을 밀어 올리는 방법으로 완성했다. 머리와 손이 유난히도 강조된 모습을 한 미륵불은 토속 신의 모습에 가까워 보이기도 한다.

충청남도 논산시 관촉로1번길 25 041-736-5700 08:00~20:00 무료

국내 최대 석불이며 국보인 '석조미륵보살입상'이 있는 곳 관촉사

강경 지역의 역사와 문화 기록관 **강경역사관**

강경역사관

강경역사관

강경구락부 커피하우스

강경구락부

붉은 벽돌로 지어진 이국적인 모습의 강경역사관은 1913년 건축되었다. 르네상스 느낌이 물씬 풍기는 단층 건물은 원래 한호농공은행 강경지점이었다. 1910년 대한제국이 국권을 상실한 경술국치 이후에 조선식산은행 강경지점으로 사용되었다가, 해방 이후에는 한일은행 강경지점으로 쓰였다. 지금은 강경 지역의 역사와 문화를 기록하는 공간이다. 건물 뒤편으로는 근대 풍경이 재현된 강경구락부가 이어지는데, 영화 속 세트장 같은 모습과 분위기에 호텔, 카페, 식당 등이 있어 함께 둘러볼 만하다.

⌂ 충청남도 논산시 강경읍 계백로167번길 50　📞 041-745-3444　🕙 10:00~17:00　ⓦ 무료

아이에게 꼭 들려주세요!

강경읍은 내륙지역이긴 하지만 금강 하류에 있어 과거 조선 3대 시장이었다. 지금은 육상 교통이 발달하고 금강하굿둑이 생겨 강경포구는 쇠퇴하였지만, 수상교통이 주류일 때는 평양, 대구와 더불어 최대 상업 도시 중 하나였다. 그래서 1930년대 최대 성시를 이루던 강경에는 지금도 전국 최대 규모의 젓갈 시장이 열린다.

드라마 〈미스터 션샤인〉 촬영장 **션샤인스튜디오**

연계 과목 한국사

국내 유일 1900년대 한성 모습을 재현해 놓은 곳. 근대 양식의 건축물, 종로 거리와 보신각, 개화기 최초의 전차 등 곳곳에 포토존이 있다(〈미스터 션샤인〉은 1871년 신미양요에서 일제강점기로 이어지는 대한민국 근대사를 사실적이면서도 흡입력 있게 표현한 드라마. 특히 무명의 '의병' 이야기를 담은 게 의미 있는 작품).

션샤인스튜디오 전차 모형

⌂ 충청남도 논산시 연무읍 봉황로 90　☏ 1811-7057　⏱ 10:00~ 18:00/ 수요일 휴관　ⓦ 어른 8천 원, 어린이 4천 원　ⓘ https://www.sunshinestudio.co.kr

---

연계 과목 창의 체험

두 번째로 큰 충남 호수인 탑정호를 가로지른 다리 **탑정호출렁다리**

탑정호출렁다리

충청남도에서 두 번째로 큰 호수인 탑정호를 종단으로 가로질러 설치된 출렁다리. 스릴을 느끼며 다리를 거닐며 색다른 시선으로 바라보는 호수 풍경이 뛰어나다. 낮에는 음악분수, 밤에는 조명을 이용한 미디어파사드가 이어진다. 유료 입장객에게는 어른 2,000원, 어린이 1,000원의 논산사랑 지역화폐를 돌려준다. 지역화폐는 바로 근처 카페나 편의점에서 사용할 수 있어서 실제 입장료는 한 사람당 1,000원 정도로 저렴한 편이다.

⌂ 충청남도 논산시 부적면 신풍리 769(주차장)　☏ 041-746-6645　⏱ 09:00~18:00(동절기 ~17:00)/ 월요일 휴관　ⓦ 어른 3천 원, 어린이 2천 원　ⓘ https://www.nonsan.go.kr/tapjeong

---

김장생을 기리며 건립된 조선의 성리학 교육기관 **돈암서원**

연계 과목 한국사

사계 김장생은 1634년 조선 중기 대표적 유학자로 17세기 예학을 집대성하여 사회에 보급한 인물이다. 1871년 흥선대원군이 전국 서원 모두 문을 닫도록 할 때도 명맥을 유지했다. 안동 도산서원, 영주 소수서원, 안동 병산서원과 더불어 유네스코 세계유산으로 지정되었다.

돈암서원

⌂ 충청남도 논산시 연산면 임3길 26-14　☏ 041-733-9978　⏱ 09:00~18:00　ⓦ 무료　ⓘ http://www.donamseowon.co.kr

---

아이에게 꼭 들려주세요!

조선시대를 이끌던 교육기관으로 중앙에는 성균관과 4부학당(사학)이 있었고, 지방에는 향교와 서원이 있었다. 성균관과 4부학당, 향교는 대표적인 관학(국가 주도)이고 서원은 사설 교육기관이자 향촌의 자치 기구 역할을 하였다. 이들 교육기관은 성리학을 가르치며 인재를 양성하던 곳이자, 제자들이 스승의 제사를 지내는 곳이었다. 그러나 지방 인재 양성이라는 긍정적 설립 취지와는 달리 점점 혈연, 지연, 당파 싸움 등의 병폐가 양산되는 곳이 되며 영조와 고종 집권 시기에 걸쳐 서원철폐가 진행되기도 했다.

체험학습 결과 보고서

체험학습 일시	○○○○년 ○월 ○일
체험학습 장소	충청남도 논산시 관촉사, 선샤인스튜디오
체험학습 주제	고려시대 대표적인 대형 불상 알아보기, 일제강점기 간접 체험하기
체험학습 내용	1. 관촉사 관촉사에서 은진미륵을 봤다. 생각보다 못생기지 않았다. 저 큰 걸 모래를 쌓아 만들었다니, 대단하다. 절도 했다. 윤장대를 돌리면서 소원을 빌었다. 은진미륵과 윤장대를 보았고, 절에서 내려가는 도중에 보리수 열매도 따 먹어 즐거운 시간이었다. 2. 선샤인스튜디오 선샤인스튜디오는 드라마 〈미스터 션샤인〉를 찍은 곳이다. 최근 드라마 〈파친코〉도 이곳에서 찍었다고 한다. 글로리 호텔에도 가보고 전차 모형에 올라가 사진도 많이 찍었다. 요즘 〈미스터 션샤인〉 보다가 멈췄는데 다시 정주행해야겠다. 스튜디오 옆에 있는 밀리터리 체험관에서 총 쏘기도 재미있게 체험했다.
체험학습 사진	 석조미륵보살입상(은진미륵) 선샤인스튜디오 내 전차 모형

36

서해와 금강이 만나는 수자원 학습장
서천 `연계 과목 과학, 사회, 한국사`

서천은 서해와 금강이 만나는 곳이라 다양한 수자원과 비옥한 땅을 보유한 지역이다. 봄가을에는 주꾸미와 전어가, 여름에는 춘장대 해수욕장이 인기를 끈다. 겨울철에는 금강하굿둑 주변으로 철새의 군무가 이어진다. 자연이 아름다운 서천 체험학습 여행의 핵심은 국립생태원과 국립해양생물자원관이다. 최근 학교에서 기후 변화를 중요하게 다루고 있다. 기후 변화는 장기간에 걸친 지구 온난화로 기후가 변화하는 현상이다. 온실가스 증가가 주원인인데, 산업화에 적응된 우리 삶에서 발생 원인을 줄이는 게 쉽지만은 않다. 이처럼 기후 변화 위기 이슈에 직면한 요즘, 바다와 대륙, 식물과 동물의 다양한 이야기가 담긴 서천은 다음 세대의 환경 인식과 관련되어 깊은 의미를 지닌 지역이다.

아이와 체험학습, 이렇게 하면 어렵지 않아요!

체험학습 순서와 이동 시간
국립생태원 (자동차 12분)→ 국립해양생물자원관 (자동차 30분)→ 서천이하복고택전시관 (자동차 10분)→ 한산모시관

교과서 핵심 개념
지구 기후 변화와 인간에 미치는 영향, 다양한 바다 생물, 텃새와 철새

주변 여행지
희리산해송자연휴양림, 장항스카이워크, 신성리갈대밭, 금강미래체험관, 춘장대해수욕장

**엄마 아빠!
미리 알아두세요**

집중호우 빈도가 증가하고, 해수면의 상승으로 국토 유실과 해일 피해가 늘고 있다. 해수온의 상승은 우리 식탁에 직접적인 영향을 주게 될 것이다. 국제 곡물 수급이 어려워지고, 전염병 증가 가능성이 높아질 것이다. 이 외에도 인간을 포함한 자연 생태계에 미치는 영향이 많다. 기후 변화에 관심을 두어야 하는 이유다.

══════════ **체험학습 여행지 답사** ══════════

연계 과목 과학

생태계를 연구하는 환경부 산하기관 국립생태원

국립생태원 에코케어센터

국립생태원

국립생태원은 우리나라와 세계 생태계를 연구하는 환경부 산하기관으로 연구시설 외에 5천여 종의 동식물이 에코리움과 습지생태원, 수생식물원에서 생태계를 이루고 있는 곳이다. 국립생태원에 에코리움은 세계 5대 기후를 재현해놓았다. 쉽게 접해보지 못하는 지구 열대 우림의 동식물을 전시한 열대관, 척박한 사막에서 살아가는 동식물을 전시한 사막관을 비롯해서, 지중해관, 온대관, 극지관으로 나뉘어 각 기후의 동식물 1,600여 종이 전시되어있다. 대형 온실 수목원과 아쿠아리움, 동물원을 한자리에 모아놓은 듯하여 편하게 자연을 보고 배우기 좋은 장소이다. 빠짐없이 둘러보려면 온종일 봐도 힘들 정도로 규모가 크다. 도시락을 준비해오면 놀이터 주변과 에코리움 옥상정원에서 먹을 수 있다.

🏠 충청남도 서천군 마서면 금강로 1210 📞 041-950-5300 🕐 09:30~18:00(동절기 ~17:00)/ 월요일 휴관 💰 어른 5천 원, 어린이 2천 원 ① www.nie.re.kr

연계 과목 과학

국내 최대 해양생물 전시관 국립해양생물자원관

국립해양생물자원관에 들어가면 가장 먼저 'SEED BANK'라 쓰여있는 엄청난 크기의 유리 기둥이 시선을 사로잡는다. 국내 해양 생물 표본 5천 점으로 연출한 상징물이다. 국립해양생물자원관은 점점 중요해지는 해양생물자원을 수집하고 연구하기 위해 2015년에 개관했다. 자원관 내 씨큐리움관에서 다양한 해양 생물을 관람할 수 있다. 전시관은 4층 1전시실부터 차례로 내려오면서 관람하면 된다. 해조류와 플랑크톤처럼 작은 생물부터 각종 어류와 포유류까지 많은 수의 표본이 전시되어있다. 해양 생물 전시로는 국내 최대의 규모를 자랑한다

국립해양생물자원관 씨큐리움관

국립해양생물자원관

🏠 충청남도 서천군 장항읍 장산로101번길 75 📞 041-950-0600 🕐 09:00~18:00/ 월요일 휴관 💰 어른 3천 원, 어린이 1천 원 ① http://www.mabik.re.kr

서천 지역 교육에 공헌한 이하복 생가 옆 전시 공간 **이하복 고택 전시관**

연계 과목 한국사

이하복고택[청덩성]관 전시실

부여능산리사지

청함 이하복은 1870년대 8만여 평의 땅을 팔아 중학교를 설립·운영하였다. 당시 지주의 가옥은 기와지붕에 방이 수십 칸이었던 것에 비해 이하복 고택은 검소하게 초가로 지붕을 올렸으면서도 'ㅁ'의 형태로 독특한 구조를 보여준다. 고택 바로 옆에 고택 유물을 소장하고, 이하복의 이야기를 담은 전시관이 있다. 작은 전시관이지만, 근대 생활을 엿볼 수 있는 다양한 유물이 전시되어있다. 스마트 패드를 이용한 증강현실 해설 덕분에 아이들이 더욱 흥미진진하게 관람할 수 있어 서천 체험학습 여행에 빠질 수 없는 명소다.

🏠 충청남도 서천군 기산면 신산리 120 📞 041-951-4741 ⏰ 10:00~17:00/ 월요일 휴관 ⓦ 무료

전통 모시를 계승하기 위한 전시관 **한산모시관**

연계 과목 사회

한산모시관 전시실

모시의 역사는 자그마치 1,500년을 훌쩍 넘는다. 삼국 시대부터 이어진 전통 모시를 알리고 계승하기 위해 운영되는 한산모시관에서는 모시의 역사와 제작 방법, 그리고 모시로 만들어진 옛 의상이 전시되어 있다. 예로부터 서천은 연평균 기온과 강수량이 모시 재배에 최적이었다. 특히 다른 지역 모시와 비교해서 가늘고 섬세해서 으뜸으로 여겼다. 모시풀에서 섬유질을 뽑아 만든 친환경 전통 섬유라 환경 오염도 없다. 유네스코 인류무형문화유산으로도 등재되어 있다.

🏠 충청남도 서천군 한산면 충절로 1089 📞 041-951-4100 ⏰ 10:00~18:00(동절기 ~17:00) ⓦ 무료 ⓘ https://www.seocheon.go.kr/mosi.do

아이에게 꼭 들려주세요!

한산모시관에는 모시로 만든 옛 의상이 전시되어있다. 입구 방문자 센터에 들러 한산모시 제작 과정을 담은 영상을 미리 보고, 체험용 모시옷을 입어보면 전통 옷감에 대해 이해하기에 더 좋을 것이다.

아름드리 해송이 지천인 휴양림 **희리산해송자연휴양림**

연계 과목 과학

희리산해송자연휴양림

휴양림 어디든 높이 솟은 해송이 지천이다. 숲길 따라 조금 올라가면 희리산 정상이 나온다. 330m 정도로 그리 높지 않아 트레킹을 즐기기에 아이들도 부담 없다. 정상(문수봉)에 오르면 서천 시내는 물론 서해까지 시원하게 보인다. 희리산은 주민들이 자주 안개가 끼고 흐릿하게 보인다고 해서 '흐릿산'으로 부르던 데서 유래했다. 휴양림에 있는 나무 대부분이 바다 근처에서 자라는 소나무인 '해송'이라서 '희리산 해송'이라는 이름이 붙었다.

🏠 충청남도 서천군 종천면 희리산길 206 📞 041-953-2230 🕐 09:00~18:00/ 화요일 휴원 ⓦ 어른 1천 원, 어린이 3백 원 ⓘ https://www. foresttrip.go.kr

---

연계 과목 창의 체험

15m 해송과 어깨를 나란히 할 수 있는 곳 **장항스카이워크**

빽빽한 해송 옆으로 이어진 장항스카이워크

국립해양생물자원관에서 바다 쪽으로 조금 가면 장항스카이워크가 있다. 높이 15m 정도로 키 큰 해송과 어깨를 나란히 걸을 수 있다. 바닷바람을 맞으며 바다 위를 산책하는 동안 해송에서 향이 느껴지고, 바닥이 훤히 보이니 짜릿함도 맛볼 수 있다. 입장료는 2천 원짜리 '서천사랑 상품권'으로 돌려주니 무료나 다름없다. 상품권은 근처 하나로마트나 음식점에서 현금처럼 쓸 수 있다.

🏠 충청남도 서천군 장항읍 장항산단로 34 📞 041-956-5505 🕐 09:30~18:00/ 월요일 휴관 ⓦ 2천 원

영화 <공동경비구역 JSA> 야간 수색의 배경 **신성리갈대밭**

연계 과목 과학

영화 <공동경비구역 JSA>에서 야간 수색 장면의 배경이 되어 유명해진 신성리 갈대밭은 저녁노을에 슬며시 붉어진 갈대 사이를 한적하게 걷기 좋은 곳이다. 금강하굿둑 철새도래지에 가까이 있는 덕분에 겨울 즈음이면 가창오리의 군무도 같이 볼 수 있다. 가창오리 군무는 해가 지기 전에 시작되고, 해가 지면 이내 끝나버리니 시간을 잘 맞추어야 탐조가 가능하다.

🏠 충청남도 서천군 한산면 신성로 500

신성리갈대밭

아이에게 꼭 들려주세요!

아이에게 철새에 대한 흥미를 이어주기 위해서 근처 '금강미래체험관'을 함께 들려봐도 좋다. 철새 조망대에서 내려다보는 금강 풍경도 시원스럽고, 여러 종류의 새장에서 새들을 관찰할 수 있다. ([주소] 전북 군산시 성산면 철새로 120/ [전화] 063-454-5680/ [운영] 09:00~18:00, 월요일 휴관)

신성리갈대밭

체험학습 결과 보고서

체험학습 일시	○○○○년 ○월 ○일
체험학습 장소	충청남도 서천군 한산모시관, 국립생태원
체험학습 주제	모시옷 만드는 과정 경험하기, 다양한 나라의 동식물 관찰하기
체험학습 내용	1. 한산모시관 옛날 사람들은 모시로 만든 뻣뻣한 옷을 입었다고 하던데, 막상 입어보니 불편했다. 그런데 불편한 대신 여름에는 시원할 것 같다. 한산모시관에 갔을 때 운이 좋아서 모시 만드는 것을 직접 보고 체험할 수도 있었다. 풀 같은 것을 삶아서 실처럼 만들었다. 신기했다. 2. 국립생태원 정말 넓었고, 얼마 전에 갔던 아쿠아리움보다 볼 것이 더 많던 곳이다. 알록달록 민물고기도 있고, 커다란 온실에 처음 보는 식물이 많이 있었다. 다른 나라로 가서 볼 수 있다는 동식물을 한꺼번에 봐서 좋았다.
체험학습 사진	 한산모시관 베틀 체험 국립생태원 에코리움

대한민국 내륙의 최남단에 위치한 식도락 지역

전라도

복원된 미륵사지 석탑을
보며 백제탑 문화의 변화를
찾아보아요.

한옥마을을 산책하고
경기전에서 역대 어진을
접해보세요.

국내 최대 규모의
고인돌 유적을 둘러보며
청동기시대를 상상해 보세요.

실제 복원된 고분의 형태를
직접 보고 시대별 무덤의
변화를 느껴보세요.

국내 최대 갈대군락
사이로 산책도 하고
습지에 관해서 공부해요.

수중 고고학 박물관에서
아시아 해양 교류의
역사를 엿보아요.

우리나라에서 유일하게
발사체를 쏘아 올린
곳에서 과학의 꿈을
키워보세요.

익산 미륵사지

전주한옥마을 & 경기전

화순고인돌유적

나주복암리고분전시관

목포 해양유물전시관

순천만습지

나로우주센터 우주과학관

체험학습을 위한 여행 Tip

✦ 군산근대역사거리는 주차하기 불편하니 걸어서 시간여행을 해보세요.

✦ 국립박물관 어린이박물관은 누리집 예약이 필수인 곳도 있으니 미리 확인해두세요.

✦ 람사르습지 고창에서 갯벌 체험을 해보세요. 여벌의 옷을 준비하면 좋아요.

✦ 주말에 목포해상케이블카를 타려면 일찍부터 서둘러야 해요.

체험학습을 위한 여행 주요 코스

목포자연사박물관	목포해양유물전시관	목포근대역사관

경기전과 어진박물관	전주한옥마을	국립무형유산원

경암동 철길마을 조형물

③⑦

군산근대역사박물관
군산근대건축관
신흥동 일본식 가옥
군산항쟁관
동국사
경암동철길마을

시간이 멈춘 듯한 근대 역사의 현장

군산

연계 과목 한국사, 과학

군산은 시간이 멈춘 듯 지금은 지나간 시기인 근대의 모습
을 보여주는 지역이다. 근대 건축물이나 문화를 체감할 수
있을 만큼 그 시대의 흔적이 많이 남은 건 일제강점기 수탈
의 현장, 특히 항구를 통한 식량 수탈의 현장이었기 때문이
다. 우리 역사에서 근대라는 시기는 일제강점기와 겹치기
때문이다. 군산근대역사박물관에서 시작해 군산근대건축
관과 신흥동 일본식 가옥, 동국사까지 지금과 다른 시기이
기에 다소 낭만적으로 느껴지는 옛 건축과 문화를 즐기되,
역사적 의미를 염두에 두고 대한다면 여행의 즐거움과 체
험학습의 효과와 의미를 더욱 높일 수 있을 것이다.

**아이와 체험학습,
이렇게 하면 어렵지 않아요!**

체험학습 순서와 이동 시간
군산근대역사박물관 (도보 5분)→ 군
산근대건축관 (자동차 5분)→ 신흥동
일본식 가옥 (자동차 5분)→ 동국사

교과서 핵심 개념
일제강점기 식민 지배 수탈의 현장인
항구도시 군산, 화포로 왜구를 무찌른
최무선

주변 여행지
군산항쟁관, 고군산군도, 은파호수공
원, 경암동철길마을, 진포해양테마공원

**엄마 아빠!
미리 알아두세요**

군산은 1899년 개항 이후 일본으로 쌀을 보내는 통로가 된 곳이다. 1920년부터 시작된 일본의 산미 증식
계획에 따라 군산을 통해 더 많은 쌀이 일본으로 보내지고, 군산에 일본인이 모여들며 일본식 건물이 많이
들어섰다. 근 현대사의 문화와 건물들이 많이 남아있어 그 시대를 배경으로 한 영화나 드라마의 단골 촬영
지가 되곤 한다. <변호인> <타짜> <비열한 거리> <8월의 크리스마스> 등 여러 영화의 배경이 군산이다.

연계 과목 한국사

군산근대역사박물관 근대생활관

군산근대역사박물관

군산의 개항 역사가 담긴 곳 **군산근대역사박물관**

군산은 일본과의 강화도 조약으로 문을 연 부산, 인천, 원산과 달리 대한제국의 적극적인 의지로 개항하였지만, 일제강점기로 들어서며 식민 수탈의 도시로 전락하였다. 군산의 개항과 변화의 역사 전반에 관한 이야기가 담겨있는 군산근대역사박물관에서 군산 시간 여행을 시작해보자. 1층 해양물류역사관은 삼한시대에서 조선시대에 이르기까지 군산 지역 역사와 개항 이후에 해상 유통의 중심 역할을 하던 근대사까지 종합하여 보여준다. 호남지역 최초의 3·1운동 장소이기도 한 군산의 독립운동 이야기는 2층 독립영웅관에서 자세히 이어진다. 군산 시내를 걸으며 본격적인 시간 여행을 떠나기 전에 1930년대의 군산 거리를 재현해놓은 3층 근대생활관도 빠뜨리지 말고 둘러보자.

🏠 전라북도 군산시 해망로 240 📞 063-454-5953 🕐 09:00~18:00(동절기 ~17:00)/ 월요일 휴관 ⓦ 어른 2천 원, 어린이 5백 원 ⓘ https://museum.gunsan.go.kr

---

연계 과목 한국사

(구)조선은행 군산지점 건물 **군산근대건축관**

1922년 지어진 (구)조선은행 군산지점으로 사용되던 건물이다. 1909년 대한제국의 한국은행은 조선 총독부에 의해 조선은행으로 변경되어 경제 수탈의 본거지가 되었다. 채만식의 소설 <탁류>에도 등장하는 곳으로, 군산 근대 건축물에 대한 전시물과 일제강점기 조선은행 발행 화폐 등이 전시되어있다. 이 조선은행의 금고가 채워지기까지 우리 민족은 끝없이 수탈당해야 했다.

🏠 전라북도 군산시 해망로 214 📞 063-446-9811 🕐 09:00~18:00(동절기 ~17:00) ⓦ 어른 5백 원, 어린이 2백 원

아이에게 꼭 들려주세요!

군산근대건축관 뒤에 진포해양테마공원이 있다. 진포는 고려 말 최무선 장군이 화통도감을 통해 개발한 화포로 왜적을 격퇴한 전적지이다. 1만여 명의 왜구가 500척에 이르는 왜선을 끌고 침략했는데, 왜선 모두 바닷속으로 수장시키며 대승을 거뒀다. 배를 모두 잃은 왜구는 내륙으로 숨어들었고, 이성계가 황산대첩에서 소탕하였다. 공원에는 퇴역한 군 장비가 전시되어있어 역사 체험학습장으로 경험해볼 만하다.

군산근대건축관 내부

일본인 지주 생활양식을 드러내는 적산가옥 **신흥동 일본식 가옥**

연계 과목 한국사

신흥동 일본식 가옥

신흥동 일본식 가옥

군산 시간 여행의 절정은 신흥동 일본식 가옥에서 완성된다. 신흥동은 일제강점기 부유층이 주로 거주했던 곳이다. 일본식 2층 목조 가옥으로 당시 포목점과 농장을 운영하던 일본인(히로쓰 게이사브로)이 1925년 무렵 지었다. 그 이름을 따서 '히로쓰 가옥'이라고도 불리는데 일제강점기 일본인 지주의 생활양식을 엿볼 수 있는 적산가옥 중 하나다. <타짜>와 <장군의 아들> 등 여러 영화와 드라마의 배경이 되기도 했다.

🏠 전라북도 군산시 구영1길 17 📞 063-454-3923 🕐 10:00~18:00(동절기 ~17:00)/ 월요일 휴관 ⓦ 무료

아이에게 꼭 들려주세요!

'적산가옥'은 1945년 8월 15일 일본이 세계대전에서 패망하고 우리나라가 광복되며 일본인 소유의 주택이 정부에 귀속되었다가 일반인에게 불하된 것이다. '적의 재산'이라는 의미를 지니는데 수탈당했던 재산을 되찾았다는 의미도 있다. 일제강점기 역사적 자료가 된다.

국내 유일 일본식 건축양식의 사찰 **동국사**

연계 과목 한국사

동국사

1909년 일본인 승려 우찌다에 의해 지어진 '금강선사'가 이어져 지금의 동국사가 되었다. 국내에서 유일하게 일본식 건축양식을 유지하고 있는 사찰이다. 에도시대 건축 양식과 유사하게 용마루가 일직선으로 뻗은 것이 전통 한옥 양식과는 확연한 차이를 보인다. 개항과 함께 시작된 일본의 불교는 포교보다는 조선인을 일본에 동화시키는 데 목적이 있었다.

🏠 전라북도 군산시 동국사길 16 📞 063-462-5366 ⓦ 무료

10개 유인도와 47개 무인도가 군락을 이룬 해상관광공원 **고군산군도**

연계 과목 과학

2016년 고군산대교가 이어지며 무녀도, 선유도, 장자도, 대장도까지 배를 타지 않고 차로 갈 수 있게 되었다. '모래사장이 10리 (4km)까지 이어진다'하여 명사십리해수욕장으로도 불리는 선유도해수욕장은 바다 멀리까지 수심이 깊지 않고, 주변에 섬이 많아 파도 없이 잔잔하여 아이와 놀기에 부담 없는 곳이다. 육지와 이어진 섬 중 마지막인 장자도 가운데 대장봉 정상에서 무녀도, 선유도 등 60여 개 고군산 군도 파노라마 풍경을 대할 수 있다.

대장도에서 바라본 고군산군도

🏠 전라북도 군산시 옥도면 선유도리 279-8(선유도해수욕장), 전라북도 군산시 옥도면 장자도리15(장자도 공용 주차장)

연계 과목 한국사

100년 넘은 구옥을 개조한 항일 역사관 **군산항쟁관**

군산항쟁관

오래된 가옥을 일제에 항거한 항일의 역사를 담은 전시관으로 개조했다. 군산은 호남지역에서 가장 먼저 3·1운동이 일어난 자랑스러운 역사를 지닌 지역으로, 이를 기억하기 위한 공간이다. 일제 치하 고통스러웠던 아픔이 작은 공간에 고스란히 담겨있다. 전체 관람 시간이 30분 이내로 짧아서 동선에 따라 들르기 좋다.

🏠 전라북도 군산시 구영7길 5 📞 063-454-3310 🕐 10:00~ 17:00/ 월요일 휴관 Ⓦ 무료

저녁 무렵 물 위에 비친 노을이 아름다운 곳 **은파호수공원**

연계 과목 과학

저녁 무렵 물 위에 비친 노을이 아름다워 '은파'라고 이름 지어진 곳. 김정호의 <대동여지도>에도 표시되었을 정도로 유서 깊은 저수지이다. 농업용 저수지로 활용되다가 지금은 군산 주민들의 산책로로 많은 사랑을 받고 있다. 봄에는 호수를 따라 벚꽃이 만발하고, 밤에는 오색찬란한 음악분수가 펼쳐져 인기가 많다.

🏠전라북도 군산시 은파순환길9 Ⓦ 무료

은파호수공원

연계 과목 사회

집 마당을 가르며 기차가 지나던 마을 **경암동 철길마을**

경암동 철길마을

집 마당을 가르며 기차가 지나다니던 독특한 분위기 마을. 1944년부터 2008년까지 화물열차가 다니던 좁은 철길 주변으로 지금은 추억을 파는 가게들이 들어섰다. 추억을 떠올려줄 장난감과 과자를 즐기며, 예전 교복을 빌려 입고 사진을 남겨볼 수 있는 곳이다.

🏠 전라북도 군산시 구암3.1로 162 Ⓦ 무료

체험학습 결과 보고서

체험학습 일시	○○○○년 ○월 ○일
체험학습 장소	전라북도 군산시 신흥동 일본식 가옥, 경암동 철길마을
체험학습 주제	일제강점기 간접 체험하기, 철길 위를 걸으며 과거의 모습 그려보기
체험학습 내용	1. 신흥동 일본식 가옥 처음 보는 형태의 건물이었는데 아빠의 설명을 듣고 일제강점기에 일본인이 살던 집이라는 걸 알았다. 약간 무섭기도 했다. 일본인들은 자기 나라에서 살지 왜 여기까지 와서 우리나라 사람들을 괴롭혔는지 이해가 안 된다. 2. 경암동 철길마을 옛날에 진짜 기차가 다니던 곳이라고 했다. 이렇게 좁은 건물 사이로 기차가 다녔다는 게 믿기지 않았다. 기차가 다니지 않는 폐철길이라 안전하게 걸어보고 놀 수 있어서 좋았다.
체험학습 사진	신흥동 일본식 가옥 마당 철길 걷기

익산교도소세트장

입점리고분전시관

익산 미륵사지
마한박물관

익산쌍릉

익산보석박물관

왕궁리유적

삼한·백제 문화의 정수를 경험할 수 있는 곳

익산

연계 과목 한국사, 과학

익산은 화려하던 삼한·백제 시대의 마지막 시간 여행을 즐길 수 있는 곳이다. 웅진(공주)에서 사비(부여)로 천도하여 백제의 중흥기를 이끄는 동안 익산은 사비에 버금가는 지역이었다. 백제 무왕 때 지어진 것으로 전해지는 익산 미륵사는 복원된 두 석탑과 소실된 가운데 목탑의 크기로 봤을 때 동아시아 최대 사찰이었을 것으로 추정된다. 미륵사지를 좌우로 지키는 미륵사지 석탑은 삼국시대 탑의 형태가 목탑에서 석탑으로 변화해가는 과정을 보여주는 문화재이다. 백제 무왕의 이야기는 왕궁리 유적에서도 찾아볼 수 있다. 백제 사비 시대의 신도시와 같던 익산에서 무왕과 얽힌 백제 시대를 경험할 수 있다.

아이와 체험학습,
이렇게 하면 어렵지 않아요!

체험학습 순서와 이동 시간
익산 미륵사지 (도보3분)→ 국립익산박물관 (자동차 10분)→ 왕궁리유적 (자동차 7분)→ 마한관

교과서 핵심 개념
불교가 융성했던 백제의 석탑, 초기 목탑에서 석탑으로 이어지는 탑의 특징, 백제의 기초가 된 마한

주변 여행지
익산쌍릉, 입점리고분전시관, 익산교도소세트장, 익산보석박물관, 익산토성, 익산근대역사관

**엄마 아빠!
미리 알아두세요**

무왕은 백제 제30대 왕으로 법왕에 이어 즉위하여 641년까지 백제를 다스렸다. 재위기간 동안 신라에게 빼앗긴 영토를 회복하기 위해 자주 전쟁을 일으켰다. 그와 관련된 '서동 이야기' 설화가 <삼국유사>에 전해진다. 무왕(서동)이 신라 진평왕 딸인 선화공주가 아름답다는 이야기를 듣고, 공주가 서동과 밤마다 어울린다는 동요를 퍼트려 궁궐에서 공주를 쫓겨나게 만들어서 결혼했다는 이야기이다.

217

체험학습 여행지 답사

익산 미륵사지

연계 과목 한국사

백제 무왕 때 지어진 사찰 **익산 미륵사지**

미륵사는 백제 무왕 때 지어진 것으로 전해진다. 복원된 두 석탑과 소실된 가운데 목탑의 크기로 봤을 때 동아시아 최대 규모의 사찰로 평가된다. 3개의 탑과 3개의 금당이 짝을 이룬 형태로, 백제 문화의 독창성을 잘 보여주는 유물로 평가받고 있다. 미륵사지 석탑은 목탑에서 석탑으로 변화해가는 과정을 보여주는 것으로, 우리나라 석탑 중 가장 크고 오래되었다.

⌂ 전라북도 익산시 금마면 기양리 125-7 ⊙ 09:00~18:00 Ⓦ 무료

아이에게 꼭 들려주세요!

미륵사는 무왕과 왕비 선화공주가 용화산 아래 연못에서 미륵 삼존이 나타난 것을 보고 사찰을 지어달라는 공주의 청으로 지었다고 <삼국유사>에 전해진다. 미륵사지 석탑은 1915년 일제강점기 시멘트로 덮어버리는 식으로 보전 처리하였으나, 시멘트 무게 때문에 추가 붕괴가 진행되어 해체·복원하였다. 석탑을 복원하는 데 치과에서 사용하는 미세 그라인더까지 동원하여 시멘트를 제거하여 현재의 모습이 되었다. 복원 과정에서 천년이 넘도록 잠들어 있던 금제사리봉영기, 금제사리호 등 다양한 유물이 출토되었다.

미륵사지 발굴 문화재 전시관 **국립익산박물관**

연계 과목 한국사

미륵사지에 함께 자리한 국립익산박물관은 미륵사지에서 발굴된 문화재를 보존, 연구하기 위해 2020년 문을 열었다. 미륵사지에서 발견된 백제 불교문화 기록이 아이들의 호기심을 자극한다. 익산백제실은 사비 백제의 신도시이던 익산의 왕궁리유적과 익산쌍릉 등 백제 후기의 발자취를 보여준다. 왕궁리유적에서 발굴된 '오층석탑 금동제 불입상', '금제 사리 상자와 유리제 사리병'이 소장되어있다. 특히 미륵사지 석탑의 복원 과정과 출토 문화재를 전시하는 미륵사지실이 압권이다. 입점리 고분군에서 발견된 금동신발의 진품도 만나볼 수 있다.

⌂ 전라북도 익산시 금마면 미륵사지로 362 ☎ 063-830-0900 ⊙ 09:00~18:00/ 월요일 휴관 Ⓦ 무료

아이에게 꼭 들려주세요!

초등 저학년 아이들과 함께라면 2022년 새로이 문을 연 어린이박물관을 먼저 둘러보자. 소실된 미륵사 목탑 이야기와 석탑에서 발견된 보물의 비밀을 접할 수 있다. 예약제로만 운영되니 누리집에서 예약하고 방문하자.

국립익산박물관 전시실

국립익산박물관

백제 후기 무왕 때 궁성이자 사찰로 활용된 곳 **왕궁리유적**

연계 과목 한국사

왕궁리유적 한가운데 있는 왕궁리오층석탑

왕궁리유적

미륵사지와 함께 익산의 백제 역사유적지구 중 한 곳. 백제 후기 무왕 때 조성된 궁성으로 추후 사찰로 활용된 유적지이다. 복원된 궁터 한가운데 '왕궁리오층석탑'이 자리한다. 석탑 발굴 조사 과정에서 다양한 유물이 발견되어 백제가 남긴 긴 역사를 가늠해볼 수 있다. 왕궁이나 사찰 등의 주요 시설에 사용하던 왕궁의 수막새, 왕실을 뜻하는 '수부'라고 쓰인 기와 등이 발견되었다. 유적지와 함께 있는 백제왕궁박물관에서 유적지에서 출토된 1만여 점의 문화유산을 관람할 수 있다.

⌂ 전라북도 익산시 왕궁면 궁성로 666 ☏ 063-859-4631 ⓦ 무료 ⓘ https://www.iksan.go.kr/wg

---

마한의 중심지던 익산에 자리한 전시관 **마한박물관**

연계 과목 한국사

마한박물관

삼국에 가려 잘 알려지지 않은 삼한, 그중에서도 마한의 중심지이던 지역이 익산이다. 국내에서도 마한을 전문적으로 알리는 곳은 마한박물관이 거의 유일하다. 박물관 규모는 그리 크지 않은 데 비해 유물 5천여 점이 전시되어있어 익산 지역 선사 문화에서부터 마한의 성립, 백제로 전환되는 문화의 연결 고리를 확인할 수 있다. 마한박물관에 무왕과 선화공주의 이야기를 담고 있는 서동공원에 함께 있다. 금마저수지에 자리한 덕분에 풍경이 뛰어나 박물관을 본 후에 산책하기에 좋다.

⌂ 전라북도 익산시 금마면 고도9길 41-14 ☏ 063-859-4633
⊙ 09:00~18:00/ 월요일 휴관 ⓦ 무료 ⓘ https://www.iksan.go.kr/mahan

마한박물관

백제 전후 고분의 변천을 확인할 수 있는 곳 **입점리고분전시관**

입점리고분군과 함께 자리한 곳. 입점리고분군은 21개의 고분이 모인
곳으로 금동관대, 금동관모, 금동신발 등 다양한 문화재가 출토되었다.
1986년 한 고등학생이 칡을 캐다가 금동모자를 발견하며 알려지게 되
었다. 금동모자는 일본에서 발견된 금동제 모자와 유사하여 당시 백제
와 일본이 교류했음을 알 수 있다. 고분의 일부는 관람 가능하다.

입점리고분전시관

🏠 전라북도 익산시 웅포면 입점고분길 80 📞 063-859-4634 🕐 09:00~18:00/
월요일 휴관 ⓦ 무료 ⓘ https://www.iksan.go.kr/ipjeomri

백제 후기 굴식 돌방 형식의 무덤 **익산쌍릉**

익산쌍릉 대왕묘

무덤 두 개가 가까이 있어 쌍릉이라 한다. <고려사>에 무강왕과 왕비
의 무덤이라 쓰여있는데, 발굴 조사 결과 백제 30대 무왕과 왕비의 무
덤일 가능성이 커졌다. 여러 차례 도굴되었지만, 발굴 과정에서 목관과
토기, 관 꾸미개 등이 발견되었다. 무왕과 왕비의 유물은 국립익산박물
관에 전시되어있다.

🏠 전라북도 익산시 쌍능길 65 ⓦ 무료

200여 편 영화와 드라마의 배경지 **익산교도소세트장**

<7번 방의 선물>, <말모이>, <마약왕>, <신과 함께> 등 인기 높았던
영화나 드라마의 교도소 배경이 된 곳. 성당초등학교 남성분교 폐교 부
지를 2005년 영화 <홀리데이>를 찍으며 교도소 세트로 만들었다. 정
기 휴무일 외에도 촬영일에는 관람이 어려울 수 있으니 미리 전화로 확
인 후 방문하는 게 좋다.

익산교도소세트장 내부

🏠 전라북도 익산시 성당면 함낭로 207 📞 063-859-3836 🕐 10:00~17:00/ 월
요일 휴장 ⓦ 무료

국내 유일 보석과 원석을 소장 및 전시한 곳 **보석박물관**

대청 자수정 원석

11만 점에 달하는 진귀한 보석을 한자리에서 감상할 수 있는 곳. 자칫
체험학습 여행을 지겨워하는 아이들이 있다면 박물관과 함께 있는 실
내 놀이터 '다이노키즈월드'도 눈여겨보자.

🏠 전라북도 익산시 왕궁면 호반로 8 📞 063-859-4641 🕐 10:00 ~18:00/ 월요
일 휴관 ⓦ 어른 3천 원, 어린이 1천 원 ⓘ https://www.jewelmuseum.go.kr

체험학습 결과 보고서

체험학습 일시	○○○○년 ○월 ○일
체험학습 장소	전라북도 익산시 미륵사지, 국립익산박물관
체험학습 주제	복원된 익산 미륵사지 석탑과 복원 과정에서 발굴된 유물 살펴보기
체험학습 내용	1. 익산 미륵사지 보고 싶던 석탑을 드디어 봐서 감격스러웠다. 너무 멋졌다. 나중에 조사가 더 되어서 가운데 목탑까지 복원된 진짜 완벽한 모습도 보고 싶다. 오른쪽에 복원된 석탑은 안에 들어가 볼 수 있었다. 탑에 들어가다니! 신기했다. 2. 국립익산박물관 박물관에서 가장 인상적인 유물은 금제 사리 상자와 유리제 사리병이었다. 이 밖에도 여러 유물이 있었는데 다 너무 예뻤다. 백제 사람들은 모두 솜씨가 좋았던 것 같다.
체험학습 사진	 익산 미륵사지 석탑 금제 사리 상자

조선 왕실의 본향인 전북 여행 일번지

전주

연계 과목 한국사, 사회

전주는 태조 이성계가 세운 조선 왕실의 본향으로, 경기전과 어진박물관을 통해 조선 500년의 시작을 엿볼 수 있는 지역이다. 경기전은 조선 3대 왕인 태종이 태조 이성계 어진을 봉안하고 제사를 지내기 위해 만든 전각이다. 경기전이 있는 전주한옥마을은 전주의 대표 관광지이자 전국 한옥마을 중에서도 인기 있는 여행지이다. 시간이 멈춘 듯하면서도 동시에 엄청난 속도로 유행을 만들어내는 곳이기때문이다. 전주한옥마을을 아기자기하게 즐기기 전에 먼저 국립전주박물관과 전주역사박물관에 들려 전주를 전반적으로 살펴보는 시간을 가져보자. 가장 한국적이면서도 '힙'한 전통문화를 접할 수 있는 전주에 대한 이해와 여행의 재미를 높일 수 있다.

아이와 체험학습, 이렇게 하면 어렵지 않아요!

체험학습 순서와 이동 시간
국립전주박물관 (도보 3분)→ 전주역사박물관 (자동차 20분)→ 경기전&어진박물관 (자동차 5분)→ 국립무형유산원

교과서 핵심 개념
이성계가 문을 연 조선시대와 조선왕조실록, 동학농민운동과 전봉준, 훈민정음으로 처음 쓰인 용비어천가

주변 여행지
전주한지박물관, 팔복예술공장, 전주한옥마을, 오목대, 전동성당, 풍남문, 한벽당, 전주남부시장

**엄마 아빠!
미리 알아두세요**

국립전주박물관에 전시된 <용비어천가>는 세종대왕이 <훈민정음해례본>에 앞서 편찬한 서적이다. <용비어천가>는 6대 선조의 업적을 기록한 것으로, 이를 통해 고려를 무너뜨린 조선의 정당성을 알리려 했기 때문이다. 한편 전주가 동학농민운동이 잠시 승기를 잡은 곳이라는 것도 알아두자. 고창에서 봉기한 농민군은 전주성까지 점령했다. 조정의 요청에 따라 청과 일본 군이 합세하자 '전주 화약'을 맺었다.

연계 과목 한국사

국립전주박물관 전시실

국립전주박물관

전북지역 대표 전시관 **국립전주박물관**

1990년 전북지역을 대표하는 박물관으로 개관된 곳. 1층 역사실에서 선사시대부터 백제를 거쳐 조선시대에 이르는 전북지역의 전시가 이어지고, 고창 봉덕리 금동신발과 <완산부지도> 등 전북에서 발굴된 4천여 점의 유물이 전시되어있다. 특히 2층 '전주와 조선 왕실' 전시는 국립전주박물관의 핵심이다. 전주는 태조 이성계가 세운 조선 왕실의 본향으로, '전주와 조선 왕실' 전시를 통해 조선 500년의 다양한 기록문화를 접할 수 있기 때문이다. 조선왕조실록을 보관하던 신록 상자, 훈민정음으로 쓴 최초의 작품인 <용비어천가> 등의 대표 유물이 전시되어있다. 대형 스크린을 통한 실감형 콘텐츠와 아이들을 위한 어린이 박물관도 준비되어있다.

전라북도 전주시 완산구 쑥고개로 249 📞 063-223-5651 ⏰ 10:00~18:00 ⓦ 무료 ⓘ https://jeonju.museum.go.kr

---

연계 과목 한국사, 사회
시대별 전주의 변화를 담은 전시관 **전주역사박물관**

국립전주박물관 바로 옆에 있어 함께 들러볼 만한 전시관. 전라도의 중심이던 전주의 선사시대부터 근현대까지 시대별 전주의 변화를 확인해볼 수 있는 곳이다. 특히 전주는 동학농민운동이 잠시나마 실현되었던 역사적인 지역으로, 전주역사박물관 4층 동학농민혁명실에서 그 이야기를 만날 수 있다. 전주의 전통 문화예술로 손꼽히는 부채와 한지, 판소리 등은 2층 전주문화예술실에서 대할 수 있다.

전라북도 전주시 완산구 쑥고개로 259 📞 063-228-6485 ⏰ 09:00~18:00/ 월요일 휴관 ⓦ 무료 ⓘ https://www.jeonjumuseum.org

전주역사박물관

전주역사박물관 전시실

태조 이성계 어진을 봉안한 곳 **경기전과 어진박물관**

연계 과목 한국사

하늘에서 바라본 경기전과 어진박물관

어진박물관

조선을 건국한 태조 이성계의 어진을 봉안하기 위해 축조된 곳이 경기전이다. 고풍스러운 분위기에 대나무 숲이 더해져 한복을 차려입고 사진 찍거나 거닐기에 좋은 곳이다. 경기전 안쪽에 국보 제317호 진품 태조 어진이 봉안된 어진박물관이 있다. 한때 26점의 태조 어진이 있었다는데, 전란에 유실되어 어진박물관의 태조 어진이 현재 유일하다.

🏠 전라북도 전주시 완산구 태조로 44 📞 063-281-2891 🕐 09:00~19:00(하절기 ~20:00, 동절기 ~18:00) Ⓦ 어른 3천 원, 어린이 1천 원 ⓘ http://www.eojinmuseum.org(어진박물관)

아이에게 꼭 들려주세요!

왕의 초상화를 '어진'이라고 한다. 어진박물관에는 태조 어진뿐만 아니라 어진 제작 방법과 여러 시대의 어진이 전시되어있다. 어진의 봉안 과정 등 평소 어느 박물관에서도 쉽게 접해보지 못한 왕의 초상화 문화에 대해 깊이 있게 관람할 수 있다.

우리 무형문화유산 보존·전승하는 공간 **국립무형유산원**

연계 과목 사회

국립무형유산원

국립무형유산원 전시실

국립무형유산원은 이 살아있는 우리 무형문화유산을 보존 및 알리고 전승시키기 위해 설립된 곳 상설전시실1에서 우리 민족 일상의 흥과 풍류라는 주제로 전통 공연, 의례, 전통 놀이, 무예 등 국가무형문화재를 살펴볼 수 있다. 상설전시실2에는 유기장이 만든 유기 반상기, 궁시장이 만든 활, 옹기장이 만든 질항아리 등의 전통 공예품과 장인들의 도구가 전시되어있다. 예약하면 주 1~2회 진행되는 무형유산 공연을 무료 관람할 수 있다.

🏠 전라북도 전주시 완산구 서학로 95 📞 063-280-1400 🕐 09:30~17:30/ 월요일 휴관 Ⓦ 무료 ⓘ https://www.nihc.go.kr

한지 공예품과 한지의 역사를 고스란히 담은 곳 전주한지박물관

연계 과목 사회

전주는 우리나라에서 가장 좋은 한지를 생산하던 지역이다. 전주한지
박물관은 신문과 출판 용지를 주로 생산하는 전주페이퍼 사옥 가운데
자리한다. 전시와 체험으로 우수한 전통 한지를 대할 수 있다. 전주한
지박물관 내 한지재현관에서는 한지 제작 과정을 살펴볼 수 있고, 한지
만들기 무료 체험이 가능하다.

전주한지박물관 한지재현관 한지 체험

🏠 전라북도 전주시 덕진구 팔복로 59 (주)전주페이퍼 📞 063-210-8103 ⏱
09:00~17:00/ 월요일 휴관 ⓦ 무료 ⓘ https://www.hanjimuseum.co.kr

연계 과목 예술

팔복예술공장

팔복동 카세트테이프 공장이던 예술 놀이터 팔복예술공장

한때 전주 경제를 이끌던 팔복동의 카세트테이프 공장이 팔복예술공
장이라는 이름으로 20여 년 만에 재탄생했다. 문화와 예술의 옷으로
갈아입은 공장은 예술을 쉽게 경험하고 배울 수 있는 공간으로 진화하
고 있다. 예술을 놀이처럼 즐기고 나눌 수 있는 공간이다.

🏠전라북도 전주시 덕진구 구렛들1길 46 📞 063-212-8801 ⏱ 10:00~18:00/ 월
요일 휴장 ⓦ 무료 ⓘ http://www.palbokart.kr

한국 전통문화를 담은 7백여 채 한옥이 모여 있는 곳 전주한옥마을

연계 과목 한국사

예스러운 한옥과 다양한 먹거리, 즐길 거리가 많은 전주한옥마을을 돌
아보면서 꼭 챙겨봐야 할 5곳의 체험학습 추천 답사지.

전주한옥마을

• 오목대
1380년 이성계가 황산에서 왜적을 물리치고 개경으로 돌아가는 도중, 승전
연회를 열던 곳으로, 전주한옥마을 전경이 한눈에 펼쳐지는 곳.

• 전동성당
1914년 새워진 호남지방 최초 서양식 건축물. 로마네스크 양식의 건축물로, 예술·문화 면에서도 의미가 깊은 곳.

• 풍남문
한옥마을 문화답사 코스의 시작점. 전주성 사대문 중 유일하게 남은 성문으로, 보물 308호로 지정된 곳.

• 한벽당
조건 건국 공신 최담이 전주 낙향하여 지은 누각으로 전주 8경 중 하나.

• 학인당
조선 말 전통 건축 기술을 간직한 고택. 문화예술인을 후원하는 600여 평에 달하는 공연장이다가, 해방 후에 김구를 비롯한 정
부 요인들의 영빈관으로 활용되다가 지금은 고택 투어 및 숙박 시설로 사용되는 곳.

🏠전라북도 전주시 완산구 기린대로 99(공용 주차장) ⓘ http://hanok.jeonju.go.kr

	체험학습 결과 보고서
체험학습 일시	○○○○년 ○월 ○일
체험학습 장소	전라북도 전주시 어진박물관, 전주한지박물관
체험학습 주제	어진박물관에서 조선 건국왕 이성계 어진 살펴보기, 한지박물관에서 한지 만들기 체험
체험학습 내용	1. 어진박물관 아빠가 어진박물관에 간다고 했을 때 어진이 뭔지 몰랐는데 이제 알게 되었다. 내가 좋아하는 세밀화와 비슷했다. 진짜 왕이 쳐다보는 것처럼 위엄 있어 보였다. 2. 전주한지박물관 옛날 사람들이 사용한 종이에 대해서 궁금했는데, 한지박물관에서 한지에 대해 배울 수 있었다. 나무로 종이를 만들었다는 것이 믿기지 않았다. 박물관에 한지를 만드는 과정을 보여줘서 알게 되었다. 직접 한지를 떠 보는 체험도 했다.
체험학습 사진	태조 어진 한지박물관 한지 만들기 체험

고인돌 유적지와 갯벌의 보고
고창
연계 과목 한국사, 과학

고창은 화순 그리고 강화와 더불어 국내 최대 고인돌 유적
지 중 하나다. 고인돌은 청동기시대 지배자의 무덤으로, 해
안이나 강변에서 주로 발견된다. 고창 고인돌에 관한 자세
한 이야기는 고인돌박물관에서 확인할 수 있다. 더불어 고
창에서 부안으로 이어지는 세계 5대 갯벌도 챙겨봐야 할 체
험학습지이다. 갯벌은 바다 생물과 새들에게 천혜의 안식
처이며, 주민에게는 삶의 터전으로 의지하며 살아온 중요
한 공간이다. 람사르고창갯벌센터에서 갯벌의 역할에 대해
알아보고 갯벌체험장에서 직접 조개 캐기에 도전해본다면
더욱 효과적인 체험학습을 할 수 있을 것이다.

아이와 체험학습, 이렇게 하면 어렵지 않아요!

체험학습 순서와 이동 시간
고창고인돌박물관 (자동차 10분)→ 고
창읍성 (자동차 15분)→ 운곡 람사르습
지 자연생태공원 (자동차 25분)→ 람사
르고창갯벌센터

교과서 핵심 개념
선사시대와 고인돌 문화, 갯벌에 사는
생물과 갯벌의 역할, 습지에 사는 식물

주변 여행지
구시포해수욕장, 학원농장, 선운사, 하
전갯벌체험장, 고창판소리박물관

**엄마 아빠!
미리 알아두세요**

갯벌은 사람 몸의 콩팥에 해당하는 역할을 한다. 육지 오염물을 걸러내기 때문이다. 그래서 갯벌을 많은 생
물이 살아가는 터전이라고 한다. 우리 밥상에 올라오는 해산물의 절반 이상이 갯벌에서 살아간다. 홍수를
막아주고 태풍의 피해를 줄여주어 바다 생태계와 육지 생태계 사이를 완충해주는 중요한 역할을 하는 것
도 갯벌이다.

고인돌 보호 및 교육 공간 **고창고인돌박물관**

고창고인돌박물관

고창고인돌박물관

전국에 3만여 개 중 고창에만 2천여 개의 고인돌이 있고, 그중 고창읍 도산리 일대에만 447기의 고인돌이 집중적으로 발견되었다. 고창에 세계적으로도 크고 넓게 고인돌이 분포되어 세계문화유산(2000년)으로 지정되기까지 했다. 이 세계적인 문화유산을 보호하고 교육적으로 활용하고자 개관한 곳이 고인돌박물관이다. 박물관에 청동기 유물은 물론, 고인돌 제작 과정과 생활상 등이 전시되어 있어 아이들의 역사 체험학습 장소로 적절하다..

🏠 전라북도 고창군 고창읍 고인돌공원길 74 📞 063-560-8666 🕐 09:00~18:00(동절기 ~17:00)/ 월요일 휴관 ⓦ 어른 3천 원, 어린이 1천 원 ⓘ https://www.gochang.go.kr/gcdolmen

> **아이에게 꼭 들려주세요!**
> 고창고인돌박물관에서는 '모로모로 탐방 열차'를 운영한다. 고창 고인돌 유적은 넓은 지역에 분포하고 있는 까닭에 도보 답사가 쉽지 않으니 편안하게 열차를 타고 가보자. 평일에는 온라인 예약이 가능하지만, 주말 열차표는 현장 발권만 가능한 데 유의하자. 열차는 오전 10:30분부터 1시간 단위로 운영된다.

조선 단종 때 왜적 방어 위한 석성 **고창읍성**

조선 단종 때 왜적을 방어하기 위해 지은 석성. 주변 자연석을 이용해 4~6m 높이로 쌓아 올린 것이 특징이다. 약 1.7km 정도 되는 성곽을 따라 읍성 전체를 둘러볼 수 있다. 성을 한 바퀴 돌면 다릿병이 낫고 두 바퀴를 돌면 무병장수하며, 세 바퀴를 돌면 죽어서 극락에 간다고 하는 '답성놀이'가 전해지기도 한다. 성곽을 따라 산책하듯 거닐며 넓게 펼쳐진 고창읍 내 풍경을 담아보자. 매년 4월 전후 읍성 전체를 따라 철쭉이 만개하면 인기다. 읍성 앞에 있는 고창판소리박물관에도 들러 세계 인류 무형문화유산인 판소리에 대해서도 담아보자.

🏠 전라북도 고창군 고창읍 동리로 117(공용주차장) 📞 063-560-8055 🕐 09:00~22:00 ⓦ 어른 3천 원, 어린이 1,500원

고창판소리박물관

다양한 멸종 위기 동물이 서식하는 전라도의 DMZ **운곡 람사르습지 자연생태공원** 연계 과목 과학

멸종 위기 야생동물인 수달과 황새, 삵, 담비를 비롯하여 천연기념물인 황조롱이, 붉은배새매 등 다양한 동물이 서식하는 곳. 운곡저수지에 자리 잡은 자연생태공원에는 아이들과 함께 습지에 대해서 배울 수 있는 전시관과 생태 놀이터가 있고, 공원 한편에 세계 최대 크기의 고인돌도 있다. 주차장이 있는 탐방안내소에서 생태공원까지 운곡저수지를 따라 약 3.3km 가야 한다. 저수지 변을 따라 산책하면서 갈 수도 있지만, 생각보다 거리가 있다. 마을에서 운영하는 생태공원 탐방 열차를 타고 좀 더 편하게 운곡 람사르습지를 탐험해보자.

⌂ 전라북도 고창군 아산면 운곡서원길 15(입구 주차장) 📞 063-560-2720 ⏰ 10:00~18:00(동절기 ~17:00)/ 월요일 휴무 ⓦ 어른 3천 원, 어린이 1천 원(탐방열차 편도 기준 어린이 1천 원, 중학생 이상 2천 원)

고창과 부안에 둘러싸인 갯벌 체험관 **람사르고창갯벌센터** 연계 과목 과학

2011년 람사르습지로 등록된 운곡 람사르습지는 전라도의 DMZ라 불릴 정도로 멸종위기 야생동물인 수달과 황새, 삵, 담비를 비롯하여 천연기념물인 황조롱이, 붉은배새매 등 다양한 희귀동물이 서식하고 있는 곳이다. 습지가 있는 운곡저수지에 자리 잡은 자연생태공원에는 습지에 대해서 배울 수 있는 전시관과 생태 놀이터가 있고, 공원 한편에는 세계 최대 크기를 자랑하는 고인돌이 있다. 주차장이 있는 탐방안내소에서 생태공원까지는 운곡저수지를 따라 3.3km 정도 가야 한다. 저수지 변을 따라 걷는 것도 좋고, 마을에서 운영하는 탐방 열차를 타면 편안하게 공원까지 갈 수 있다.

⌂ 전라북도 고창군 심원면 애향갯벌로 591-34 ⏰ 09:00~18:00/ 월요일 휴관 ⓦ 무료(체험비 별도)

모래사장이 길고 아름다운 해변 구시포해수욕장

워낙 넓어 성수기에도 한갓지게 놀 수 있는 곳이다. 물이 들어오는 만조에는 파도를 즐기고, 물이 빠져나가면 호미 하나 들고 갯벌을 파다 보면 씨알 굵은 동죽, 백합을 잡을 수 있다. 해변 송림을 따라 주말이면 발 디딜 틈 없이 빼곡히 캠퍼들이 자리 잡기도 한다. 나무가 만드는 그늘과 시원한 바닷바람으로 한여름에도 덥지 않고 쾌적하다.

⌂ 전라북도 고창군 상하면 자룡리 520-46

구시포해수욕장

학원농장역 청보리밭

국내 최대 청보리밭이 있는 농장 학원농장

청보리는 매년 4월에서 5월까지만 볼 수 있다. 해당 기간에 고창을 찾는다면 청보리를 볼 수 있고, 시기가 조금 빗겨 여름에는 청보리밭에 노란 해바라기가 장관을 이루고 가을에는 하얀 메밀꽃이 뽀얗게 눈이 내린 것처럼 피어난다.

⌂ 전라북도 고창군 공음면 학원농장길 154   ☎ 063-563-9897   ⊙ 09:00~18:30

김제 금산사와 더불어 전라북도 2대 사찰 선운사

보유한 불교 문화재도 많고 자연경관이 아름다워 많은 사람이 찾는 곳. 겨울에서 봄으로 이어지는 계절에는 동백꽃이, 여름에서 가을로 넘어가는 계절에는 꽃무릇이 핀다. 사찰은 입구 격인 천왕문을 들어서면 특유의 향냄새가 나는 게 일반적인데, 선운사에서는 향긋한 '차' 향이 먼저 난다. 많은 관광객을 위해 사찰 한가운데 '만세루'에서 무료로 전통차를 제공하기 때문이다.

⌂ 전라북도 고창군 아산면 선운사로 250   ☎ 063-561-1422   ⊙ 05:00~20:00   ⓦ 무료

선운사 경내

하전갯벌체험장

고창갯벌과 인접한 갯벌 체험장 하전갯벌체험장

여벌 옷만 준비해서 가면 장비 대여부터 조개 잡는 방법까지 모두 준비되어있고 알려주는 곳. 갯벌을 가로질러 달리는 갯벌 버스를 타고 편안하게 이동할 수 있다. 갯벌 버스를 타는 것만으로도 아이들의 만족도는 상승한다. 갯벌 체험은 4월~10월 중에 있고 물 때에 따라 체험이 있으니 물때표를 참고하거나 미리 전화로 확인하고 방문하는 게 좋다.

⌂ 전라북도 고창군 심원면 서전길 55-17   ☎ 063-564-8831   ⊙ 09:00~18:00   ⓦ 성인 12,000원, 학생 8천 원   ⓘ http://hajeon.invil.org

체험학습 결과 보고서

체험학습 일시	○○○○년 ○월 ○일
체험학습 장소	전라북도 고창군 고창읍성, 운곡 람사르습지 자연생태공원
체험학습 주제	조선시대 읍성 구조와 역할 알아보기, 람사르습지 탐험해보기
체험학습 내용	1. 고창읍성 성 위로 올라갈 수 있었다. 답성놀이 표지판을 보고 세 바퀴를 돌고 싶었지만 모두 말려서 한 바퀴만 돌았다. 성 외각에 진달래가 핀다던데 내가 갔을 때는 이미 져 버려서 아쉬웠다. 다음에는 진달래가 필 때 가고 싶다. 성 가운데서 고리 던지기와 투호 등의 전통 놀이를 했다. 2. 운곡 람사르습지 자연생태공원 탐방 열차를 타고 호수 둘레를 따라갔다. 햇빛에 반짝이는 호수가 무척 예뻤다. 도착하고 조금 걷다가 세계 최대의 고인돌을 보았다. 만질 수 있어서 밀어 봤는데 꿈쩍도 하지 않았다. 옛날 사람들은 이걸 어떻게 옮겼을까? 그리고 생태 놀이터로 가서 신나게 놀았다.
체험학습 사진	 고창읍성 운곡 람사르습지 자연생태공원 고인돌

전일빌딩245 내부 전시관

41

국내 항쟁과 민주주의의 기원지
광주·화순

연계 과목 한국사, 과학

광주는 민주주의의 의미와 가치를 생각하게 만드는 체험
학습 지역이다. 일제를 향한 광주 학생의 독립운동, 이승만
독재를 향한 4·19혁명, 신군부를 정권 찬탈을 막으려 하던
5·18민주화운동까지 광주의 역사는 항쟁의 역사 그 자체이
기 때문이다. 그래서 우리는 광주에 빚을 지고 있다고도 한
다. 3·1운동 이후 가장 큰 규모이던 학생들의 항일 운동 이
야기는 광주학생독립운동기념관에서, 세계도 인정한 시민
의 힘을 보여준 5·18민주화운동은 전일빌딩245와 5·18광
주민주화운동기록관에서 확인할 수 있다. 단독으로 찾기에
는 약간 아쉬운 화순도 광주와 묶어서 일정을 짜면 더욱 풍
성한 여행지로 경험할 수 있다. 국내 최대 고인돌 유적과 공
룡발자국 화석산지가 자리한다.

아이와 체험학습,
이렇게 하면 어렵지 않아요!

체험학습 순서와 이동 시간
국립광주박물관 (자동차 20분)→ 국립
광주과학관 (자동차 20분)→ 광주학생
독립운동기념관 (자동차 20분)→ 5.18
광주민주화운동기록관 (자동차 45
분)→화순고인돌유적

교과서 핵심 개념
시민의 힘을 보여준 5·18민주화 운동,
아시아의 도자기 문화, 국내 최대 규모
고인돌 유적, 학생 주축 독립운동

주변 여행지
광주역사민속박물관, 전일빌딩245,
5·18민주광장, 무등산국립공원, 세량
지, 화순 서유리 공룡발자국 화석산지

**엄마 아빠!
미리 알아두세요**

광주고등보통학교, 광주농업학교, 광주여자고등보통학교 학생들 주축으로 민족 문화와 사회과학을 연구
하는 성진회, 독서회를 조직하여 독립운동으로 나아갔다. 신군부 세력이 집권을 위해 국가 권력을 이용해
광주 시민을 짓밟자, 시민들이 민주화를 염원하며 신군부에 저항하여 5·18광주민주화운동이 일어났다.

====== 체험학습 여행지 답사 ======

연계 과목 한국사

국립광주박물관 아시아도자문화실

신석기시대 Neolithic Period

국립광주박물관 전시실

전라남도 역사 전시관 **국립광주박물관**

완도와 고흥, 보성에서 출토된 신석기 및 청동기시대 유물부터 삼한과 삼국시대, 신라와 고려시대까지 전라남도 주요 역사를 전시하는 공간. 국립광주박물관은 2층 역사문화실에서부터 1층 아시아도자문화실의 순서로 관람하는 편이 이해가 빠르다. 역사문화실에는 국보로 지정된 화순 대곡리 청동 유물과 광양 중흥산성 쌍사자 석등이 전시되어있다. 아시아도자문화실에서는 신안 해저 문화재를 중심으로 청자, 백자, 분청사기로 대표되는 우리나라 도자와 아시아 여러 도자기의 특징과 차이점을 대할 수 있다.

⌂ 광주시 북구 하서로 110 ☎ 062-570-7000 ⏱ 10:00~18:00(하절기 토요일 ~20:00) ₩ 무료 ① https://gwangju.museum.go.kr

아이에게 꼭 들려주세요!

누리집에서 예약하면 가상현실 체험을 할 수 있다(신장 130cm 이상만 가능). 700년 전 중국과 신안바다로 가상의 시간여행을 떠나보자.

연계 과목 과학

과학에 대한 호기심을 키우는 공간 **국립광주과학관**

빛과 예술 그리고 과학을 주제로 호남지역 아이들의 과학에 대한 호기심을 키우고자 건립된 전시관. 상설전시관이 있는 메인 전시관 외에도 천체투영관, 어린이과학관, 4D 영상관 등 다양한 주제의 특수영상관이 있다. '스페이스 360'은 입체 안경을 쓰지 않고 360도 영상이 관람 가능한 국내 최초 입체 영상관이다. 생활과 미래라는 주제로 운영되는 2층 상설전시관에는 아이들이 조금 더 쉽게 과학을 이해할만한 체험 시설이 있다. 오락실을 방불케 하는 규모에 추가 요금 없이 운영되다 보니 인기가 많다.

⌂ 광주시 북구 첨단과기로 235 ☎ 062-960-6210 ⏱ 09:30~17:30/ 월요일 휴관 ₩ 상설전시관 어른 3천 원 어린이 2천 원(어린이과학관, 특수영상관 요금 별도) ① https://www.sciencecenter.or.kr

국립광주과학관 상설전시관

국립광주과학관

광주학생독립운동의 의미를 새기는 곳 **광주학생독립운동기념관** 연계 과목 한국사

1929년 11월 3일 광주 학생들의 독립운동은 우리나라 3대 독립운동 중 하나로 꼽힌다. 광주 학생들의 독립운동이 도화선이 되어 전국적인 항일운동으로 번져 나갔다는 데 역사적 의의가 크다. 비밀결사를 조직하여 항일 투쟁을 이어갔으며, 5개월이 넘는 기간에 5만여 명이 넘는 학생이 주축이 된 운동이다.

⌂ 광주시 서구 학생독립로 30 ☎ 062-221-5500 ⏰ 09:00~17:00/ 월요일 휴관 Ⓦ 무료 ⓘ http://gsim.gen.go.kr

---

민주화 염원하던 광주 시민의 기록이 집대성된 공간 **5·18 광주민주화운동기록관** 연계 과목 한국사

5·18 광주민주화운동기록관 전시실

5·18민주화운동 기록물을 수집·보존·공유하고자 설립된(관련 기록들 유네스코 세계기록유산 등재) 곳. 당시 상황을 사진과 영상으로 전하며, 정부의 공공문서와 시민의 호소문, 성명서도 전시되어있다. 현장 기자의 취재 수첩과 피해자의 병원 치료기록에 아픈 이야기가 많이 담겨있다.

⌂ 광주시 동구 금남로 221 ☎ 062-613-8204 ⏰ 09:00~18:00/ 월요일 휴관 Ⓦ 무료 ⓘ https://www.518archives.go.kr

---

화순 효산리에서 대신리로 가는 길에 자리한 600여 기의 고인돌 **화순고인돌유적** 연계 과목 한국사

화순 고인돌유적

주변 환경이 원형대로 보존되어있고, 축조 과정을 엿볼 수 있는 채석장까지 발견되어 의미가 큰 유적. '핑매바위 고인돌군'은 길이 7m, 높이 4m, 무게 200t이 넘는 초대형 덮개돌로 이루어졌다. 화순 춘양면 대신리 입구 쪽에 고인돌 발굴 당시 모습을 보존한 전시관이 있어 고인돌 내부를 볼 수 있다. 효산리 입구 쪽에 고인돌 선사 체험장과 거석테마파크, 캠핑장도 있다.

⌂ 전라남도 화순군 도곡면 효산리 139-2 Ⓦ 무료

남도의 생활 문화 이야기가 자리 잡은 곳 **광주역사민속박물관**

연계 과목 한국사

1층 남도민속실에서는 김해 김씨가 상여, 전라도명이 진하게 쓰인 분청사기 항아리 등, 2층 광주근대역사실은 조선시대, 일제강점기를 거쳐 광복으로 이어지는 격변의 시간을 담고 있다. 고려 말 왜구를 섬멸했던 '정지장군'의 갑옷(보물 제336호)도 만나볼 수 있다.

⌂ 광주시 북구 서하로 48-25 ☏ 062-613-5378 ⏱ 09:00 ~18:00/ 월요일 휴관 ⓦ 무료 ⓘ https://www.gwangju.go.kr/gjhfm

광주역사민속박물관 전시물

연계 과목 한국사

전일빌딩245 내 5·18 민주화운동 재구성 영상

계엄군과 시민군의 거점이던 건물 **전일빌딩245**

5·18민주화운동의 중심지인 도청 근처에서 당시 가장 높던 건물. 언론사가 입주해 있던 빌딩을 리모델링하는 과정에서 헬기 사격이 의심되는 총탄 흔적이 193개나 발견되었다. 이후 사적지로 지정되면서 5·18민주화운동의 기념 공간으로 거듭났다. 빌딩 9~10층에는 헬기 사격 총탄 흔적이 보존되어있고, 1980년 금남로 주변을 재구성한 미디어 영상으로 당시 상황을 실감 나게 보여준다. 건물 3층에는 언론 탄압과 교전 상황을 재현해놓았다.

⌂ 광주시 동구 금남로 245 ☏ 062-225-0245 ⏱ 09:00~ 19:00 ⓦ 무료

화순의 숨은 명소인 저수지 **세량지**

연계 과목 과학

CNN에서 '한국에서 가봐야 할 50곳' 중 하나로 소개된 적 있을 정도로 아름다운 풍경을 자랑하는 곳. 잔잔한 저수지는 거울이 되어 호숫가의 나무를 비추고, 이른 아침 물안개가 더해지면 세량지의 진가가 나타난다. 봄 산벚꽃이 호수 위로 닿을 듯 늘어지는 봄이나 단풍 지는 가을에도 세량지의 아름다움을 대할 수 있다.

⌂ 전라북도 고창군 아산면 선운사로 250 ☏ 063-561-1422 ⏱ 05:00~20:00 ⓦ 무료

세량지의 아침

연계 과목 과학

서유리 공룡발자국 화석산지 내 공룡발자국들

백악기 공룡 발자국 흔적 **화순 서유리 공룡발자국 화석산지**

전라남도 내륙에서 최초로 발견된 중생대 백악기 공룡 발자국 화석 산지로 천연기념물 제487호로 지정된 곳이다. 8천만 년 전 형성된 것으로 추정되는 이곳에서 약 1,800개의 육식공룡과 초식공룡의 발자국이 발견되었다.

⌂ 전라남도 화순군 백아면 서유리 산150-1 ☏ 061-379-3530 ⓦ 무료

체험학습 결과 보고서

체험학습 일시	○○○○년 ○월 ○일
체험학습 장소	전라남도 화순군 화순고인돌유적, 서유리 공룡발자국 화석산지
체험학습 주제	고인돌 유적 답사하기, 다양한 공룡 발자국 찾아보기
체험학습 내용	1. 화순고인돌유적 여러 종류의 고인돌을 볼 수 있어서 재미있었다. 그중 신기한 고인돌은 돌에 글씨가 새겨진 것이었다. 어떻게 만들고 옮겼는지 아무리 생각해도 이해되지 않는다. 책에서 고인돌은 높은 사람이 죽었을 때 만들었다고 봤는데, 직접 보니깐 그럴 것 같다. 2. 화순 서유리 공룡발자국 화석산지 여러 공룡 발자국을 봤다. 동그라미 모양 발자국도 있었고, 뾰족이 모양 발자국도 보였다. 사진을 보며 공룡 모양과 발자국 모양을 찾는 게 보물찾기처럼 재미있었다.
체험학습 사진	 화순고인돌유적 내 고인돌 공룡 발자국들

고하도에서 바라본 목포해상케이블카

고려·조선시대 해상 교류의 중심지

목포

연계 과목 한국사, 과학, 창의 체험

목포는 1897년 대한제국이 선포되고 처음으로 자주 개항한 곳이며, 역사적으로도 아시아 해상 교류의 중심지이던 지역이다. 근현대 역사 문화 자산이 아직 남아 있어 아이들이 보고 느낄 요소가 많은 남도 체험학습 1번지로 손꼽힌다. 목포해양유물전시관에서 시간을 거슬러 고려와 조선시대 해상 교류의 역사를 살피고, 목포근대역사관과 주변 근대 문화거리에서 우리나라 근현대 역사를 만나볼 수도 있다. 더불어 목포에는 다양한 남도 먹거리와 볼거리가 있어 관광 여행지로도 인기 만점인 곳이다. 특히 목포 해상케이블카에서는 다른 어떤 지역의 해상케이블카보다 뛰어난 풍경을 대할 수 있어 가족여행에 필수 코스이다.

아이와 체험학습, 이렇게 하면 어렵지 않아요!

체험학습 순서와 이동 시간
목포자연사박물관 (도보 3분)→ 목포해양유물전시관 (자동차 13분)→ 목포근대역사관 (자동차 20분)→ 국립호남권생물자원관

교과서 핵심 개념
식민 지배의 아픔을 간직하고 있는 목포, 바다에 사는 여러 생물, 동아시아 해상 무역과 도자기

주변 여행지
목포해상케이블카, 목포어린이바다과학관, 갓바위, 고하도 목화체험장, 목포 스카이워크, 김대중 노벨평화상 기념관

엄마 아빠! 미리 알아두세요

바다 위에서 목포를 한눈에 내려다볼 수 있는 목포해상케이블카를 여행 일정에 넣어보자. 아이들에게 특히 인기라서 주말에는 대기가 길어질 수 있으니 일찍 다녀오는 편이 유리하다. 낮에 타는 것도 좋지만, 해가 넘어가는 시간에 탑승하면 석양을 즐길 수 있어 좋다.

체험학습 여행지 답사

목포자연사박물관 압해도 공룡알 둥지 화석

목포자연사박물관

연계 과목 과학

증강현실 콘텐츠 많은 전시관 목포자연사박물관

총 7개의 전시실에서 46억 년의 지구 역사를 압축하여 보여주는 곳이다. 공룡화석과 광물, 다양한 동물과 어류 표본을 전시하고 있다. 특히 신안군 압해도에서 발견된 육식공룡알 둥지 화석과 전 세계 2점 밖에 없는 '프레노케라톱스' 화석이 전시되어있다. 공룡알 둥지 화석은 국내 최대 규모로 천연기념물 제535호로 지정되었다. 아이들의 흥미를 자극할 만한 인터랙티브한 증강현실 콘텐츠가 많다.

🏠 전라남도 목포시 남농로 135　📞 061-274-3655　🕐 09:00~18:00/ 월요일 휴관　🅦 어른 3천 원, 어린이 1,000원　ⓘ https://museum.mokpo.go.kr

아이에게 꼭 들려주세요!

도자기 산업이 활발하게 이루어졌던 전남지역 문화를 잇는 '생활도자박물관'도 함께 들러볼 만하다. 목포자연사박물관 입장권으로 문예역사관과 생활도자박물관까지 한 번에 관람이 가능하니 참고하자.

연계 과목 한국사

수중 고고학 박물관 목포 해양유물전시관

국립해양문화재연구소에서 운영하는 아시아 최대 규모의 수중 고고학 박물관. 신안에서 발굴한 '신안선'과 '십이동파도선' 등 난파선을 복원해놓았고, 바닷속에 있던 7,700여 점의 유물이 전시되어있다. 고려시대 청자와 조선시대 승자총통 등의 유물을 통해 아시아 해양 교류의 역사를 실감 나게 접할 수 있다. 쉽게 접하기 어려운 볼거리가 가득한데도 무료로 운영되는 게 장점이다.

🏠 전라남도 목포시 남농로 136　📞 061-270-3001　🕐 09:00~18:00/ 월요일 휴관　🅦 무료

목포 해양유물전시관 전시실

목포 해양유물전시관 전시실

목포 근대사를 담은 공간 **목포근대역사관**

연계 과목 한국사

목포근대역사관 1관

목포근대역사관 2관

개항 이후 일제강점기를 거쳐 지금까지의 목포 역사에 관한 전시관. 1관은 1900년에 지어진 일본영사관 건물로 목포에서 가장 오래된 건물이다. 건물 뒤에 태평양전쟁 당시 만들어진 방공호도 그대로 남아있다. 2관은 1관에서 도보 5분 거리에 있는 동양척식주식회사 목포지점의 건물을 활용하여 개관하였다. 일제강점기 수난의 역사와 독립투쟁 이야기를 담고있다.

⌂ 전라남도 목포시 영산로29번길 6(1관), 번화로 18(2관) ☎ 061-242-0340 ⏰ 09:00~18:00/ 월요일 휴관 ₩ 어른 2천 원, 어린이 5백 원

> **아이에게 꼭 들려주세요!**
> 동양척식주식회사는 일본과 한국 국적을 모두 가진 회사였다가 1910년 국권 상실과 동시에 일본 국적만이 남았다. 식민 정책의 선봉에서 우리나라를 수탈했던 대표적 기관으로, 토지 강매와 높은 소작료를 받고 많은 양곡을 수탈해갔다.

연안 어류·조류·동물 관련 전시관 **국립호남권생물자원관**

연계 과목 과학

국립호남권생물자원관 전시실

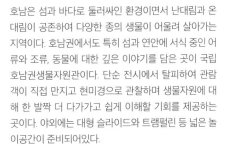

호남은 섬과 바다로 둘러싸인 환경이면서 난대림과 온대림이 공존하여 다양한 종의 생물이 어울려 살아가는 지역이다. 호남권에서도 특히 섬과 연안에 서식 중인 어류와 조류, 동물에 대한 깊은 이야기를 담은 곳이 국립호남권생물자원관이다. 단순 전시에서 탈피하여 관람객이 직접 만지고 현미경으로 관찰하며 생물자원에 대해 한 발짝 더 다가가고 쉽게 이해할 기회를 제공하는 곳이다. 야외에는 대형 슬라이드와 트램펄린 등 넓은 놀이공간이 준비되어있다.

⌂ 전라남도 목포시 고하도안길 99 ☎ 061-288-7800 ⏰ 09:00~18:00/ 월요일 휴관 ₩ 어른 2천 원, 어린이 1천 원 ⓘ https://hnibr.re.kr

국내 최장·최고 케이블카 **목포해상케이블카**

목포 바다를 눈에 담으며 바다 위를 날아가는 듯한 느낌이 들게 해주는 케이블카. 케이블카에서 다도해의 아름다움과 푸른 하늘의 화사함을 함께 경험할 수 있다. 북항, 유달산, 고하도 세 곳에 승강장이 있다. 북항 스테이션에서 출발했다면, 고하도에 내려서 전망대로 걸어가 보자. 고하도 전망대는 목포 앞바다를 360도 파노라마로 바라볼 수 있는 곳이다. 전망대 아래 해안 데크 길은 목포대교 아래까지 길게 이어진다.

⌂ 전라남도 목포시 해양대학로 218(북항 스테이션), 달동 1356(고하도 스테이션) ☎ 061-244-2600 ⏰ 09:30~21:00(평일 ~20:00) ⓦ 어른 22,000원, 어린이 16,000원(일반캐빈 왕복 기준) ⓘ http://www.mmcablecar.com

목포해상케이블카

목포어린이바다과학관 전시실

아이들 위한 바다 전문 전시관 **목포어린이바다과학관**

깊은 바다에서 얕은 갯벌까지 해양에 대한 과학적 사고를 기르고, 바다 생태계를 쉽게 이해하도록 다양한 체험 시설이 준비된 곳. 미취학 아동과 초등 저학년생에게 어울릴 수준의 공간이다.

⌂ 전라남도 목포시 삼학로92번길 98 ☎ 061-242-6359 ⏰ 09:00 ~18:00/ 월요일 휴관 ⓦ 어른 3천 원, 어린이 1천 원 ⓘ https://mmsm. mokpo.go.kr

---

삿갓을 쓴 모습의 암석 **갓바위**

화산 활동으로 만들어진 응회암이 오랜 침식과 풍화 작용으로 지금과 같은 모습이 되었다. 바닷가 야트막한 절벽에 있는 갓바위를 가까이 볼 수 있도록 물 위 산책로를 연결해두었다. 달맞이공원 주차장에서 걸어가도, 목포해양유물전시관에 차를 두고 해변을 따라 걸어가도 좋다.

⌂ 전라남도 목포시 상동 1119-2(달맞이공원 주차장)

갓바위

고하도목화체험장 목화온실

목화와 더불어 아이와 즐기기 좋은 놀이터 **고하도목화체험장**

1363년 공민왕 때 문익점이 중국에서 목화씨를 가져오며 우리나라 목화 재배가 시작됐다. 당시 면은 인도 원산지인 '아시아면'으로 수확량이 적었다. 이후 일제강점기 일본 영사를 통해 미국 원산지인 '육지면'이 들어와 목포 고하도에서 최초로 재배됐다. 쌀, 소금에 목화가 더해져 삼백(白)의 고장이라는 말이 생겼을 정도로 고하도를 시작으로 전남 곳곳에 육지면 재배가 활성화되었다.

⌂ 전라남도 목포시 고하도길 8 ☎ 061-461-3092 ⏰ 09:00~18:00/ 월요일 휴장 ⓦ 무료

체험학습 결과 보고서

체험학습 일시	○○○○년 ○월 ○일
체험학습 장소	전라남도 목포시 해양유물전시관, 국립호남권생물자원관
체험학습 주제	동아시아 해상 물류의 역사 살펴보기, 다양한 바다생물 관찰하기
체험학습 내용	1. 목포 해양유물전시관 교과서에서만 본 신안선과 유물을 직접 보게 되어 신기했다. 전문가들이 바닷속으로 잠수해서 유물을 발굴하는 영상을 보며 나도 한 번 직접 바다로 들어가 탐험하며 유물을 발굴해보면 어떨까 상상해봤다. 2. 국립호남권생물자원관 전시관에 활동지가 있어 자세히 관찰하며 배울 수 있었다. 미처 알지 못하던 생물들도 전시되어있었다. 현미경으로 다양한 조개를 구분하며 살펴보는 게 재미있었다. 밖에 있는 놀이터에서의 시간도 즐겁고 좋았다.
체험학습 사진	 신안선 다양한 열매와 씨앗 관찰

영산포 황포돛배 나루터

금성관
나주학생독립운동기념관
한국 천연염색박물관
영산보
나주 복암리 고분전시관
나주영상테마파크
밀리터리테마파크
국립나주박물관

한국 고대 문명과 고분 문화의 본거지
나주

연계 과목 한국사, 사회, 과학

나주는 마한에서 백제에 이르기까지 독널로 대표되는 고대 고분 문화와 역사를 만날 수 있는 지역이다. 영산강이 가로지르는 곳으로 특히 고대인이 남긴 고분이 많기 때문이다. 여러 박물관과 전시관에서 시대별로 변화되는 다양한 독널을 접할 수 있다. 나주를 관통하는 영산강은 한반도 고대 문명을 꽃피우는 젖줄이었고, 일제강점기 수탈의 교두보가 되기도 했다. 그 때문에 이 지역이 지닌 또 다른 의미는 학생들이 주축이 된 학생 독립운동의 서막을 마주할 수 있는 곳이라는 점이다. 이처럼 나주는 고대부터 근현대까지 우리 조상의 뛰어난 면모를 찾아볼 수 있는 지역이다.

아이와 체험학습, 이렇게 하면 어렵지 않아요!

체험학습 순서와 이동 시간
국립나주박물관 (자동차 20분)→ 나주영상테마파크 (자동차 20분)→ 나주복암리 고분전시관 (자동차 20분)→ 나주학생독립운동기념관

교과서 핵심 개념
삼한에서 백제로 이어지는 고대문화. 3대 독립운동인 11.3 학생독립운동

주변 여행지
금성관, 밀리터리테마파크, 한국 천연염색박물관, 영산포등대, 영산포 역사 갤러리, 황포돛배 선착장, 홍어거리

엄마 아빠!
미리 알아두세요

영산강 유역은 고대 고분과 유적이 많이 발견되는 곳으로 변한, 진한, 마한으로 이어지는 삼한시대에서도 가장 강력하던 마한의 거점이었다. 그래서 아이들이 수많은 고분에서 발견된 유물을 보며 우리나라 고대 문화에 흥미와 관심을 두게 되기에 좋은 체험학습지이다.

연계 과목 한국사

국립나주박물관에 전시된 다양한 독널무덤

나주 신촌리 9호분

영산강 중심의 고고학 전시관 **국립나주박물관**

영산강 유역에서 발견된 고분 문화의 문화재와 삼한의 중심이던 마한의 역사를 깊이 있게 다루는 전시관. 삼국에 가려 상대적으로 덜 알려진 마한의 청동기와 토기가 전시되어있다. 나주 신촌리 9호분에서 출토된 금동관과 금동신발을 통해 마한에서 백제로 이어지는 문화의 고리를 엿볼 수 있다. 박물관 지하에 있는 어린이박물관은 아이들에게 인기가 많고, 유아 놀이터는 누리집에서 예약하고 사용할 수 있다.

🏠 전라남도 나주시 반남면 고분로 747 📞 061-330-7800 🕐 09:00~18:00(주말·공휴일~19:00)/ 월요일 휴관 ⓦ 무료 ⓘ https://naju.museum.go.kr

아이에게 꼭 들려주세요!

나주 인근에서 살아가던 사람들의 젖줄이던 영산강 주변에서 특히 고분이 많이 발견되었다. 박물관 앞에는 대형 옹관 고분이 발견된 '반남 고분군'이 있다. 박물관을 먼저 둘러보아 사전 지식을 머리에 담고 실제 고분의 규모와 형태를 눈에 담아보자. 지식과 경험이 함께하는 체험학습을 즐길 수 있다.

연계 과목 창의 체험

고구려 건국사 담은 테마 공원 **나주영상테마파크**

삼국시대를 배경으로 한 드라마 세트장인 동시에 고구려 건국 역사 이야기가 담긴 테마공원. 드라마 <주몽> <태왕사신기> <도깨비> 등 유명 드라마들이 여기서 촬영됐다. 한반도를 주름잡던 고구려의 화려한 기상을 담아 제법 큰 규모로 지어졌다. 성곽 사이로 보이는 영산강 변의 풍광도 매력적이다. 세트장이지만 아이들의 역사에 대한 호기심을 자극할 만하다. 조성한 지 10년이 훌쩍 넘어 일부 낙후된 시설은 미리 고려하고 보자.

🏠 전라남도 나주시 공산면 덕음로 450 📞 061-335-7008 🕐 09:00~18:00(동절기 ~17:00)/ 월요일 휴관 ⓦ 어른 2천 원, 어린이 1천 원 ⓘ https://www.naju.go.kr/themepark

나주영상테마파크

나주영상테마파크

나주 복암리 3호분 그대로 재현한 공간 **나주복암리고분전시관**

연계 과목 한국사

나주복암리고분전시관 전시실

나주복암리고분전시관 전시실

박물관에서 보던 고분의 실제 형태를 확인할 수 있는 곳. 발굴된 다양한 유물도 함께 전시하고 있다. 특히 복암리 고분은 서기 4세기부터 7세기까지 오랜 기간 차근차근 위로 쌓아 올린 고분으로, 다양한 모양의 무덤방이 켜켜이 쌓인 것으로 유명하다. 그 때문에 무덤계의 아파트라고도 불리는데, 고대 마한 문화식 무덤에서부터 백제계 무덤, 일본계 무덤까지 다양하게 나타나 주변국과의 활발한 교류를 짐작하게 한다.

🏠 전라남도 나주시 다시면 백호로 287 📞 061-337-0090 🕐 10:00~18:00/ 월요일 휴무 ⓦ 무료 ⓘ http://www.njbogam.or.kr

---

아이에게 꼭 들려주세요!

마한 사람들은 항아리 모양의 관을 사용해 무덤을 만들었는데 이를 '독널'이라고 한다. 독널무덤에서 출토된 여러 유물로 당시 문화와 이웃 나라와의 교역 현황을 엿볼 수 있다.

나주 학생 독립 항쟁 과정과 의미를 전하는 곳 **나주학생독립운동기념관**

연계 과목 한국사

나주학생독립운동기념관 전시실

나주역사

3·1운동, 6·10만세운동에 이은 일제강점기 3대 독립운동 중 하나인가 11·3학생독립운동이다. 나주는 11·3학생독립운동의 진원지다. 1929년 10월 30일. 지금은 폐역이 된 나주역사 앞에서 일본인 남학생이 한국인 여학생을 괴롭힌 사건이 발생했다. 조선 학생들과 일본 학생들의 싸움으로 번진 상황에서, 일본인 순사는 한국인 학생만을 처벌하였다. 이는 나주 학생들과 나아가 광주 학생들의 공분을 사게 된다. 11월 3일 광주 고보생들의 봉기를 시작으로 나주 학생들의 독립 항쟁이 이어졌다. 기념관 옆 나주역사도 함께 둘러보자.

🏠 전라남도 나주시 죽림길 26 📞 061-334-5393 🕐 09:00~18:00(동절기 ~17:00)/ 월요일 휴관 ⓦ 무료 ⓘ http://www.najusim.or.kr

나주목에 있던 객사 **금성관**

연계 과목 한국사

객사는 고려시대부터 각 고을에 설치된 관사. 관찰사가 지역을 순행하며 업무를 보기도 하고, 사신이 묵던 곳이다. '전라도'라는 명칭이 고려 현종(1018) 때 전주와 나주의 앞 글자에서 따온만큼 과거 나주는 전라도에서도 중요한 위치였다. 이를 뒷받침하는 게 나주 '금성관'이라고 할 수 있다. 금성관 바로 앞에 나주곰탕 식당이 모여 있는 것도 장점이다.

🏠 전라남도 나주시 금성관길 8 ⓦ 무료

금성관

연계 과목 한국사

밀리터리테마파크 전시실

방대한 군 역사가 잘 정리된 곳 **밀리터리테마파크**

실제 운영하였던 항공기와 실물 탱크를 비롯하여 의병에서 독립군, 그리고 대한민국 국군에 이르는 군 관련 전시장. 전시장 뒤편에는 유격훈련장을 방불케 하는 12개의 유격 시설이 있어 아이들과 함께 체력단련 체험도 가능하다.

🏠 전라남도 무안군 몽탄면 우명길 21 📞 061-452-3055 🕐 09:00~18:00(동절기 ~17:00)/ 월요일 휴관 ⓦ 어른 2천 원, 어린이 1천 원

국내외 천연염색 역사와 제품 전시관 **한국천연염색박물관**

연계 과목 사회

'쪽'은 중국이 원산지인 일년생 식물로 청색의 대표적인 염료이다. 나주는 쪽을 재배하기 적합하여 예전부터 천연염색이 유명했다. 국내외 천연염색의 역사와 다양한 염색 제품을 전시한 곳은 한국천연염색박물관이 유일하다. 박물관에서 천연염색 체험도 가능하고, 나주 염색 장인들의 혼이 담긴 다양한 제품을 구입할 수 있다.

한국천연염색박물관

🏠 전라남도 나주시 다시면 백호로 379 📞 061-335-0091 🕐 09:00~18:00 ⓦ 무료 ⓘ http://www.naturaldyeing.or.kr

---

연계 과목 한국사

영산포 등대

영산포 이야기를 담은 곳 **영산포 등대 & 영산포 역사갤러리**

영산포는 호남 수탈의 거점이었다. 일제가 나주평야에서 생산되는 쌀을 영산포를 통해 수탈해갔기 때문이다. 일제는 토지를 빼앗고 일본인을 이주시켜 영산포 인근에 정착시키며 나주를 장악해갔다. 1915년 영산강 수위를 측정하고 효율적으로 운영하기 위해 영산포등대를 설치했다. 바다가 아닌 하천에 만든 등대인 영산포등대에 관한 이야기는 등대 옆 영산포 역사갤러리에서도 확인할 수 있다. 등대 옆에 당시 영산포를 드나들던 황포돛배를 타볼 수 있는 나루터와 홍어 거리가 있다.

🏠 전라남도 나주시 영산동 659-11(영산포등대) / 나주시 영산3길 17(영산포 역사갤러리)

체험학습 일시	○○○○년 ○월 ○일
체험학습 장소	전라남도 나주시 국립나주박물관, 나주학생독립운동기념관, 나주영상테마파크
체험학습 주제	마한의 역사와 문화 살펴보기, 학생독립운동 과정과 의미를 알아보기
체험학습 내용	1. 국립나주박물관 여러 가지 워크북이 있어서 박물관을 더 자세히 살펴볼 수 있었다. 어린이 박물관도 좋았다. 박물관 유물 중 진품인 금동관은 정말 너무 정교하고 아름다웠다. 오늘 본 유물 중 가장 기억에 남았다. 2. 나주학생독립운동기념관 용감한 학생들이 존경스럽다. 나 같으면 일본 학생들이 미워도 싸우기는 주저주저했을 것이다. 일제에 대해 알면 알수록 분노가 치밀어 올랐다. 3. 나주영상테마파크 고구려의 성곽, 초가와 삼족오의 깃발이 걸려 있었다. 성곽 위에서 삼족오의 깃발을 잡고 서니 내가 꼭 고구려의 여장군이 된 것 같았다. 뷰도 완전 좋았다.
체험학습 사진	국립나주박물관에 전시된 금동관 나주학생독립운동기념관 전시실 나주영상테마파크 삼족오의 깃발

강진만생태공원
다산초당 & 다산박물관
가우도
고려청자박물관 ━━━ 한국민화유지엄
청해진 유적지
신지명사십리해변
정도리 구계등
강진 가우도

44

장보고대교로 이어진 고려청자의 고장과 청정해역

강진·완도

연계 과목 한국사, 과학, 사회

강진은 부안과 더불어 고려청자의 최대 생산지 중 한 곳이
었다. 덕분에 우리나라 청자 가마터의 50%가 강진군 주변
에서 발견되었을 정도다. 고려청자는 옥을 닮은 오묘한 비
취색과 살아 움직이는 듯한 섬세한 무늬로 인기를 누렸다.
강진 청자박물관과 주변 청자 도요지를 들러 강진 청자 역
사를 들여다보자. 한편 강진은 완도와 묶어서 여행하기 좋
은 지역이다. 장보고대교가 개통되며 고금도와 신지도를
거쳐 강진과 완도가 하루 코스로 이어졌기 때문이다. 완도
청해진은 장보고를 중심으로 해상 무역의 패권을 장악하던
본거지였다. 당나라에서 도자기가 꾸준히 들어오면서 자연
스레 강진에 가마 제작도 활발해졌기 때문에 완도와 강진
은 함께 둘러보면 더 의미가 있다.

아이와 체험학습, 이렇게 하면 어렵지 않아요!

체험학습 순서와 이동 시간
다산박물관 (도보 10분)▶ 다산초당 (자
동차 15분)▶ 강진만생태공원 (자동차 20
분)▶ 고려청자박물관 (자동차 45분)▶ 청
해진유적지)

교과서 핵심 개념
수원화성을 축조한 실학자 정약용, 청
해진을 세운 장보고, 신라 중심의 국제
무역, 고려 사람이 사용하던 청자

주변 여행지
가우도, 한국민화뮤지엄, 고려청자디
지털박물관, 신지명사십리해변, 정도
리 구계등, 완도타워

**엄마 아빠!
미리 알아두세요**

정조의 신임이 두텁던 정약용은 정조 집권 시기에 한강에 배다리를 놓고, 수원 화성을 축조하고, 거중기를
만드는 등 많은 업적을 남겼다. 백성을 위한 세상을 꿈꾸던 그는 정조가 갑작스럽게 세상을 떠난 뒤에 천주
교 박해로 19년간 강진에서 유배 생활을 하게 된다. 그 기간에 그는 지방 수령이 지녀야 하는 마음가짐과
도리를 담은 <목민심서>를 비롯해 많은 저서를 남겼다.

연계 과목 사회

다산초당

다산박물관

정약용이 유배 생활한 곳 **다산초당**

다산 정약용은 4세 때 천자문을 배우고 10세 때 시집을 낼 만큼 총명했다고 한다. 그는 정조 때 수원화성 축조, 거중기 설계 등 여러 업적을 남겼는데, 정조 사후 강진에서 18년간 유배 생활을 했다. 긴 유배 생활 중 절반 이상을 강진 다산초당에서 보냈다. 유배 기간 제자를 가르치고 <목민심서>를 비롯한 500여 권의 책을 집필한 곳이 다산초당이다. 지금도 그곳에는 당시 정약용 선생이 사용하던 다조(차를 끓이던 돌탁자)와 손수 돌을 날라 만든 연지석가산(연못)이 남아있다. 초당 아래 다산박물관에 그의 출생부터 관직 및 유배 생활까지의 이야기가 담겨 있다. 친필로 쓰인 <요조첩>, <정조대왕 어필첩>, <목민심서> 필사본 등이 전시되어있다.

🏠 전라남도 강진군 도암면 다산로 766-20(다산박물관 주차장)
📞 061-430-3911 ⏰ 09:00~18:00/ 월요일 휴관 ⓦ 무료 ⓘ
https://dasan.gangjin.go.kr

연계 과목 과학

강진만은 강진천과 탐진강이 만나는 곳으로, 남해안 하구 중에서도 다양한 생물이 서식하는 갯벌이다. 약 20만 평의 갈대 군락지 산책로가 있어 한적하게 거닐기 좋은 곳이다. 매년 갈대가 절정을 이루는 10월이면 '강진만 춤추는 갈대 축제'가 진행된다. 갈대 아래에 갯벌에는 짱뚱어를 비롯하여 1천여 종의 생물이 살아가고 있다. 짱뚱어는 9~10월에 제철로 남도에서는 주로 짱뚱어탕으로 먹는다. 깨끗한 갯벌에서만 잡히고 일광욕을 즐기는 짱뚱어는 비린내가 나지 않는 특징이 있다. 단백질 함량이 높아 강진에서는 보양식으로 대접받는다.

🏠 전라남도 강진군 강진읍 생태공원길 47

강진만에 조성된 생태 공간 **강진만생태공원**

강진만생태공원

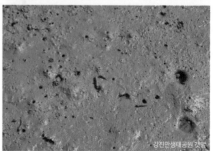
강진만생태공원 갯벌

고려청자의 역사를 대할 수 있는 전시관 **고려청자박물관**

연계 과목 한국사

고려청자박물관 전시실

아름다운 자기로 손꼽히는 고려청자의 역사를 들여다 볼 수 있는 전시관. 중국에서 시작된 청자였지만, 고려 시대 만들어진 푸른빛의 청자는 중국에서도 최고의 상품으로 여겨졌다. 고려 초부터 고려 말까지 200여 개의 요지가 있던 강진은 고려청자의 주요 생산지였다. 고려 청자박물관은 국모란절지문 주자와 운학문 매병 등 고려를 빛내던 다양한 청자를 소장 및 전시하고, 청자의 생산, 소비, 유통 전반적인 내용을 정리해놓은 곳이다. 박물관 옆 체험관에서 머그잔과 꽃병 모양의 청자 만들기 체험도 진행된다.

🏠 전라남도 강진군 대구면 청자촌길 33 📞 061-430-3755 🕐 09:00~18:00/ 월요일 휴관 ⓦ 어른 2천 원, 어린이 1천 원 ⓘ https://www.celadon.go.kr

아이에게 꼭 들려주세요!

어린아이들과 함께라면 고려청자박물관 바로 옆에 있는 '고려청자디지털박물관'에 먼저 들려보는 게 좋다. 아이들이 청자가 만들어지는 과정과 청자의 역사를 이해하기 쉽게 디지털 콘텐츠로 표현해놓았기 때문에 청자를 이해하는 데 도움이 될 것이다.

복원된 청해진을 엿볼 수 있는 곳 **청해진 유적지**

연계 과목 한국사

청해진 유적지

청해진 유적지

780년대 태어난 장보고는 어린 시절을 완도에서 보내고 중국으로 넘어가 군사 1천 명을 지휘하는 소장이 되었다. 거기서 신라의 아이들이 해적에게 노예로 팔려 가는 것을 보고 해적 소탕을 위해 신라로 돌아갔다. 청해진 대사로 임명된 장보고는 완도에 청해진을 설치하고 서남해안 해적을 소탕하였다. 또한 한국, 중국, 일본을 잇는 해상무역을 전개하여 국내에 차와 청자 기술을 전래하여 무역 왕이라고도 불리었다. 완도군 장도는 청해진의 본영이 있던 곳으로, 1991년부터 10년간 발굴 및 복원된 청해진의 모습을 볼 수 있다. 유적지 입구에 있는 장보고 기념관을 먼저 들러 장보고와 청해진에 대한 이해를 높인 후에 유적지를 답사해보자.

🏠 전라남도 완도군 완도읍 장좌리 809 📞 061-550-6931 ⓦ 어른 2천 원, 어린이 1천 원(장보고 기념관)

강진만 한가운데 떠 있는 섬 **가우도**

연계 과목 과학

대구면과 도암면을 두 개의 출렁다리로 연결해주는 섬. 해안선을 따라 섬을 한 바퀴 돌아도 좋고, 정상 청자타워 전망대에도 가볼 만하다. 청자타워에는 강진 바다 위를 시원스레 타고 내려오는 짚트랙도 있다. 정상까지 편하게 오르려면 최근 생긴 모노레일을 타면 된다.

🏠 전라남도 강진군 대구면 중저길 31-27(저두출렁다리 주차장) / 강진군 도암면 월곶로 469(망호출렁다리 주차장)

가우도

연계 과목 사회

한국민화뮤지엄 전시실

선조의 일상생활이 담긴 '민화'를 모아놓은 곳 **한국민화뮤지엄**

조선시대 서민층에서 유행한 민화는 정통 회화와 달리 서민의 일상생활을 거침없이 표현하고 있다. 뮤지엄에서는 우리 전통 민화를 계승·발전·연구하고, 5천여 점의 민화를 전시하고 있다. 상설전시실에서는 국보급 민화 200여 점을 전문해설가와 함께 관람할 수 있다. 민화의 자유분방함을 보여주는 '춘화'는 성인만 관람할 수 있다. 저작권과 작품 보호를 위해 사진 촬영은 금지되어있다.

🏠 전라남도 강진군 대구면 청자촌길 61-5 📞 061-433-9770 🕐 09:00~18:00/ 월요일 휴관 Ⓦ 어른 5천 원, 학생 4천 원 ⓘ http://minhwamuseum.com

---

모래 우는 소리가 십 리까지 퍼진다는 바닷가 **신지명사십리해변**

연계 과목 과학

수심이 완만하면서도 물이 맑아 남해 최고의 해수욕장으로 손꼽힌다. 2.4km의 긴 해변에 밀가루같이 고운 모래가 시원스레 펼쳐져 있다. 운전의 피곤함이 바다 내음 한 모금에 금세 사라진다. 간조 시간이 되어 물이 빠져나가고 바닷속 모래를 손으로 휘휘 저으면 '비단고둥'이 어렵지 않게 잡힌다. 전문 장비 없이도 물놀이와 모래놀이를 하다가 물이 좀 빠져나가면 고둥 잡기까지 가능하니 즐길 거리 많은 해수욕장이다.

신지명사십리해변

🏠 전라남도 완도군 신지면 신리 796-3(공용 주차장)

연계 과목 과학

정도리구계등

통일신라 시대 황실의 녹원지던 해변 **정도리 구계등**

구계등(九階燈)은 파도에 밀려난 갯돌(청환석)이 아홉 개의 계단을 이룬다고 하여 붙여진 이름. 구계등의 핵심은 갯돌 뒤 방풍 숲이다. 연평균 14도 이상의 해양성 기후로 사시사철 푸른 상록활엽수 숲이 발달했다. 이 숲이 바다에서 불어오는 염분을 막아주어 방풍 숲 뒤의 마을을 지켜주게 된다. 230여 종의 식물이 자라는 숲은 30분 정도의 산책으로 돌아볼 수 있다.

🏠 전라남도 완도군 완도읍 구계등길 40

체험학습 결과 보고서

체험학습 일시	○○○○년 ○월 ○일
체험학습 장소	전라남도 강진군 고려청자박물관, 가우도
체험학습 주제	고려청자에 대해 알아보기, 가우도 출렁다리에서 바다 풍경 감상하기
체험학습 내용	1. 고려청자박물관 청자에 관심이 많아서 궁금한 점이 많았는데 여기서 많은 걸 알게 되었다. 유물이 모두 세련되고 예뻐서 가지고 싶은 게 많았다. 체험관에서 머그잔에다가 연꽃 그림을 그려서 예쁜 청자를 만들었다. 2. 가우도 스릴 넘치는 것을 좋아해서 그런지 가우도 출렁다리가 마음에 들었다. 그리고 푸르른 자연이 눈의 피로를 풀어주는 것 같다. 꼭대기에서 내려가는 짚트랙을 타고 싶었지만, 타지 못했다. 나중에 꼭 타보고 싶다.
체험학습 사진	 고려청자박물관 전시실 가우도와 출렁다리

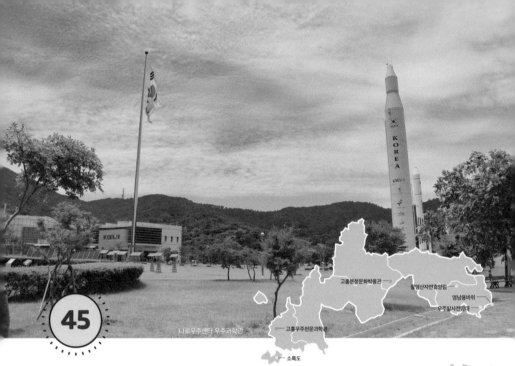

나로우주센터 우주과학관

고흥분청문화박물관 — — 팔영산자연휴양림
영남용바위
우주발사전망대

고흥우주천문과학관

소록도

나로우주센터 우주과학관

45

다도해와 함께 자리한 지붕 없는 미술관
고흥

연계 과목 과학, 사회

고흥은 '지붕 없는 미술관'이라는 별칭을 가지고 있는 지역이다. 섬 전체가 미술관이라는 연홍도가 있어서 그런 별칭이 붙은 것도 있지만, 연홍도 외에도 다도해 해상을 따라 이어지는 해안선과 작은 섬들 그리고 고흥의 중심 팔영산은 자연이 만들어낸 미술 작품이나 다름없기 때문이다. 고흥에는 또 다른 별칭인 '우주로 나아가기 위한 첫발'이라는 수식어도 붙는데, 고흥에 이어진 나로도에서 국내 기술로 만들어진 위성을 직접 발사해 성공적으로 우주 시대를 열었기 때문이다. 이처럼 고흥은 예술과 과학을 통해 즐기고 경험할 수 있는 게 많은 지역이다.

아이와 체험학습, 이렇게 하면 어렵지 않아요!

체험학습 순서와 이동 시간
나로우주센터 우주과학관 (자동차 55분)→ 고흥분청문화박물관 (자동차 8분)→ 고흥갑재민속전시관 (자동차 27분)→ 고흥우주천문과학관

교과서 핵심 개념
조선의 도자기인 분청사기와 백자, 우주 과학과 위성, 태양계 행성과 계절별 별자리, 지구와 달의 자전과 공전

주변 여행지
소록도, 우주발사전망대, 영남용바위, 팔영산자연휴양림, 남열해돋이해수욕장, 거금도

**엄마 아빠!
미리 알아두세요**

고려시대를 대표하는 청자에서 조선시대로 넘어가며 검소하며 실용적인 분청사기가 일상생활에 많이 쓰이게 된다. 분청사기는 백자로 기술이 이어졌는데, 백자는 처음 궁에서만 사용할 수 있었다. 점차 부유한 양반에서부터 일반 백성까지 백자에 관심을 두며 조선 후기 분청사기는 점점 사라지게 된다.

연계 과목 과학

위성을 쏜 공간 나로우주센터 우주과학관

우주센터 야외에 있는 나로호

우리나라에서 만든 위성을 역시 우리나라에서 만든 발사체로 쏘아 올린 곳. 2013년 우주발사체를 성공적으로 발사해 우주로 나아가기 위한 첫발을 내디딘 나로도에 있는 전시관이다. 우리가 만든 위성을 우리가 만든 발사체를 통해 대한민국에서 직접 쏘아 올렸다는 것에 큰 의미가 있는 곳이다. 우주센터 입구에 있는 우주과학관에서 우주 원리와 로켓, 인공위성 등 우주 과학을 쉽고 부담 없이 즐길 수 있다. 과학관 앞에는 실물 크기의 나로호가 전시되어있고, 다도해해상국립공원의 시원한 풍경을 보며 산책할 수 있다.

⌂ 전라남도 고흥군 봉래면 하반로 490 ☏ 061-830-8700 ⏰ 10:00~17:30/ 월요일 휴관 ₩ 어른 3천 원, 어린이 1천 원 ⓘ https://www.kari.re.kr/narospacecenter

---

연계 과목 사회

분청도자의 미를 담은 곳 고흥분청문화박물관

국내 최대 규모의 분청사기 가마터가 있던 운대리에 자리 잡은 전시관. 흙으로 만든 그릇 위에 백토를 발라 구운 자기를 분청사기라 한다. 운대리는 고려청자 가마터 5기와 조선시대 분청사기 가마터 27기가 모여있던 곳이다. 백토를 사용하여 다양한 분청사기를 만들던 곳이고, 특히 하얗게 그릇 전체를 물들인 '덤벙분청사기'가 집중적으로 발견된 곳이다. 분청사기는 청자에 비해 활달하고 민예적인 무늬가 특징이다.

⌂ 전라남도 고흥군 두원면 운대리 141-6 ☏ 061-830-5990 ⏰ 09:00~18:00/ 월요일 휴관 ₩ 어른 2천 원, 어린이 1천 원 ⓘ https://buncheong.goheung.go.kr

아이에게 꼭 들려주세요!

고흥분청문화박물관 입장료로 고흥갑재민속전시관까지 한 번에 관람이 가능하다. 고흥갑재민속전시관은 조선시대에서 근현대로 이어지는 시기의 고흥 지역의 다양한 민속 유물이 전시된 곳으로, 어른에게는 소소한 추억을 상기시켜줄 수 있고, 아이에게는 역사를 배울 수 있는 곳이다. 박물관과 전시관을 엮어 관람하며 체험학습 효과를 높여보자.

고흥분청문화박물관 전시실

고흥분청문화박물관 전시실

우주에 관한 호기심을 채울 수 있는 전시관 **고흥우주천문과학관**

별 관찰에 사용되는 망원경

고흥우주천문과학관

고흥우주천문과학관

우주에 관한 호기심을 자극할 만한 곳이다. 전국에 천문과학관이 여럿 있지만, 우주를 향한 첫발을 내디딘 고흥에서 대하는 우주는 더욱 신비롭게 느껴질 것이다. 천체투영실에서는 우주의 생성과 소멸을 주제로 한 3D 영상과 계절별 별자리 설명이 진행된다. 800mm 달하는 대형 망원경으로 낮에는 태양의 흑점을 관찰하고, 밤에는 달의 크레이터와 목성과 토성, 별자리 관측이 진행된다. 고흥은 빛 공해가 적은 주변 환경을 지닌 곳이라 별을 관찰하기에 좋으니, 저녁 7시 이후에 진행되는 별 관찰은 꼭 해보자.

⌂ 전라남도 고흥군 도양읍 장기산선암길 353 📞 061-830-6691 ⏰ 14:00~22:00/ 월요일 휴관 ⓦ 어른 3천 원, 어린이 1천 원 ⓘ http://star.goheung.go.kr

아이에게 꼭 들려주세요!

천문과학관에서 별을 관찰하기 위해서는 당연하게도 구름이 없어야 한다. 워낙 멀리 있는 별의 빛을 보는 것이라서 조금이라도 주변이 밝거나 희미하게 옅은 구름이라도 있으면 달을 제외한 별자리 관찰은 어려워진다. 방문 당일 천문과학관에 전화로 기상 상태를 확인하자.

어린 사슴 모양을 닮은 섬 **소록도**

연계 과목 사회

어여쁜 이름과 달리 한센인의 아픔이 서려 있는 곳. 지금은 다리가 놓였지만, 그전에는 한센병 환자 격리를 목적으로 환자들을 모아두던 섬이었다. 단지 병에 걸렸다는 이유만으로 일상에서 강제로 분리되어 차별과 편견 속에서 생을 보내야 했던 가슴 아픈 이야기가 담긴 곳이다. 한센인이 죽은 후 본인의 의사와 상관없이 부검을 당했던 검시실, 환자를 가두고 체벌한 감금실 등이 모두 남아 있다.

소록도자료관

⌂ 전라남도 고흥군 도양읍 소록리 130-2(주차장) 📞 061-840-0521 ⊙ 09:00~17:00

나로도와 다도해 파노라마를 볼 수 있는 곳 **고흥우주발사전망대**

연계 과목 사회

고흥우주발사전망대에서 바라본 풍경

우주센터에서 직선거리로 17km 떨어진, 남열 해돋이해수욕장 옆에 있는 고흥우주발사전망대도 우주과학관과 함께 보면 좋다. 전망대에 오르면 나로도와 다도해 해상이 파노라마처럼 펼쳐진다. 평화로워 보이는 풍경을 보며 전망대 카페에서 차 한잔하기에 좋고, 아이와 전망대에 있는 우주도서관, 우주체험관 등을 둘러보는 것도 추천한다. 시간 여유가 있다면 전망대 옆 해돋이 해수욕장에도 들러보자.

⌂ 전라남도 고흥군 영남면 남열리 산76-1 📞 061-830-5870 ⊙ 09:00~18:00(계절별 상이)/ 월요일 휴관 ⓦ **요금** 어른 2천 원, 어린이 1천 원

용이 승천한 흔적이 남았다는 고흥 10경 중 하나 **영남용바위**

연계 과목 과학

서고흥 10경 중 하나인 영남 용바위에는 용이 승천하면서 생긴 흔적이 남았다는 전설이 있다. 서로 다른 성질의 지층이 우연히 만들어낸 풍경이 독특하고 인상적인 바위다. 예전부터 자녀 시험을 앞둔 많은 부모 이곳에서 공을 들였다고 한다. 주변 풍경이 뛰어나서 한 번쯤 들러볼 만하다.

영남용바위

⌂ 전라남도 고흥군 영남면 우천리 58-4

팔영산에 자리한 휴양림 **팔영산자연휴양림**

연계 과목 과학

팔영산 전경

팔영산은 고흥에서 가장 높은 산으로 1봉인 유영봉에서 8봉인 적취봉까지 일직선으로 솟아나있어 멀리서도 8개의 우뚝 솟은 봉이 선명하다. 기암괴석이 많고 산세가 험한 편이지만 정상에 오르면 다도해 한려해상의 풍광이 그림처럼 펼쳐진다. 휴양림에는 조용한 야영장과 숲속의 집이 있다. 밤마다 별이 쏟아진다는 표현이 정확할 정도로 별이 많이 보인다. 여름 전후로는 은하수가 보이기도 한다.

⌂ 전라남도 고흥군 영남면 팔영로 1347-418 📞 061-830-5386 ⊙ 09:00~18:00 ⓦ 무료(야영장 / 숲속의집 별도)

체험학습 결과 보고서	

체험학습 일시	○○○○년 ○월 ○일
체험학습 장소	전라남도 고흥군 나로우주센터 우주과학관, 고흥우주천문과학관
체험학습 주제	우주과학관과 천문과학관에서 위성 발사 과정과 우주에 관한 개념잡기
체험학습 내용	1. 나로우주센터 우주과학관 다른 우주과학관에도 가봤지만, 여기는 진짜 우주로 나로호를 발사한 곳이라고 해서 더 호기심이 생겼다. 로켓을 직접 발사해보는 체험도 했다. 화성에서 혼자 움직이며 탐사하는 로봇을 직접 조정해봤다. 재미있었다. 2. 고흥우주천문과학관 별을 보려면 밤까지 기다려야 한다고 했다. 주차장에서 바다를 보면서 동생과 놀았다. 선생님이 오늘 구름이 없어서 별이 잘 보일 거라고 하셨다. 고흥에는 빛 공해가 적어서 별 보기에 좋다고 한다. 망원경을 보니깐 점처럼 작은 별들이 보였다. 달은 정말 크다고 생각했다.
체험학습 사진	 우주과학관 행성탐사 체험 고흥우주천문과학관 야간 별 관찰

46

다양한 새와 염생식물 체험장

순천 연계 과목 과학, 사회, 국어

순천에는 세계 5대 연안 습지 중 하나인 순천만습지가 있다. 순천만습지에서는 끝없이 펼쳐진 갈대길을 걸으며 다양한 새와 염생식물, 동물을 만나볼 수 있다. 잠시 머무는 것만으로도 힐링이 된다. 순천만습지에서 미니 열차 스카이큐브를 타고 국내 최대 갈대군락을 지나면, 대한민국 1호 국가 정원으로 세계 23개국의 정원을 한자리에서 거닐어 볼 수 있는 순천만 국가정원이 이어진다. 하루 이상의 일정으로 순천을 방문했다면 순천과 맞닿아 있는 보성과 광양을 함께 둘러보도록 하자. 광양에는 국내 유일한 장도박물관이 있고, 보성에는 우리나라 현대사를 배경으로 한 소설 <태백산맥> 관련 문학관이 있다.

아이와 체험학습, 이렇게 하면 어렵지 않아요!

체험학습 순서와 이동 시간
순천만습지 (자동차 10분)→ 순천만국가정원 (자동차 25분)→ 광양 장도박물관 (자동차 55분)→ 낙안읍성민속마을

교과서 핵심 개념
왜적의 침략을 막기 위한 지어진 읍성, 습지 속 작은 생물, 우리나라 습지의 특징과 역할

주변 여행지
순천드라마촬영장, 태백산맥문학관, 보성여관, 순천시립 뿌리깊은나무박물관

엄마 아빠! 미리 알아두세요

습지란 담수 또는 염수가 고이거나 흐르는 축축한 땅이다. 습지는 살아있는 자연사 박물관이라 불릴 정도로 다양한 생물이 살아가는 생태계이다. 또한 홍수와 가뭄 같은 자연재해를 조절하는 완충 작용도 해준다. 경제적으로나 생물학적으로 중요한 습지를 보호하기 위해 1971년 '람사르협약'이 맺어졌다. 우리나라는 서해안과 남해안에 주로 발달한 갯벌과 내륙의 작은 하천 주변에 습지가 발달했다.

연계 과목 과학

순천만 갯벌에 있는 국내 최대 갈대군락 **순천만습지**

순천만습지의 일몰

순천만 갯벌은 세계 5대 연안 습지로 240여 종의 새와 33종의 염생식물 및 저서동물과 포유동물이 생태계를 꾸려 살아가는 곳. 유네스코 생물권보전지역, 국가 지정 문화재 명승으로도 지정되어있다. 갯벌 한편에 자리한 순천만습지에 160만 평을 자랑하는 국내 최대 규모 갈대밭이 빽빽하게 들어차 1년 내내 장관을 이룬다. 갈대군락 사이로 편안하게 거닐 수 있는 데크 길도 깔려 있다. 40분 정도 쉬엄쉬엄 걸어가면 순천만습지가 한눈에 내려다보이는 용산전망대가 나온다. 순천만의 아름다움을 조망할 수 있는 곳으로, 해가 넘어가는 시간에 가면 순천만습지의 풍경을 만끽할 수 있다.

⌂ 전라남도 순천시 순천만길 513-25 ☏ 061-749-6052 ⊙ 08:00~18:00(계절별 상이) ₩ 성인 8천 원, 어린이 4천 원(순천만 국가정원 입장료 포함)

연계 과목 과학

23개국 다른 테마의 거대한 정원 **순천만 국가정원**

2013년 순천만 국제 정원 박람회를 개최하면서 조성된 곳. 83종류의 각기 다른 나라, 다른 테마를 갖춘 정원이 어우러져 하나의 거대한 정원을 이룬다. 네덜란드를 고스란히 옮겨놓은 듯한 튤립 정원과 영국 찰스 젱스가 설계한 호수 정원, 우리의 옛 정원을 구현한 한국 정원이 특히 볼만하다. 1월 동백을 시작으로 겨울 억새까지 일 년 내내 채워지는 풍경에 어느 계절에 방문해도 부족함 없는 정원이다. 워낙 넓어 모든 정원을 둘러보려면 반나절 이상 걸어야 하니 단단히 준비하자.

⌂ 전라남도 순천시 국가정원1호길 47(서문주차장), 국가정원1호길 162-11(동문주차장) ☏ 061-749-3114 ⊙ 08:30~19:00(계절별 상이) ① https://scbay.suncheon.go.kr

순천만 국가정원 산책길

순천만 국가정원

아이에게 꼭 들려주세요!

순천만정원과 순천만습지 사이에 스카이큐브라는 미니 관광 열차가 다닌다. 공중으로 다니는 덕에 아이들도 순천만습지를 편안하게 조망할 수 있다. 열차 이용권은 순천만 국가정원에서만 판매한다. 아이가 열차를 이용하여 정원과 습지를 더욱 편안하게 체험하며, 체력 소모와 시간을 아껴 체험학습에 집중할 수 있도록 하는 것도 효과적인 방법일 것이다.

독특한 칼 문화를 대할 수 있는 전시관 **광양 장도박물관**

연계 과목 사회

은으로 만들어서 흔히 '은장도'라 부르기도 하지만 칼집이 있는 작은 칼을 '장도'라고 한다. 우리나라의 장도는 다양하게 쓰였다. 드라마에서는 여자가 순결을 지키려고 자결하는 데 사용한 것으로 주로 표현하지만, 공격용보다는 과일을 깎거나 종이를 자르는 등 일상생활 용도로도 유용하게 쓰였다. 남자가 두 임금을 섬기지 않겠다는 뜻의 '충절도'를 소유하고 다니기도 했고, 성별 구분 없이 도구와 장식품으로 소유했었다. 우리나라 장도를 통해 일반적으로 칼이 다른 나라에서는 전쟁과 싸움의 도구로 쓰이던 것 과는 달리 사용된 독특한 칼 문화를 엿볼 수 있다.

🏠 전라남도 광양시 광양읍 매천로 771　📞 061-762-4853　🕐 09:30~18:00/ 일요일 휴관　ⓦ 무료

원형 보존 잘 된 조선시대 읍성 **낙안읍성민속마을**

연계 과목 한국사

조선시대의 흔적이 남은 읍성 중 원형이 가장 잘 보존된 성이다. 1397년 조선 태조 때 왜구의 침입을 막기 위해 흙으로 성곽을 쌓았다가 이후 1626년 석성으로 완성되어 지금에 이르고 있다. 1.4km에 이르는 성벽을 따라 마을을 돌아보면 옛 모습을 간직한 90여 채의 초가가 눈길을 끈다. 지금도 주민이 거주하고 있으며 수문장 교대 의식, 사물놀이, 목공예 등 다양한 전통 공연과 민속 체험이 아이들의 호기심을 자극하는 곳이다. 이 곳은 <대장금> <허준> <토지> <불멸의 이순신> 등 유명한 드라마와 영화의 배경이 되기도 했다.

🏠 전라남도 순천시 낙안면 평촌리 6-4　📞 061-749-8831　🕐 08:30~18:30(동절기 09:00~17:30)　ⓦ 어른 4천 원, 어린이 1,500원

국내 최대 영화·드라마 촬영장 **순천 드라마촬영장**

연계 과목 사회

1960년대 순천 읍내, 1970년대 봉천동 달동네와 1980년대 서울 근교까지 재현해둔 곳. <그해 여름>, <사랑과 야망>, <님은 먼 곳에>, <제빵왕 김탁구> 등의 영화와 드라마의 배경지이기도 하다. 순천만 국가정원, 순천만습지, 순천 드라마촬영장, 낙안읍성을 모두 둘러볼 계획이라면 처음부터 '관광지 통합 입장권'을 발권하는 게 관람에 유리하다.

🏠 전라남도 순천시 비례골길 24 📞 061-749-4003 🕐 09:00~18:00/ 월요일 휴장 ⓦ 성인 3천 원, 어린이 1천 원

연계 과목 국어

<태백산맥> 육필 원고와 자료 전시관 **태백산맥문학관**

<태백산맥>은 여순 사건에서 시작하여 6·25전쟁을 거치며 분단 현실을 실감 나게 그린 조정래 작가의 대하소설이다. 우리나라 현대사를 배경으로 한 소설 중에서 오랜 시간 많은 사랑을 받은 작품이다. 태백산맥문학관에는 작가의 취재 수첩과 줄거리 정리집이 전시되어있고, 16,500매에 달하는 육필 원고가 높이 쌓여있다. 소설 속 배경이 된 '현부자네 집'과 '소화의 집'도 문학관 옆에 있으니 함께 들러볼 만하다.

🏠 전라남도 보성군 벌교읍 홍암로 89-19 📞 061-850-8653 🕐 09:00~18:00(동절기 ~17:00)/ 월요일 휴관 ⓦ 어른 2천 원, 어린이 1천 원 ⓘ https://www.boseong.go.kr/tbsm

<태백산맥> 남도여관의 배경인 일제강점기 여관 **보성여관**

연계 과목 국어

<태백산맥>에서 경찰토벌대장 임만수와 대원들 숙소인 '남도여관'으로 묘사되는 곳. 숙박 시설 외에 카페에서 차 한 잔 마시며 역사의 현장을 잠시나마 엿볼 수 있게 되어있다. 당시 연회장으로 쓰던 2층 다다미방은 일본 건축양식 그대로 남아있다.

🏠 전라남도 보성군 벌교읍 태백산맥길 19 📞 061-858-7528 🕐 10:00~17:00 ⓦ 1천 원(음료 구입 시 무료) ⓘ https://boseonginn.org

연계 과목 사회

한창기 수집 유물 전시관 **순천시립 뿌리깊은나무박물관**

한창기는 1976년 월간 문화잡지 <뿌리 깊은 나무>와 1984년 <샘이 깊은 물>을 창간한 인물. 박물관에 삼국시대에서 조선시대로 이어지는 각종 토기와 불교 용구, 국내 유일 목판본 <정순왕후국장반차도> 등 역사적 가치가 높은 유물이 많다. <뿌리 깊은 나무>는 한글 가로쓰기로 발간된 최초의 잡지로, 1980년 신군부에 의해 폐간될 때까지 구독률 1위일 정도로 인기가 높았다.

🏠 전라남도 순천시 낙안면 평촌3길 45 📞 061-749-8855 🕐 09:00~17:00/ 월요일 휴관 ⓦ 어른 1천 원, 어린이 5백 원

체험학습 결과 보고서

체험학습 일시	○○○○년 ○월 ○일
체험학습 장소	전라남도 순천시 순천만습지, 순천만 국가정원
체험학습 주제	갯벌 생물과 식물 관찰하기, 여러 나라 테마 정원 비교하며 감상하기
체험학습 내용	**1. 순천만습지** 노을이 질 때쯤 순천만습지에 갔다. 온통 갈대만 보였다. 갈대 아래로 망둥어가 엉금엉금 기어 다녔다. 황금빛 노을 햇빛이 부서지며 갈대밭을 비추자 아름다운 황금바다가 되었다. 전망대에서 본 습지는 더욱더 아름다웠다. **2. 순천만 국가정원** 여러 나라의 정원이 있었는데, 그중 네덜란드 정원과 호수 정원 그리고 우리나라 정원이 가장 마음에 들었다. 겨울이라서 꽃은 별로 없었는데, 기회가 된다면 다른 계절에 특히 꽃 피는 계절에 또 가보고 싶다.
체험학습 사진	 노을 지는 순천만습지 순천만국가정원 내 호수정원

8

천혜의 자연경관이 수려한 대한민국 대표 휴양 지역

제주도

제주만의 독특한 음식,
생활, 자연환경에 대해서
알아보아요.

용암이 만든 작품을 감상하고
다양한 모습의 돌하르방과
사진을 찍어 보세요.

용암이 식으며 만든
독특한 해안선을
직접 만져보세요.

제주 민속자연사박물관 ●

● 제주돌문화공원

광치기해변

제주민속촌

제주 옛 마을에서
제주 사람의 삶을
엿보세요.

용머리해안 ●

● 천제연폭포

화산활동으로
만들어진 지층을
따라 산책해 보세요.

주상절리와 쪽빛
천제연을 배경으로
사진을 남겨 보아요.

제주도 체험학습 미리 보기

체험학습을 위한 여행 Tip

✦ 제주도는 큰 섬이니 짧은 일정이라면 일주하지 말고 지역을 나눠 자세히 들여다보세요.

✦ 제주도는 바람의 영향을 많이 받는 곳이에요. 바람의 세기와 방향을 보고 일정을 계획하세요.

✦ 렌터카 이용 시 완전 면책 보험을 선택하여 들어두세요.

✦ 아이들이 에메랄드빛 바다를 보며 그냥 지나칠 수 없을 테니, 미리 수건 한 장 준비하면 좋아요

체험학습을 위한 여행 주요 코스

제주 민속자연사박물관	삼성혈	국립제주박물관

성산일출봉	광치기해변	제주민속촌

제주 왕벚꽃이 만개한 삼성혈 입구

김만덕기념관
국립제주박물관
제주목 관아
제주 삼양동 유적
삼성혈
수상한집 광보네
제주교육박물관
민속자연사박물관
제주시

제주 여행의 시작점이자 제주의 중심지
제주 시내
연계 과목 한국사, 과학, 사회

에메랄드빛 바다, 이국적인 야자수, 주황빛 귤밭 등 다양한 즐길 거리와 함께 인기 여행지로 손꼽히는 제주는 아이들과의 체험학습 여행지로도 손색없다. 육지에서 흔히 볼 수 없는 화산지형과 독특한 언어, 음식이 흥미롭다. 몽골의 지배와 일제강점기의 흔적도 많이 남아있는 곳이다. 그중에서도 제주 시내는 예나 지금이나 '제주의 중심'이다. 제주 인구의 85% 이상이 살고, 볼거리와 먹거리가 모이는 곳이기 때문이다. 그래서 제주 어디를 여행하든 제주 시내를 살펴보며 시작하는 게 도움이 된다. 제주목 관아를 둘러보며 과거 제주의 정치와 행정을 알아보고, 국립제주박물관과 민속자연사박물관에서 제주가 기억하는 오랜 시간을 머리에 담아보자.

아이와 체험학습, 이렇게 하면 어렵지 않아요!

체험학습 순서와 이동시간
제주목 관아 (자동차 8분)→ 민속자연사박물관 (도보 3분)→ 삼성혈 (자동차 12분)→ 국립제주박물관

교과서 핵심 개념
노블리스 오블리제를 실천한 역사 속 인물 김만덕. 제주 목사 이형상이 그린 '탐라순력도'

주변 여행지
제주교육박물관, 김만덕기념관, 제주 삼양동 유적, 삼양해수욕장, 수상한집 광보네

엄마 아빠! 미리 알아두세요

제주는 탐라국이라는 독립국 지위를 유지하다가 고려 초기를 지나며 탐라군으로 개편되며 중앙 정부의 통제권에 들어갔다. 조선시대에 접어들어 지금의 '제주도'라는 명칭으로 불리기 시작했다. 당시 제주는 제주목(제주시)과 대정현(서귀포 대정/안덕/중문), 정의현(서귀포 남원/표선/성산)으로 나눠 1목 2현으로 관리되었다.

연계 과목 한국사

제주목 관아

제주목 관아

제주를 관할하던 정치·행정의 중심 **제주목 관아**

탐라국이던 제주는 고려 숙종(1105년)에 탐라군으로 개편되면서 지방 통치를 받기 시작했다. 이후 조선시대에는 제주목(현 제주시), 정의현(현 성읍민속마을)과 대정현(현 대정읍 성)으로 나누어 관리하였고, 제주목 관아는 제주 전체를 관할하던 정치와 행정의 중심이었다. 입구 왼편에 있는 제주목역사관을 먼저 둘러보면 당시 생활상과 역사를 이해하는 데 도움이 된다. 일제강점기 때 대부분 훼손되어 관아 입구에 있는 관덕정만 남아있다가, 2002년 지금의 모습으로 복원되었다. 관덕정은 제주에서 가장 오래된 건축물로 병사를 훈련할 목적으로 지어졌다.

⌂ 제주도 제주시 관덕로7길 13(주차장) ☎ 064-710-6714 ⊙ 09:00~18:00 ⓦ 어른 1,500원, 어린이 4백 원

연계 과목 과학, 사회

독특한 제주 문화 전시관 **제주민속자연사박물관**

섬 전체가 화산활동으로 이루어진 독특한 자연환경에 대한 자연사 전시와 제주 민속 문화 전시가 눈길을 끄는 전시관. 척박하던 자연환경을 극복하며 만들어온 제주만의 독특한 음식, 육아, 생활 문화 전반을 고스란히 담고 있다. 박물관에는 바다로 둘러싸인 섬의 특성을 고려해 다양한 제주 해양 생물이 전시된 해양종합전시관도 있다. 제주 여행 일정 초반 동선에 넣어 둘러보면 아이들 호기심이 자극되어 더욱 흥미로운 제주 여행을 할 수 있을 것이다.

⌂ 제주도 제주시 삼성로 40 ☎ 064-710-7708 ⊙ 09:00~18:00/ 월요일 휴관 ⓦ 어른 2천 원, 어린이 무료, ⓘ http://www.jeju.go.kr/museum/index.htm

제주민속자연사박물관 전시실

제주민속자연사박물관

제주의 기원에 대한 전설을 지닌 곳 **삼성혈**

연계 과목 한국사

삼성혈

삼성혈 내 산책로

'고을나' '양을나' '부을나' 3명의 삼신인이 땅에서 솟아나 제주의 시초가 되었다는 전설을 지닌 곳으로 제주 구도심에 있다. 어떤 폭우에도 물이 고이지 않는다는 3개의 '혈(구멍 穴)'이 있어서 삼성혈이라고 부른다. 도심 한가운데 있지만 나무가 우거져 산책하기 좋고, 특히 오래된 제주왕벚나무가 주변에 많아 매년 3월 말에서 4월 초면 관광객의 발길이 이어진다. 실내전시관에서 삼성혈 신화에서 고려 말까지의 제주 역사를 둘러볼 수 있다.

⌂ 제주도 제주시 삼성로 22 ☎ 064-722-3315 ⏱ 09:00~18:00 ₩ 어른 4천 원, 어린이 1,500원 ⓘ http://samsunghyeol.or.kr

---

제주 역사를 고스란히 담아낸 전시관 **국립제주박물관**

연계 과목 한국사

국립제주박물관 전시물

국립제주박물관

구석기 시대부터 시작해서 탐라국의 흔적과 고려, 조선 시대를 거쳐 근대로 이어지는 제주 모든 시간을 고스란히 담아낸 전시관. 제주 목사 이형상이 재임 중 제주 고을을 돌며 그린 <탐라순력도>를 비롯하여 중국과 일본을 연결하며 만들어낸 독특한 제주 문화와 역사를 짜임새 있게 꾸며놓았다. 다양한 체험으로 제주 문화를 경험할 수 있는 어린이박물관과 몰입형 실감영상실도 있다. 박물관 지하에 있는 실감영상실은 30분 단위로 운영되고, 제주의 역사와 자연을 몰입형 영상으로 실감 나게 보여준다.

⌂ 제주도 제주시 일주동로 17 ☎ 064-720-8000 ⏱ 09:00~18:00/ 월요일 휴관 ₩ 무료 ⓘ jeju.museum.go.kr

제주 유일 교육 관련 역사 전시관 **제주교육박물관**

연계 과목 사회

탐라 시대부터 대한제국으로 이어지는 역사적 교육 자료 전시관. 특히 일제강점기 제주 학생이 주축이 된 항일 운동의 흔적과 유네스코에서 지정한 소멸 위기 언어인 제주어 전시가 볼만하다. 야외 전통 초가 및 전통 놀이를 할 수 있는 야외전시장과 독도체험관도 있다.

⌂ 제주도 제주시 오복4길 25 📞 061-749-4003 🕐 09:00~18:00/ 월요일 휴관
Ⓦ 성인 3천 원, 어린이 1천 원

제주교육박물관 전시실

연계 과목 한국사

대기근 때 도민을 구한 의인 김만덕을 기리는 곳 **김만덕기념관**

김만덕기념관 전시실

김만덕은 제주 대기근 때 도민을 구한 의인. 당시 그가 내놓은 쌀은 3백 석으로, 도민 전체를 열흘 동안 먹일 분량이었다. 쌀농사가 힘든 제주의 지역적 특성과 대기근으로 농사할 인구가 급격히 줄던 상황에서 큰 기부였다. 이를 들은 정조는 '의녀 반수'라는 벼슬을 하사했다.

⌂ 제주도 제주시 산지로 7 📞 064-759-6090 🕐 09:00~17:00/ 월요일 휴관 Ⓦ
무료 ① http://www.mandukmuseum.or.kr

아이에게 꼭 들려주세요!

제주도민은 관리와 왜구의 괴롭힘에 힘든 삶을 살았다. 이런 고생을 못 이겨 육지로 도망가는 사람이 많았는데, 당시 조선은 중앙집권적 국가로 제주 지방 정치에 대한 중앙 정치의 간섭이 커지는 상황이었다. 섬을 떠나 육지로 가려는 제주 사람을 막는 '출륙금지령'도 이와 같은 중앙 정치의 간섭 중 하나였다. 특히 제주 여성에 대한 강제가 강해서 제주 여성이 육지 남성과 결혼하여 육지로 떠나면 인구가 줄어드니 제주 여성과 육지 남성과의 결혼을 금지하는 법이 있을 정도였다.

제주 최대 선사시대 유적지 **제주 삼양동 유적** 연계 과목 한국사

기원전 5세기~기원후 1세기 230여 가구가 모여 마을을 이룬 곳. 청동기 후기 문화를 보여주는 토기와 옥 제품이 출토돼 중국과의 교역을 짐작할 수 있게 한다. 복원된 야외 움집터와 야외 발굴터 전시장이 있다.

⌂ 제주도 제주시 삼양이동 2126-10 📞 064-710-6806 🕐 09:00 ~18:00(연중
무휴) Ⓦ 무료

제주 삼양동 유적 내 복원된 야외 움집터

연계 과목 사회

무고한 옥살이를 한 김광보의 집 **수상한집 광보네**

수상한집 광보네 전시실

국가폭력 피해자의 이야기를 기억할 수 있는 공간. 널따란 유리 건물 속 집에 김광보가 간첩 조작 사건으로 옥살이하며 읽던 책과 소품이 전시되어있다. 1층은 무인카페로, 2층은 게스트하우스로 운영되고 있다.

⌂ 제주도 제주시 도련3길 14-4 📞 064-757-0113 🕐 10:00~ 18:00 Ⓦ 무료

아이에게 꼭 들려주세요!

제주4·3사건은 광복 후 남한만의 단독선거를 반대한 무장대 봉기와 토벌대 간의 충돌로 인해 수많은 제주도민이 희생된 사건이다. 당시 제주에선 김광보 선생을 비롯한 많은 사람이 일본으로 밀입국했다. 김광보는 한국으로 돌아왔을 때, 백부가 일본 조총련 소속이라는 이유로 지속적인 감시를 받았다. 그는 군사독재 시절 강압수사를 견디지 못하여 결국 거짓으로 자백하고 옥살이했다.

체험학습 결과 보고서

체험학습 일시	○○○○년 ○월 ○일
체험학습 장소	제주도 제주시 제주민속자연사박물관, 국립제주박물관
체험학습 주제	제주의 역사와 문화 알아보기, 제주의 유물 감상하기
체험학습 내용	1. 제주민속자연사박물관 제주의 역사와 동물, 풍습을 알아보았다. 가장 인상 깊던 것은 사람 발자국 위에 올라서면 특정 박제 동물이 움직이는 것이었다. 또 옆에 바다 생물관에서 아주 큰 고래의 뼈도 보고 박제된 동물도 보았다. 가짜 물고기의 겉 비늘 촉감도 느껴보았다. 신기했다. 2. 국립제주박물관 제주의 역사와 유물을 보았다. 청자와 선사시대 유물을 좋아해서 특히 더 유심히 보았다. 어린이 박물관이 한산해 재미있게 놀았고, 지하에 있는 실감영상실에서 실감영상 체험을 한 게 아주 재미있고 신났다.
체험학습 사진	 제주민속자연사박물관 전시 국립제주박물관 실감 영상 체험

제주시
조천읍
구좌읍
성산읍
표선면

만장굴
해녀박물관
비자림
에코랜드 테마파크
거문오름
제주돌문화공원
제주4.3평화공원
한라생태숲

48

유네스코 3관왕에 빛나는 제주 여행 일번지

제주 동부

연계 과목 사회, 과학

요즘 제주 여행 1번지를 꼽자면 단연 '제주 동부'라고 할 수 있다. 함덕해변, 김녕해변, 세화해변 등에 에메랄드빛 제주 해변이 이어진다. 바닷가에서 시선을 '제주 중산간'으로 돌리면 오름과 용암 동굴이 제주다운 아름다움을 뽐내며 아이들의 호기심을 자극한다. 제주도는 2002년 생물권보전지역, 2007년 세계자연유산, 2010년 세계지질공원으로 인정받아 유네스코 3관왕이 되었다. 유네스코가 인정한 거문오름과 용암동굴계, 용암이 만든 숲 곶자왈, 용암이 식으면서 만들어진 다양한 모양의 돌까지. 제주시 동부 곳곳에 아름다움이 넘친다.

**아이와 체험학습,
이렇게 하면 어렵지 않아요!**

체험학습 순서와 이동 시간
제주4.3평화공원 (자동차 15분)→ 제주돌문화공원 (자동차 15분)→ 거문오름 (자동차 25분)→ 만장굴

교과서 핵심 개념
지구의 생성과 화산활동, 숲의 역할

주변 여행지
한라생태숲, 절물자연휴양림, 에코랜드 테마파크, 비자림, 해녀박물관, 세화해변

**엄마 아빠!
미리 알아두세요**

제주도가 국내 최초로 유네스코 세계자연유산에 등재될 수 있던 것은 거문오름과 오름에서 바다를 따라 이어지는 용암동굴 덕이 컸다. 그래서 거문오름과 세계자연유산센터, 만장굴은 함께 둘러보면 의미가 더 크다. 거문오름은 탐방 시간이 정해져 있으니 예약해야만 한다.

연계 과목 한국사

제주 4·3사건 추모 공간 **제주4·3평화공원**

제주4·3평화공원

제주4·3평화공원 전시실

제주 4·3사건으로 힘들었던 시간을 추모하고 올바른 사실을 알리기 위해 만들어진 곳. 4·3평화기념관 1층에는 일제강점기의 끝자락부터 시작된 4·3사건 전반의 기록이 상세히 기록되어있다. 2000년 4·3특별법이 공포되면서 희생자들의 명예 회복에 한 걸음 가까워지게 되었다. 감히 상상할 수도 없고, 상상 이상으로 벌어진 이야기 하나하나에 가슴이 먹먹해진다. 상처는 덮고 감출 것이 아니라 들어내고 치료해야 덧나지 않는다. 다소 어두운 역사와 관련된 곳이지만 아이에게 그 의미를 잘 전해주자. 어린이체험관은 누리집에서 예약해야 한다.

🏠 제주도 제주시 명림로 430 📞 064-723-4344 ⏰ 09:00~18:00/ 첫째·셋째 주 월요일 휴원 ⓦ 무료 ⓘ https://www.jeju43peace.or.kr

> **아이에게 꼭 들려주세요!**
> 4·3사건은 1947년 제주목 관아 앞 경찰의 발포사건과 5.10 총선거를 반대하기 위한 무장대의 기습으로 시작된 사건으로, 1954년 9월 21일 무장대가 진압될 때까지 죄 없는 많은 제주도민이 희생당한 사건이다.

연계 과목 사회

제주의 돌 문화 전시 공간 **제주돌문화공원**

제주를 만들었다고 전해지는 설문대할망과 오백장군에 관한 설화를 중심으로 '돌하르방'과 같이 돌과 관련된 제주의 독특한 문화를 보여주는 곳. 제주를 만들어낸 다양한 돌과 돌에 더해진 제주만의 특별한 문화가 전시되어 있다. 신화의 정원, 돌문화전시관, 제주 전통 마을로 이어지는 3가지의 코스를 모두 보는 데 3시간가량 소요된다. 용암이 만들어낸 작품들을 보는 것이 색다르고, 돌을 다양하게 이용한 옛 제주도민의 지혜를 엿볼 수 있는 공간이다.

🏠 제주도 제주시 조천읍 남조로 2023 📞 064-710-7731 ⏰ 09:00~18:00/ 첫째 주 월요일 휴원 ⓦ 성인 5천 원, 청소년 3,500원 ⓘ https://www.jeju.go.kr/jejustonepark

제주돌문화공원

제주돌문화공원

용암이 만들어 낸 세계적 자연유산 **거문오름과 세계자연유산센터** 연계 과목 과학

거문오름 분화구

세계자연유산센터 전시실

국내에서는 처음으로 '제주 화산섬과 용암동굴'이라는 이름으로 유네스코 세계자연유산에 이름을 올렸다. 한라산, 성산일출봉과 함께 거문오름 용암동굴계가 주인공으로 세계자연유산센터에서 그 자세한 이야기를 들어볼 수 있다. 제주 설화를 소재로 한 4D 영상과 VR 체험이 특히 아이들에게 인기. 세계자연유산센터는 거문오름과 어깨를 마주하고 있다. 정상에서 바라보는 화산 분화구가 매력적인 거문오름은 흙과 돌이 유난히 검다고 해서 붙여진 이름이다. 다른 오름과 달리 미리 인터넷으로 탐방 예약을 해야만 관람이 가능하다. 총 3가지의 탐방 코스가 있는데, 1시간 내외의 정상 코스를 전문해설사의 생생한 오름 이야기와 함께 탐방한다.

🏠 제주도 제주시 조천읍 선교로 569-36 📞 064-710-8980 🕐 세계자연유산센터 09:00~17:30/ 첫째 주 화요일 휴관, 거문오름 09:00~13:00 ⓦ 세계자연유산센터 3천 원, 거문오름탐방 2천 원 ① http://www.jeju.go.kr/wnhcenter/index.htm

---

거문오름에서 흘러내린 용암이 바다로 흘러 만든 동굴 **만장굴** 연계 과목 과학

만장굴 내부

거문오름에서 흘러나온 용암이 바다로 흘러가서 벵뒤굴, 만장굴, 김녕사굴 등을 만들었다. 그중에서도 만장굴은 총길이 7.4km로 가장 규모가 크며, 유일하게 일반인에게 공개되고 있다. 현재 만장굴 제2 입구에서 용암석주가 있는 약 1km 구간만 탐방할 수 있다. 1년 내내 11도~18도를 유지하기에 겨울에는 따뜻하고 여름에는 얇은 점퍼라도 하나 걸쳐야 할 만큼 서늘한 기운이 느껴질 정도. 비가 오거나 바람이 강한 날도 편안하게 관람이 가능하다. 공개구간 가장 끝 쪽에 있는 용암 석주는 세계에서 가장 크다고 알려져 있다.

🏠 제주도 제주시 구좌읍 만장굴길 182 📞 064-710-7903 🕐 09:00~18:00/ 첫째 주 수요일 휴관 ⓦ 어른 4천 원, 어린이 2천 원(7세 미만 무료)

다양한 제주 자생식물을 한자리에 모아놓은 곳 **한라생태숲**

연계 과목 과학

난대식물에서 한라산 고산식물까지 함께 있는 숲. 한라산 특산종인 구상나무와 제주 왕벚나무도 만나볼 수 있다. 오전 10시와 오후 2시에 숲 해설이 있다(누리집 예약 가능). 곳곳에 피크닉 존이 있다.

🏠 제주도 제주시 516로 2596 📞 064-710-8688 🕐 09:00~18:00(동절기 ~17:00) ⓦ 무료 ⓘ http://www.jeju.go.kr/hallaecoforest/index.htm

한라생태숲

에코랜드 테마파크 내 운행 중인 관광 기차

연계 과목 창의 체험

관광 기차로 제주 곶자왈을 누비며 여행하는 곳 **에코랜드 테마파크**

이곳의 관광 기차는 메인 역에서 출발하여 총 5개의 역을 지나며 한 방향으로만 운영된다. 서로 다른 테마의 역에 내려 자연을 즐길 수 있다.

🏠 제주도 제주시 조천읍 번영로 1278-169 📞 064-802-8020 🕐 09:00~16:50(계절별 상이) ⓦ 성인 14,000원, 어린이 1만 원 ⓘ http://ecolandjeju.co.kr

아이에게 꼭 들려주세요!

곶자왈은 용암으로 만들어진 불규칙한 지대에 숲이 형성된 곳으로, 자연 그대로의 생태계가 잘 보존되어 '제주의 허파'라고도 한다. 숲을 뜻하는 제주어 '곶'에 덤불을 뜻하는 '자왈'이 더해진 이름이다. 경작에 적합하지 않은 지형이라 오히려 자연 그대로 유지될 수 있었다.

종달-한동 곶자왈 중심에 자리한 숲 **비자림**

연계 과목 과학

2,800여 그루 비자나무가 밀집한 곳. 보는 데 1시간이 채 걸리지 않는다. 비자나무는 잎의 형태가 비(非) 모양을 닮았다 하여 그렇게 불린다. 은은한 향이 좋은 비자나무 숲을 걸으면 피로가 회복된다고 알려져 있다. 비자나무 열매는 천연 구충제의 역할을 한다고 한다.

🏠 제주도 제주시 구좌읍 비자숲길 55 📞 064-710-7912 🕐 09:00~17:00 ⓦ 어른 3천 원, 어린이 1,500원

비자림

해녀박물관 전시실

연계 과목 사회

독특한 제주 해녀 문화를 다루는 곳 **해녀박물관**

해녀는 지역 경제를 책임지는 강인한 여성이자 제주를 대표하는 상징이다. 박물관에 해녀들이 살아가는 이야기를 나누고 불을 피워 몸을 녹이던 '불턱'문화, 의지하지 않고 홀로서기를 돕던 '할망바당'까지 평소 접하기 힘들던 해녀의 문화와 역사가 담겨있다. '눈'이라고 불리는 수경, 해산물을 담는 '테왁망사리' 등 다양한 해녀 도구도 전시되어있다.

🏠 제주도 제주시 구좌읍 해녀박물관길 26 📞 064-782-9898 🕐 09:00~18:00/ 월요일 휴관 ⓦ 성인 1,100원, 어린이 무료 ⓘ http://www.jeju.go.kr/haenyeo/index.htm

아이에게 꼭 들려주세요!

잠녀(좀녀)라고도 불리던 해녀는 '숨을 참고 잠수하여, 해산물이나 해조류를 채취하여 생계를 유지하는 사람들'이다. 해녀 물질은 보통 3~4시간 정도 이루어지는데, 1시간에 60번 정도 잠수한다. 1분에 50초 정도 숨을 참고 10초 정도 숨을 내쉰다. 50초 정도는 한두 번은 가능한 정도겠지만, 이걸 3~4시간 반복한다는 것은 보통 사람으로서는 상상하기 힘든 부분이다. 해녀 사이에는 '저승(바다)에서 벌어서 이승(육지)에서 쓴다'라는 말이 있을 정도로 해녀의 물질은 쉬운 일이 아니다.

체험학습 결과 보고서

체험학습 일시	○○○○년 ○월 ○일
체험학습 장소	제주도 제주시 제주돌문화공원, 세계자연유산센터
체험학습 주제	제주의 자연을 체험하기
체험학습 내용	1. 제주돌문화공원 전기차를 타고 공원을 전체적으로 둘러본 후에 세부적으로 살펴봤다. 가장 기억에 남는 것은 하늘연못이다. 하늘연못이 너무 예쁘고 좋았다. 돌문화공원을 날씨 좋을 때 가서 전기차도 타고 하늘연못에서 인생 사진도 찍길 잘한 것 같다. 2. 세계자연유산센터 세계자연유산센터에는 전시관도 있고 VR도 있다. 거문오름이 오름 중 제일 좋았다. 세계 자연 유산에 등록되어있다는 의미 때문이다.
체험학습 사진	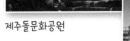 제주돌문화공원 세계자연유산센터

금능해수욕장

넥슨컴퓨터박물관
항파두리 항몽유적지
제주시
애월읍
금능해수욕장
한림공원
월령선인장군락지
한림읍
신차풍차해안로
한경면
안덕면
중문
서귀포
차귀도
엉알해안 산책로

짙은 쪽빛 바다와 항몽 유적지가 자리한 곳

제주 서부 연계 과목 한국사, 과학

애월읍에서 한림읍으로 이어지는 제주 서부는 제주 여행에서 빠지지 않는 인기 여행지다. 짙은 쪽빛 바다가 넘실거리는 바닷가 해안도로를 따라 달려보는 일반적인 코스와 달리, 중산간으로 방향을 잡으면 체험학습에 도움 될 장소가 곳곳에 있다. 넥슨컴퓨터박물관에서 아이들의 호기심을 자극해보고, 몽골에 대항하여 목숨을 바치며 끝까지 항전하던 항파두리 항목유적지에서 역사를 들여다볼 수 있다. 멕시코에서 먼바다를 지나 제주에 자리 잡은 손바닥선인장 이야기와 만나게 되는 곳도 제주 서부이다. 해가 넘어가기 전 엉알 해안에 도착하면 아름다운 제주 일몰과 함께 체험학습을 마무리할 수 있을 것이다.

아이와 체험학습, 이렇게 하면 어렵지 않아요!

체험학습 순서와 이동시간
넥슨컴퓨터박물관 (자동차 17분)→ 항파두리 항몽유적지 (자동차 37분)→ 한림공원 (자동차 20분)→ 엉알해안 산책로

교과서 핵심 개념
삼별초의 항쟁과 원의 내정 간섭. 지층이 만들어지는 과정

주변 여행지
금능해수욕장, 협재해수욕장, 월령선인장군락지, 신차풍차해안로, 차귀도, 수월봉

엄마 아빠! 미리 알아두세요

삼별초는 고려와 몽골의 강화 조건인 개경으로 환도하는 것을 반대하였고, 강화도에서 진도로 본거지를 옮겨 대몽항쟁을 이어갔다. 진도에서 제주까지 밀려난 삼별초 군이 전멸하며 40년간 이어진 몽골과의 전쟁은 끝이 나고, 원의 내정 간섭이 시작된다.

게임사가 만든 컴퓨터박물관 **넥슨컴퓨터박물관**

연계 과목 과학

추억의 PC통신 체험

넥슨컴퓨터박물관 전시실

많은 게이머가 밤을 하얗게 지새우게 만들던 추억의 게임 <바람의 나라>로 그래픽 온라인 게임 시장을 평정했던 넥슨. <메이플스토리> <카트라이더> <서든어택> 등 수많은 게임을 만들어낸 넥슨이 제주에 만든 컴퓨터박물관이다. 최초의 마우스인 엥겔바트 마우스부터 첫 개인용 컴퓨터 애플1까지 컴퓨터의 역사가 전시되어있다. 게임 회사가 만든 박물관답게 각종 콘솔용 게임과 최신 VR 게임까지 추가 비용 없이 즐길 수 있다. 휴대폰 게임이 익숙한 아이들과 추억을 나눠보자.

⌂ 제주도 제주시 1100로 3198-8 ☏ 064-745-1994 ⏲ 10:00~18:00/ 월요일 휴관 ⓦ 어른 8천 원, 어린이 6천 원 ⓘ https://computermuseum.nexon.com

---

연계 과목 한국사

삼별초 군의 마지막 항전지 **항파두리 항몽유적지**

삼별초 군은 몽골의 침략에 맞서 진도에서 항전하다가, 진도가 함락되자 김통정 장군을 중심으로 잔여 부대를 이끌고 제주로 갔다. 1273년, 1만이 넘는 몽골과 여진족 연합군에 삼별초 군은 결국 전멸하였다. 이후 100여 년간 제주는 몽골의 직접적인 지배를 받았다. 유적지에는 역사적 의미도 있지만, 봄이면 유채꽃이, 여름이면 해바라기와 수국이 소담스레 피는 곳이기도 하다.

항파두리 항몽유적지

⌂ 제주도 제주시 애월읍 항파두리로 50 ☏ 064-710-6721 ⏲ 09:00~18:00 ⓦ 무료

아이에게 꼭 들려주세요!

제주도민은 원의 지배를 벗어나고자 과감히 개혁을 단행하던 고려 공민왕 때, 최영 장군에 의해 몽골인이 모두 토벌되는 1374년까지 100여 년간 몽골의 지배를 받았다. 중산간 대부분이 말 목장으로 운영되었고, '고소리술(제주 전통주인 오메기술을 증류한 술)'도 이때 생겨났다.

항몽유적지에 핀 유채꽃

불모지 모래밭에 야자수와 관상수를 심어 가꾼 곳 **한림공원**

연계 과목 과학

1971년 불모지이던 모래밭에 야자수와 관상수를 심어 10만여 평이 넘게 만든 공원. 첫 삽을 뜬지 약 50년, 제주 서부의 대표적인 관광지로 자리 잡았다. 야자수길, 아열대 식물원과 계절별 꽃길 등 제주의 특징을 곳곳에 살려놓았다. 여러 테마 중에서도 공원 안에 있는 협재굴과 쌍룡굴은 한림공원이 인상적이다. 천연기념물 236호로 지정된 두 동굴은 용암동굴 위로 조개의 석회 성분이 빗물에 녹아 흐르면서, 용암동굴과 석회동굴의 특징을 모두 지닌 독특한 구조의 동굴이기 때문이다.

⌂ 제주도 제주시 한림읍 한림로 300 ☏ 064-796-0001 ⏱ 09:00~18:00 ⓦ 어른 12,000원, 어린이 7천 원 ⓘ http://www.hallimpark.com

---

수월봉과 자구내 포구까지 이어지는 해안 산책로 **엉알해안 산책로**

연계 과목 과학

수월봉과 자구내 포구까지 이어지는 해안 산책로. 수월봉은 약 1만 4천 년 전 화산 폭발로 생긴 작은 오름으로 해변을 따라 파도에 깎여진 화산쇄설층이 드러나 있다. 거무튀튀한 물결 무늬가 선명한 지층은 화산 연구의 교과서 같은 역할을 하고 있다. '엉'은 제주어로 절벽을 뜻하고 '알'은 아래를 의미한다. 절벽 아래 해변을 따라 자구내 포구까지 산책하기 좋다. 수월봉 위에서 바라보는 차귀도 풍경과 일몰이 특히 아름답다.

⌂ 제주도 제주시 한경면 고산리 3696-1(수월봉 전망대 주차장)

협재해수욕장과 인접한 조용한 바닷가 **금능해수욕장**

연계 과목 과학

금능해수욕장

협재해수욕장과 인접하고 있는 금능해수욕장은 번잡스럽지 않은 곳이다. 에메랄드빛 바다에 낮은 수심이 더해져 제주 서쪽에서 가장 인기인 해변으로, 해변 앞에 떠 있는 비양도가 화룡점정이 되어 대충 찍어도 인생 사진을 담을 수 있는 곳이다. 해변에는 야자수 숲이 자리 잡고 있어서 제주에서 가장 인기 있는 야영장이기도 하다. 평소 캠핑 비용은 따로 없고, 여름 성수기에만 유료 운영된다.

⌂ 제주도 제주시 한림읍 협재리 2696-1(주차장)

연계 과목 과학

월령리선인장군락

손바닥 모양 선인장이 군락을 이룬 곳 **월령리선인장군락**

월령리 바닷가에는 손바닥 모양을 닮은 선인장이 군락을 이루고 있다. 이곳 선인장의 원산지는 멕시코 유카탄반도라 한다. 오래전 멕시코에서 씨앗이 해류를 타고 제주까지 와서 자리 잡았다고 한다. 척박한 제주 땅에서도 잘 자라고, 뱀이나 쥐가 집에 들어오는 걸 막아준다고 한다. 여름이면 노란 꽃이 피고 겨울에는 보라색 열매가 열린다(백년초라 불리는 열매에는 작은 털 가시가 많으니 함부로 만지지 말자!). 선인장의 '지구 해류 여행'을 상상하며 데크 길 따라 산책하기 좋은 곳이다.

⌂ 제주도 제주시 한림읍 월령리 359-4

현무암이 만든 독특한 해안선이 매력적인 해안도로 **신차풍차해안로**

연계 과목 과학

신창풍차해안도로

5km 정도의 비교적 짧은 해안도로이지만, 현무암이 만들어내는 독특한 해안선에 풍력발전기까지 더해져 제주다움이 물씬 나는 풍광을 자아내는 곳. 풍차해안도로라 불리기도 한다. 해안도로를 따라 드라이브 즐기기도 좋고, 해안도로 중간에 있는 싱계물공원에 잠시 차를 세우고 들려도 좋다. 풍력발전기 사이를 이어놓은 길 덕분에 바다 위로 산책할 수 있다. 시간이 여유롭다면 아름다운 해넘이도 경험해보자.

⌂ 제주도 제주시 한경면 신창리 1322-1

연계 과목 과학

차귀도

제주의 부속 섬 중 가장 큰 무인도 **차귀도**

본섬인 죽도와 지실이섬, 와도를 묶어 차귀도라 한다. 과거에는 7가구 정도 농사를 지으며 살았다는데, 현재 집터만 남았다. 마라도와 같이 섬 전체가 천연기념물로 지정되어있다. 사람 손길이 닿지 않은 자연 그대로의 모습과 불규칙한 해안선이 묘한 감동을 자아내는 곳이다. 자구내 포구에서 유람선을 타고 들어가, 1시간 정도 머물며 산책할 수 있다.

⌂ 제주도 제주시 한경면 노을해안로 1163　☎ 064-738-5355　⊙ 09:00~18:00(주말/공휴일 ~19:00)/ 일요일 휴도　ⓦ 어른 16,000원, 어린이 13,000원

체험학습 결과 보고서

체험학습 일시	○○○○년 ○월 ○일
체험학습 장소	제주도 제주시 넥슨컴퓨터박물관, 항파두리 항몽유적지
체험학습 주제	컴퓨터의 역사와 발전 알아보기. 몽골 침략에 항전한 이야기 살펴보기
체험학습 내용	1. 넥슨컴퓨터박물관 사람들이 만든 첫 컴퓨터도 보고 처음 만든 마우스도 봤다. 아빠 엄마는 어렸을 때 써봤던 것들이라며 반가워하셨다. 다른 것보다 게임이 재미있었다. 엄청 다양한 종류의 게임기가 있어서 시간 가는 줄 몰랐다. 2. 항파두리 항몽유적지 몽골이라는 나라에 제주도가 지배를 받았을 때 끝까지 싸우던 곳이라고 한다. 나라를 위해 목숨을 바친다는 건 정말 대단한 일 같다. 흙으로 쌓은 성에도 올라가 봤는데, 멋지다고 느꼈다.
체험학습 사진	 게임기 체험 항파두리 항몽유적지 토성

대포주상절리대

안덕면

남원읍

중문

서귀포

감귤박물관

천제연폭포

제주국제평화센터

대포주상절리대

아프리카박물관

정방폭포

천지연폭포

서복전시관

50

다양한 관광 스폿이 있는 제주 여행 필수 코스

서귀포 시내

연계 과목 과학, 한국사

서귀포시는 제주시와 함께 제주를 위아래로 양분하며 다양한 관광 스폿을 지닌 지역이다. 한가운데 우리나라 최고 높은 한라산이 자리하여 차가운 북풍을 막아주는 덕에 서귀포는 사계절 온화한 날씨를 유지한다. 용암 지형이 만들어낸 서귀포 3대 폭포인 천지연폭포, 천제연폭포, 정방폭포를 비롯하여 새섬, 외돌개 등 자연이 빚어낸 수려한 풍광도 서귀포시에서 만날 수 있다. 제주도 관광특구 '중문'은 예나 지금이나 제주 여행 필수코스로 각종 박물관과 식당, 숙소가 즐비하여 하루 만에 모두 보고 즐기기에는 버거운 곳이다. 일정에 여유를 두고 서귀포 시내와 중문을 하루씩 나눠서 천천히 경험해본다면 더욱 알찬 체험학습 여행을 즐길 수 있을 것이다.

아이와 체험학습, 이렇게 하면 어렵지 않아요!

체험학습 순서와 이동 시간
천지연폭포 (자동차 5분)→ 서복전시관 (자동차 30분)→ 대포주상절리대 (자동차 10분)→ 천제연폭포

교과서 핵심 개념
용암이 식으며 만들어지는 주상절리. 유네스코 지질공원. 세계 유명 인권 운동가

주변 여행지
감귤박물관, 정방폭포, 소정방폭포, 새섬공원, 외돌개, 아프리카박물관, 제주국제평화센터, 여미지식물원, 중문색달해변

엄마 아빠! 미리 알아두세요

제주도는 강우량이 많고 용암과 화산쇄설물이 층층이 쌓여 곳곳에 용천수가 많고, 이는 곳에 따라 폭포가 되어 나타난다. 용천수는 식수로 활용되며 주변에 마을이 형성되는 데 큰 역할을 했다. 제주도 전체가 거대한 정수기가 되어 걸러진 용천수는 맑고 깨끗한 물로 유명하다.

천지연폭포

천지연폭포 야경

하늘과 땅이 만나 생긴 연못이라 하는 곳 **천지연폭포**

제주 지질공원 중 하나인 천지연폭포는 천제연폭포, 정방폭포와 더불어 제주 3대 폭포로 불리며 서귀포 시내 여행 필수 코스다. 그 이름은 하늘과 땅이 만나 생긴 연못이라는 데서 유래했다. 서귀포시는 제주시에 비해 용천수가 많고 덩달아 폭포도 많은데, 그중 천지연은 폭포 아래에 열대성 물고기 무태장어 서식지가 있다. 무태장어는 양식에 성공 이후에 천연기념물에서는 제외되었고, 무태장어가 사는 천지연폭포는 북방한계 서식지라 천연기념물로 보호받고 있다. 주차장에서 폭포까지 향하는 천지연 난대림에는 담팔수가 자생한다. 담팔수는 대상포진 치료제의 원료로 천연기념물로 지정되어있다. 늦은 10시까지 관람 가능해서 근처 새연교 야경과 함께 밤마실 하기에 좋다.

⌂ 제주도 서귀포시 천지동 667-7 ☏ 064-733-1528 ⏰ 09:00~20:00 ⒲ 어른 2천 원, 어린이 1천 원

서복과 진시황 이야기를 담은 공간 **서복전시관**

서복(서불)은 진시황의 신하로 불로장생의 약초를 찾으라는 지시에 따라 3천 명의 선단을 이끌고 제주에 도착했다. 불로초는 찾지 못했지만 영지버섯, 금광초와 같은 약초를 찾고 서귀포를 거쳐 일본에 자신만의 나라를 세웠다. 정방폭포에는 '서불과지(서불이 이곳을 지나갔다.)'라는 한자가 쓰여있는데, '서쪽으로 돌아간 포구'라는 뜻에서 지금의 서귀포(西歸浦)라는 지명이 되었다고 한다. 전시관에는 중국에서 기증받은 관련 전시물이 보관되어있다. 전시관 주변 경관이 훌륭하며, 서귀포 바다를 배경으로 중국식 미니 정원이 눈길을 끈다.

⌂ 제주도 서귀포시 칠십리로 156-8 ☏ 064-760-6361 ⏰ 09:00~18:00 ⒲ 어른 5백 원 ⓘ https://culture.seogwipo.go.kr/seobok

서복전시관 중국식 미니 정원

서복전시관 전시물

중문과 대포동 해안에 걸쳐있는 주상절리 해안 **대포주상절리대**

중문과 대포동 해안에 걸쳐있는 주상절리 해안. 주상절리는 용암이 바다와 만나 급격하게 식으면서 부피가 줄며 오각형이나 육각형으로 쪼개진 것이다. 위로 곧게 솟은 검은 주상절리 틈바구니로 바다가 만들어내는 하얀 포말이 장관이다. 제주에서 주상절리를 볼 수 있는 곳으로 갯깍주상절리와 천제연 제1폭포도 있지만, 대포주상절리 규모가 가장 크고 웅장하다.

🏠 제주도 서귀포시 중문동 2763　📞 064-738-1521　🕐 09:00~18:00(주말·공휴일~19:00)/일요일 휴장　ⓦ 어른 2천 원　ⓘ http://www.hallimpark.com

---

선녀들이 다녀갔다는 전설이 전해지는 폭포 **천제연폭포**

하늘의 선녀들이 다녀갔다는 전설이 전해져 '천제연(天帝淵)'이라는 이름으로 불리는 폭포. 한라산에서 시작된 중문천이 3단의 폭포를 만들며 바다로 스민다. 3단 폭포 중 제1폭포 아래의 못이 천제연. 영롱한 에메랄드빛 천제연 주변으로 주상절리가 병풍처럼 둘러져있다. 제1폭포는 비가 와서 수량이 늘어나야만 생기고 평소에는 떨어지지 않는다. 천제연에서 제2폭포와 제3폭포로 이어지며 점점 거대한 협곡을 이룬다. 협곡은 '칠선녀 다리'로 연결되는데, 여기서 내려다보는 폭포 풍경이 아찔하다. 1, 2, 3폭포 전체를 보려면 1시간 이상 소요된다.

🏠 제주도 서귀포시 천제연로 132(주차장)　📞 064-760-6331　🕐 09:00~18:00　ⓦ 어른 2,500원 어린이 1,350원

세계 감귤의 역사와 품종 관련 전시관 **감귤박물관**

연계 과목 과학

제주에서는 1년 내내 다양한 감귤과 만감류를 맛볼 수 있다. 만감류는 감귤나무와 오렌지 품종을 교배해 만든 것으로 한라봉은 12~3월, 레드향은 1~4월, 천혜향은 2~5월 등 서로 다른 수확 시기로 인해 언제 찾아도 맛 좋은 감귤류를 만나볼 수 있다. 감귤박물관에는 아이들을 위한 감귤 쿠키, 감귤과즙 만들기 체험과 노지 감귤이 익는 11월부터 직접 귤을 따고 가져갈 수 있는 귤 따기 체험도 있다.

감귤박물관 전시관

🏠 제주도 서귀포시 효돈순환로 441 📞 064-760-6400 🕘 09:00~18:00 ⓦ 어른 1,500원, 어린이 8백 원 ⓘ https://culture.seogwipo.go.kr/citrus

---

연계 과목 과학

정방폭포

바다로 흘러 들어가는 폭포 **정방폭포와 소정방폭포**

높이 23m에 이르는 제주 3대 폭포 중 한 곳이 정방폭포. 거대한 주상절리 절벽 사이로 웅장하게 떨어지는 폭포수가 바다와 만나면서 멋진 풍경을 만들어낸다. 파도 소리와 폭포 소리의 합주는 시원하고 경쾌하다. 정방폭포 주차장에서 올레길 6코스를 따라 동쪽으로 가면 소라의 성을 지나 소정방폭포가 나온다.

🏠 제주도 서귀포시 동홍동 277(정방폭포 주차장) 📞 064-733-1530 🕘 09:00~18:00 ⓦ 어른 2천 원, 어린이 1천 원

아프리카 문화 및 생활 간접 체험관 **아프리카박물관**

연계 과목 사회

다양한 아프리카 유물이 전시된 곳. 사람과 동물을 조화롭게 형상화한 가구와 공예품을 만나볼 수 있다. 박물관에 다양한 체험이 있는데 3,000년 전 아프리카 짐바브웨 모잠비크에서 시작된 전통 악기인 '칼림바' 만들기는 아이들에게 특히 인기가 많다.

아프리카박물관

🏠 제주도 서귀포시 이어도로 49 📞 064-738-6565 🕘 10:00~19:00 ⓦ 어른 1만 원, 어린이 8천 원

연계 과목 사회

제주국제평화센터 베릿내 문화공간

제주 '세계평화의 섬' 지정을 기념하는 곳 **제주국제평화센터**

남북한 교류와 국제 교류 관련 전시가 진행되고, 특히 우리나라 독립에 공헌한 인물과 세계 평화 인권 운동가의 밀랍 인형이 전시된 곳. 지하 1층에 '베릿내 문화공간'이라는 대형 도서관이 있어서 세계 각국의 평화 관련 교양서와 그림책을 읽어볼 수 있다. 베릿내는 중문관광단지를 관통하는 중문천의 옛 이름으로 '별이 내리는 천'이라는 뜻이다.

🏠 제주도 서귀포시 중문관광로 227-24 📞 064-735-6550 🕘 09:00~18:00(동절기~19:00)/ 둘째·넷째 주 월요일 휴관 ⓦ 성인 1,500원, 어린이 1천 원 ⓘ https://www.ipcjeju.com

체험학습 결과 보고서

체험학습 일시	○○○○년 ○월 ○일
체험학습 장소	제주도 서귀포시 감귤박물관, 정방폭포
체험학습 주제	정방폭포 감상하기, 제주 특산물 감귤에 대해 알아보기
체험학습 내용	1. 정방폭포 정방폭포는 제주에서 유일하게 바다로 바로 떨어지는 폭포라고 들었다. 폭포 가까이 가보니 큰 소리를 내며 떨어지는 물줄기가 너무나 시원했다. 바다와 폭포 아래를 오가며 발을 담그니 신기하게도 바닷물보다 폭포수가 더 차가웠다. 바닷물이 더 시원할 줄 알았는데 정말 신기했다. 2. 감귤박물관 손바닥이 노랗게 될 때까지 까먹던 귤에 관련된 박물관이었다. 다양한 종류의 귤이 있었고, 감귤 쿠키도 만들었다. 귤 따기 체험도 했는데, 몰래 몰래 계속 귤을 까먹었다. 달고 맛있었다.
체험학습 사진	 정방폭포 감귤박물관에서 감귤쿠키 만들기 체험

성산일출봉

51

제주의 시작을 엿볼 수 있는 지역
서귀포 동부

연계 과목 과학, 한국사

서귀포시 동부는 제주도의 탄생과 변화 그리고 역사를 대할 수 있는, '제주다움'을 간직한 곳이다. 제주도가 여행지로 개발된 이후 여행자의 필수 코스로 자리 잡은 성산일출봉, 화산 폭발과 용암으로 만들어진 광치기해변 등에서 제주의 자연환경을 담을 수 있는 곳도, 제주 기원 설화가 흥미롭게 담긴 혼인지도 서귀포 동부에서 만나볼 수 있는 제주 주요 스팟이다. 성읍민속마을과 제주민속촌에서 독특한 제주 주거 문화와 삶의 방식을 엿볼 수 있는 것도 이 지역의 매력이다.

아이와 체험학습, 이렇게 하면 어렵지 않아요!

체험학습 순서와 이동 시간
성산일출봉 (자동차 8분)→ 광치기해변 (자동차 10분)→ 혼인지 (자동차 22분)→ 제주민속촌

교과서 핵심 개념
화산 폭발과 용암. 다양한 해양 동물의 세계

주변 여행지
섭지코지, 유민미술관, 제주해양동물박물관, 성읍민속마을, 표선해수욕장, 일출랜드

엄마 아빠! 미리 알아두세요

물때표(조석표)는 밀물과 썰물의 시각과 해수면 높이를 알려주는 표이다. 바닷가에서 모래놀이하거나 바릇잡이(해루질)를 하기 위해서는 물때표 보는 걸 알아두는 게 좋다. 스마트폰 애플리케이션을 이용하면 6시간마다 바뀌는 밀물과 썰물의 변화를 알기 쉽다. 광치기해변은 특히 물이 빠진 썰물 때 멋지니 물때표를 미리 보아두어 아이에게 시각에 따라 변화하는 제주 바다 모습을 체험하도록 해주자.

284

성산일출봉

성산일출봉

바닷속 마그마 분출로 만들어진 오름 성산일출봉

거문오름 용암동굴계, 한라산 천연보호구역과 더불어 세계자연유산에 함께 이름을 올린 오름. 제주 동부 지역에서 가장 인기 높은 오름으로, 다른 오름들과 달리 성산일출봉은 바닷속에서 발생한 마그마 분출로 만들어졌다. 처음에는 섬으로 떨어져 있었는데 퇴적작용에 의해 제주 본섬과 이어지게 되었다. 입구에서부터 20분이면 정상에 올라 제주도 전체를 한눈에 담아낼 수 있다. 바다를 배경으로 시원스레 펼쳐진 모습이 오름 중에서도 최고라고 할 수 있다. 움푹 패어 있는 정상 둘레로 99개의 봉우리가 둘러싸고 있다. 그 모습이 마치 성벽처럼 보여 '성산(城山)'이라는 이름으로 불리게 되었다.

🏠 제주도 서귀포시 성산읍 성산리 1 📞 064-783-0959 ⏰ 07:00~20:00 ⓦ 어른 5천 원, 어린이 2,500원

바다와 용암이 만들어낸 독특한 해변 광치기해변

제주도가 아니면 보기 힘든 바다와 용암이 만들어낸 독특한 모습이 인상적인 해안. 밀물일 때는 일반 모래 해변과 큰 차이가 없어 보이지만, 바닷물이 서서히 빠져나가면 광치기해변의 매력이 드러난다. 뜨겁게 타오르던 용암이 차가운 바다와 만나 급속도로 굳으면서 어디에도 없는 특별한 지층이 형성됐다. 불규칙한 용암석에 해조류가 입혀지면서 독특한 분위기를 만들어낸다. 때문에 밀물 때보다는 썰물 때 가야 지층면을 더 가까이에서 볼 수 있다. 물때표(조석표)를 참고해서 간조(썰물) 시간 전후로 일정을 잘 맞추자.

🏠 제주도 서귀포시 성산읍 고성리 224-1(공영주차장)

광치기해변과 성산일출봉

광치기해변

삼성혈과 더불어 제주 탄생 신화를 간직한 곳 **혼인지**

연계 과목 한국사

혼인지

혼인지

삼성혈과 더불어 제주 탄생 신화를 간직하는 곳. 삼성혈에서 솟아난 삼신인과 벽랑국에서 온 삼공주가 여기서 혼인했다고 전해진다. 수렵 생활을 하던 삼신인이 가축과 씨앗을 가져온 삼공주 덕분에 농경 생활을 시작하고, 이는 탐라국으로 발전하는 시초가 되었다는 것이다. 봄이면 제주 왕벚꽃이 만발하고, 여름이면 수국 명소로 손꼽힌다. 삼신인이 혼인 후 신방을 차렸다는 자연 동굴과 목욕을 했다고 전해지는 연못을 따라 산책하기 좋다.

⌂ 제주도 서귀포시 성산읍 혼인지로 39-22 ☏ 064-710-6798 ⊙ 08:00~17:00 ₩ 무료

제주 옛 마을을 그대로 재현해놓은 공간 **제주민속촌**

연계 과목 한국사, 사회

제주민속촌

제주민속촌

사라져가는 제주의 옛 마을을 그대로 재현해놓은 제주 여행 필수코스. 제주만의 건축 형태인 안거리(안채), 밖거리(바깥채)로 이루어진 '두거리집'과 여기에 '목거리'가 더해진 '세 거리집' 등 육지와 다른 건축 형태를 마주할 수 있다. 요즘 제주에서는 볼 수 없는 흑돼지를 키우던 돗통시(화장실), 돌담과 초가 등 육지와 사뭇 다른 100여 채의 가옥에서 옛 제주 사람의 삶을 엿볼 수 있다. 곳곳에 체험할 것과 토속음식점, 포토존이 마련되어있다.

⌂ 제주도 서귀포시 표선면 민속해안로 631-34 ☏ 064-787-4501 ⊙ 08:30~18:00(동절기 ~17:00) ₩ 어른 11,000원, 어린이 7천 원 ⓘ https://jejufolk.com

해안선을 따라 선녀바위까지 이어지는 바닷길이 일품인 곳 **섭지코지**

연계 과목 과학

섭지코지

드나드는 길목이 병목처럼 좁은 곳을 제주에서는 '섭지'라고 하는데, 지형이 코끝처럼 툭 튀어나와 있는 곳을 일컫는 '코지'라는 단어가 붙어 '섭지코지'가 되었다. 짙푸른 바다가 하얀 포말 꽃을 쉴 새 없이 피워낸다. 선돌(서 있는 돌)이라고도 불리는 선녀바위에는 용왕의 아들이 선녀를 기다리다 돌이 되었다는 전설이 전해진다. 건축가 안도 타다오의 손길이 닿은 유민미술관에서 다양한 유리 공예 작품을 대할 수 있다.

⌂ 제주도 서귀포시 성산읍 고성리 62-4

연계 과목 과학

제주해양동물박물관 전시철

민물 및 바다 어류 표본 전시관 **제주해양동물박물관**

기네스북 어류박제 최다 소유로 등록된 곳. 어류박제 관련 특허도 보유하고 있을 만큼, 박제품 하나하나 사실감이 대단하다. 국내에서 우연히 그물에 잡힌 것을 보존한 고래상어, 백상아리 등의 상어류는 특허나 아이들의 호기심을 자극한다. 하루 두 번 도슨트 프로그램이 진행된다.

⌂ 제주도 서귀포시 성산읍 서성일로 689-21　☎ 064-782-3711　⊙ 09:00~18:00, 수요일 휴관　ⓦ 어른 9천 원, 어린이 7천 원　ⓘ http://www. jejumarineanimal.com

---

500년 이상의 고택이 남아있는 곳 **성읍민속마을**

연계 과목 한국사

유채꽃이 한발한 성읍민속마을

조선 태종 때 제주 동쪽에서 북쪽(현재 제주시)에만 있던 관아까지 왕래하는 불편함을 줄이기 위해 서쪽 대정현과 더불어 동쪽에 정의현을 만들었다. 18세기 지어진 고평오 가옥이나 조일훈 가옥은 조선시대 제주 주거 모습을 그대로 간직하고 있다. 제주 전통 가옥의 특징인 안거리, 밖거리와 모커리의 모습이 고스란히 살아있다. 제주민속촌과 달리 대부분 사람이 거주하여 제주의 유형 문화를 잇고 있다.

⌂ 제주도 서귀포시 표선면 성읍리 778(공영 주차장)

연계 과목 과학

표선해수욕장

비췻빛 물색을 보여주는 바닷가 **표선해수욕장**

제주도에서 가장 넓은 모래 해변이 있는 바닷가. 물이 얕아서 아이들과 함께 물놀이, 모래놀이하기에 좋다. 다만 밀물과 썰물의 차이가 커서 시간대를 못 맞추면 한참을 기다려야 바닷물이 들어오니 주의하자. 무료 캠핑장도 있어 야자수와 푸른 잔디가 이색적인 분위기를 자아낸다.

⌂ 제주도 서귀포시 표선면 표선리 44-4

체험학습 결과 보고서

체험학습 일시	○○○○년 ○월 ○일
체험학습 장소	제주도 서귀포시 광치기 해변, 혼인지
체험학습 주제	용암이 만든 특이한 해변에서 산책하고 놀기, 혼인지에서 인생샷 담기
체험학습 내용	1. 광치기 해변 광치기 해변에 물이 빠져서 숨어있던 돌들이 모습을 드러냈다. 돌 위에서 동생과 같이 뛰어놀았다. 뛰어놀다가 조개껍데기도 주웠다. 예쁜 조개 껍데기가 많았다. 물속에 발을 담가보니 시원했고, 바다와 함께하는 풍경이 근사하고 멋졌다. 2. 혼인지 혼인지는 벚꽃과 수국이 필 때 인기가 가장 많다고 들었다. 우리 가족은 수국이 필 때 갔는데, 수국이 푸릇하고 참 예뻤다. 혼인지는 수국과 함께 인생샷 남길 수 있는 곳!
체험학습 사진	 광치기 해변 수국이 만개한 혼인지

송악산 둘레길

52

일제강점기 역사의 흔적이 남은 지역

서귀포 서부

연계 과목 한국사, 과학

서귀포시 서부는 일제강점기 상흔이 아직 많이 남아있어 '다크투어(잔혹한 참상이 벌어졌던 장소를 여행하는 것)'로 최근 많이 찾고 있다. 송악산에서 송악산에서 알뜨르비행장으로 이어지는 올레길 10코스에는 아픈 흔적이 많이 남았는데, 섯알오름 아래에 제주 최대 일제 동굴 진지가, 오름 위에는 고사포 진지가 시간이 멈춘 듯 자리한다. 평화가 일상이 된 지금에는 낯선 모습으로 와 닿지 않을 수 있지만, 역사를 바로 알아야 미래로 나가는 방향을 잃지 않을 수 있다. 그렇기에 서귀포시 서부는 고난의 역사를 통해 미래의 전망과 가능성을 제시해주는 지역이라고 할 수 있다. 이처럼 서귀포시 서부는 특히 한국사에 있어 생각의 깊이를 더하며 체험학습하기에 좋은 지역이다.

**엄마 아빠!
미리 알아두세요**

아이와 체험학습, 이렇게 하면 어렵지 않아요!

체험학습 순서와 이동 시간
천지연폭포 (자동차 10분)→ 서복전시관 (자동차 5분)→ 대포주상절리대 (자동차 15분)→ 천제연폭포

교과서 핵심 개념
용암이 식으며 만들어지는 주상절리. 유네스코 지질공원. 세계 유명 인권 운동가

주변 여행지
감귤박물관, 정방폭포, 소정방폭포, 새섬공원, 외돌개, 아프리카박물관, 제주국제평화센터, 여미지식물원, 중문색달해변

1940년대 태평양전쟁 말기, 수세에 몰린 일본군은 제주도를 일본 본토 방어를 위한 최전방으로 활용하기 위해 '결 7호' 작전을 준비하였다. 함덕 서우봉, 월라봉, 섯알오름 등의 일제 동굴 진지는 이 시기에 집중적으로 만들어졌다.

연계 과목 과학

용 모양의 거대 지층이 머문 지질공원 **용머리해안**

제주도 지질공원 중 꼭 가봐야 할 곳. 파도에 깎인 거대한 지층이 용이 바다로 들어가는 모습을 닮았다고 해서 용머리해안이라는 이름이 붙여졌다. 산방산에 올라 해안을 내려다보면 한 마리 거대한 용이 꿈틀거리는 모습을 확인할 수 있다. 용머리해안을 따라 이어지는 바닷길 탐방로는 제주 지질공원 투어의 백미이다. 제주에서 가장 오래된 화산채로, 오랜 시간만큼이나 켜켜이 쌓인 응회암과 푸른 바다의 어울림이 눈부시다. 용머리해안 둘레길은 물때표를 확인하고 가야 헛걸음하지 않는다. 만조 전후로는 일부 길이 막히고 파도가 들이치기 때문에 통제되기도 하는 점에 유의하자.

⌂ 제주도 서귀포시 안덕면 사계리 118 📞 064-760-6321 ⊘ 09:00~17:00 ⓦ 어른 2천 원, 어린이 1천 원

용머리해안에 자리한 용 모습을 닮은 지층

용머리해안

연계 과목 과학, 한국사

제주 최남단 오름 **송악산**

제주에서 가장 남쪽에 있는 오름. 바다를 향한 기암절벽이 파노라마처럼 펼쳐지는 풍광을 대할 수 있는 곳이다. 오름을 빙 둘러 이어지는 약 3km의 둘레길은 제주에서도 손꼽히는 해안 길이다. 오름 휴식년제로 입산이 통제되다가 송악산 정상까지 오를 수 있게 되었다. 송악산 주차장에서 올레길 10코스를 따라 오르다 보면 해안가를 따라 크고 작은 진지 동굴이 보인다. 송악산 일대에만 60개의 동굴 진지가 있다. 이처럼 아름다운 자연이 일제의 전쟁을 위한 수단이었고, 가혹한 노동 착취의 현장이었던 것이다.

⌂ 제주도 서귀포시 대정읍 상모리 179-4(송악산 주차장)

송악산 둘레길

송악산

일제강점기 제주도민을 강제 동원해 만든 곳 **알뜨르비행장**

연계 과목 한국사

일제강점기 제주도민을 강제 동원하여 만든 비행장. 마을 아래(알)에 있는 넓은 들판(드르)이라는 뜻에서 '알뜨르 비행장'이라 불렸다. 비행장 주변으로는 가미카제 전투기를 보호하기 위해 만들어진 격납고도 원형 그대로 남아있다. 총 38개 중 현재 19개가 남아있는데, 그중 하나에는 태평양전쟁에서 일본이 주로 사용하였던 제로센 전투기를 형상화한 실물 크기 작품이 전시되어있다. 비행장 근처 섯알오름에는 고사포 진지와 동굴 진지가 아직 남아있다.

🏠제주도 서귀포시 대정읍 상모리 1629-8(무료 주차장)

조선시대 학자 김정희가 유배 생활을 한 곳 **제주추사관**

연계 과목 한국사

제주추사관 전시실

제주는 육지와 멀리 떨어진 지리적 특성 때문에 오랜 기간 유배지로 활용되었다. 김정희도 제주에서 8년간 유배 생활을 했다. 그는 가시울타리 안에서만 지내는 '위리안치'형에 처해 집 밖으로 나갈 수도 없었다. 그러나 이 시기에 그는 '추사체'를 완성하고, <세한도>를 남겼다. <세한도>는 겨울이 되어서야 나무가 푸르다는 것을 알게 된다는 의미를 지닌 그림으로, 어려운 환경에 처한 자기를 잊지 않고 책을 구해다 준 후배 이상적에게 보답으로 남긴 것이다(국보로 지정되어 국립중앙박물관 소장). 제주추사관에는 <세한도> 영인본과 추사 현판, 편지 등이 전시되어있다. 추사관 뒤로 그가 머물던 집이 복원되어있다.

🏠제주도 서귀포시 대정읍 추사로 44 📞064-710-6803 🕐09:00~18:00/ 월요일 휴관 Ⓦ무료 ⓘ https://www.jeju.go.kr/chusa

세한도

샘물이 솟아나는 절벽을 의미하는 해안절벽 **박수기정**

연계 과목 과학

올레길 9코스 시작점이기도 한 대평포구 서쪽으로 조금만 가면 나타나는 큰 절벽. 이곳에서 백여m에 이르는 벼랑이 병풍같이 펼쳐진 절경을 볼 수 있다. 올레길을 따라 박수기정 위로 올라가 대평포구에서 바라보는 박수기정의 풍광도 아름답다.

⌂ 제주도 서귀포시 안덕면 감산리 982-6(대평포구 주차장)

박수기정

연계 과목 과학

한경-안덕 곶자왈 중심에 있는 공원 **제주곶자왈도립공원**

제주곶자왈도립공원 산책로

곶자왈을 경험하고 산책하기 좋은 제주도에서 관리하는 곳. 데크로 어느 정도 정비되어 어린아이도 곧잘 다닐 정도로 걷기 편하다. 모든 코스를 돌려면 2시간이 넘게 걸린다. 짧게는 1코스 '테우리길' 정도 걸어 봐도 좋고, 제주 곶자왈을 조금 더 깊게 알고 싶다면 곶자왈 그대로의 형태를 유지해놓은 '가시낭길'까지 도전해보자. 운동화를 신어야만 입장이 가능한 점에 유의하자.

⌂ 제주도 서귀포시 대정읍 에듀시티로 178 ☏ 064-792-6047 ⏱ 09:00~18:00(동절기 ~17:00) ⓦ 어른 1천 원, 어린이 5백 원 ⓘ http://www.jejugotjawal.or.kr

---

제주 유일 항공 우주 테마 전시관 **제주항공우주박물관**

연계 과목 과학

한국전쟁 당시 하늘을 날던 구형 비행기부터 최신 전투기 실물이 전시된 곳. 시선을 압도하는 에어홀에서 시작되어 항공 시뮬레이션으로 직접 비행기 조종도 해보고 비행 원리를 익히는 교육 체험시설까지 흥미로운 전시가 이어진다. 아이들이 직접 체험하고, 호기심을 자극받을 만한 포인트가 많은 곳이다. 기본 관람이 2~3시간이니 일정을 넉넉하게 잡고 방문하자.

제주항공우주박물관 중앙 전시홀

⌂ 제주도 서귀포시 안덕면 녹차분재로 218 ☏ 064-800-2000 ⏱ 09:00~18:00/ 셋째 주 월요일 휴관 ⓦ 어른 1만 원, 어린이 8천 원 ⓘ https://www.jdc-jam.com

---

연계 과목 사회

신과 인간이 만나 즐거워한다는 의미의 탐방로 **신나락만나락**

신나락만나락 산책길

제주신화역사공원에 있는 탐방로. 제주에는 여러 전설과 신화가 전해진다. 제주를 만든 설문대할망 이야기부터 고 씨, 양 씨, 부 씨 3명의 삼신인 이야기 등 총 둘레 2.3km의 숲길 곳곳에 제주를 이끌어 온 다양한 신화와 전설을 담아둔 곳이다. 조용히 거닐며 제주 역사를 알아가기에 좋은 관광지다.

⌂ 제주도 서귀포시 안덕면 서광리 산 39

체험학습 결과 보고서

체험학습 일시	○○○○년 ○월 ○일
체험학습 장소	제주도 서귀포시 용머리해안, 송악산
체험학습 주제	제주 돌 탐험하기, 송악산 둘레길 걷기
체험학습 내용	1. 용머리해안 용머리 해변 길은 커다란 돌길이다. 동생과 나는 일명 돌 탐험(?)을 했다. 돌 탐험은 돌 위로 올라다니며 돌산에 가고 돌길도 지나다니는 것이다. 높은 곳에 갔을 땐 기분이 좋았다. 돌머리 밑에 물이 지나다니는 게 정말 예뻤다. 2. 송악산 수국이 필 때 송악산에 갔다. 거기에 일제강점기 때 만들어진 동굴도 있다. 좀 더 올라가 둘레를 도는 코스로 가니 수국이 핀 곳이 있었다. 울타리가 있어 들어가진 못했지만 밖에서, 수국 사진을 찍었다. 수국보다도 무엇보다도 바다 풍경이 가장 멋졌다. 귀여운 말까지 봐 알찬 하루였다.
체험학습 사진	 용머리 해변길 돌 탐험 송악산 둘레길